世界一やさしい

Power Automate for desktop《パワーオートメイト フォーデスクトップ》
入門

清水理史 著

日経BP

本書の前提

- 本書は2021年10月現在の情報をもとに､｢Windows 10｣に「Microsoft Power Automate for desktop」がインストールされているパソコンで、インターネットに接続されている環境を前提に紙面を制作しています。

- 本書の発行後に「Microsoft Power Automate for desktop」の操作や画面が変更された場合、本書の掲載内容通りに操作できなくなる可能性があります。

- 本書の発行後に、本書で解説しているWebサイトが更新された場合、本書の掲載内容通りに操作できなくなる可能性があります。

- 本書発行後の変更にともなう代替操作については、弊社ホームページ（https://nkbp.jp/pad21）にて可能な限りお知らせいたしますが、情報の即時掲載や確実な解決をお約束することはできかねます。

- 本書の運用によって生じる直接的または間接的な損害について、著者ならびに弊社では一切の責任を負いかねます。

- 本書に記載されている会社名、製品名、サービス名などは、一般に各開発メーカーおよびサービス提供元の登録商標または商標です。なお、本文中では ™、® などのマークを省略しています。

■ サンプルファイルのダウンロード

本書で使用するサンプルファイルを、弊社ダウンロードページからダウンロードできます。ダウンロードしたファイル「RPA.zip」は、デスクトップに展開してご利用ください。

- サンプルファイルのダウンロードページ
  https://nkbp.jp/pad21

まえがき

「働き方改革」や「DX（デジタルトランスフォーメーション）」などに興味はあるが、何からはじめていいかがよくわからない……。

そんなときは、手始めに「RPA」を体験してみてはいかがでしょうか？　簡単な操作で普段の業務を手軽に自動化できるRPAは、ITによって何かを変えたいと考えている人にとって、とても身近で強力なツールです。「Excelの起動」や「Webページ内のテキストフィールドに入力する」などのわかりやすい命令を並べていくだけで、普段、業務で扱っているExcelやWebサイトを使った作業をあなたの代わりに自動的に実行させることができます。

中でもMicrosoftの「Power Automate for desktop」は、Windowsユーザーなら無料で使える、もっとも身近なRPAツールです。すぐに起動できるうえ、基本的な使い方を学ぶだけで、すぐに業務の自動化に活用できます。

本書は、Power Autoamte for desktopの概要や基本的な使い方を解説した書籍です。RPAをより身近に感じられるようにキャラクターや会話を多く採り入れることで、肩肘張らず、ゆるくRPAについて学習することができます。よくある失敗やどう改善すればいいかも、具体的なケースとして紹介しています。

このため、本書を読み進めていけば、自然とRPAに関する技術が身に付く構成になっています。もちろん、まったくプログラミングの知識がない人でも心配ありません。誰にでもわかるように丁寧に解説しているうえ、変数などの基本的な考え方や知っておくと便利な知識をmemoとして紹介することで、途中でわからなくならないように工夫しています。

本書の執筆にあたり、どのような作例を用意すればわかりやすいか、どのレベルまで機能を紹介するかに悩みながら、試行錯誤して執筆してきましたが、結果的に良い入門書ができたと考えています。本書を手に取ることで、少しでも読者の皆さまのお力になれれば幸いです。

2021年10月　清水理史

Contents

チュートリアル 2

まずは動かしてみよう 33

チュートリアル 3

本格的なロボットづくりを始めよう 53

リファレンス

覚えておきたい必須アクション17選 89

本書の読み方

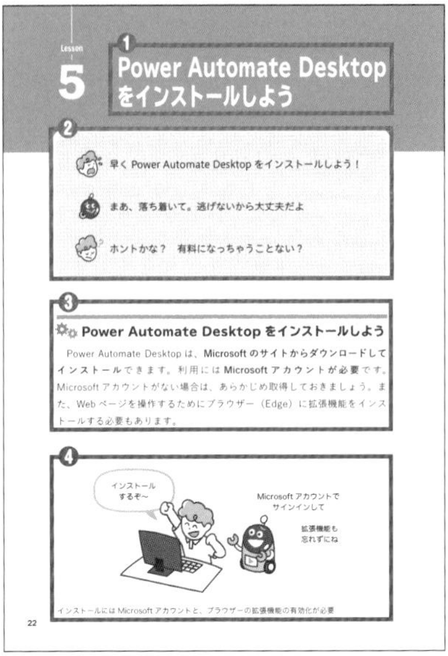
Lesson 5
1
Power Automate Desktop をインストールしよう
2
早く Power Automate Desktop をインストールしよう！
まあ、落ち着いて。逃げないから大丈夫だよ
ホントかな？ 有料になっちゃうことない？
3
Power Automate Desktop をインストールしよう
Power Automate Desktop は、Microsoft のサイトからダウンロードしてインストールできます。利用には Microsoft アカウントが必要です。Microsoft アカウントがない場合は、あらかじめ取得しておきましょう。また、Web ページを操作するためにブラウザー（Edge）に拡張機能をインストールする必要もあります。
4
インストールするぞ〜
Microsoft アカウントでサインインして
拡張機能も忘れずにね
インストールには Microsoft アカウントと、ブラウザーの拡張機能の有効化が必要
22

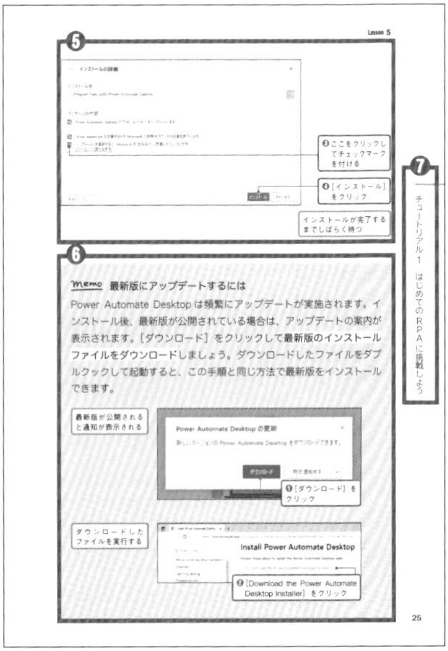
Lesson 5
5
❸ここをクリックしてチェックマークを付ける
❹［インストール］をクリック
インストールが完了するまでしばらく待つ
7
チュートリアル1 はじめてのRPAに挑戦しよう
6
memo 最新版にアップデートするには
Power Automate Desktop は頻繁にアップデートが実施されます。インストール後、最新版が公開されている場合は、アップデートの案内が表示されます。［ダウンロード］をクリックして最新版のインストールファイルをダウンロードしましょう。ダウンロードしたファイルをダブルクリックして起動すると、この手順と同じ方法で最新版をインストールできます。
最新版が公開されると通知が表示される
Power Automate Desktop の更新
ダウンロード
❶［ダウンロード］をクリック
ダウンロードしたファイルを実行する
Install Power Automate Desktop
❷［Download the Power Automate Desktop Installer］をクリック
25

❶タイトル
このセクションで行うテーマを表しています。

❷掛け合い
解説の導入となる掛け合いです。

❸解説
このセクションの解説です。

❹イラスト
解説の理解を深めるイラストです。

❺操作手順
操作手順の解説です。画面写真と、操作内容を表す赤いコメント、操作の前提知識や操作結果を表す緑色のコメントで構成されています。

❻memo
補足説明や、発展的な知識を解説しています。

❼章タイトル
この章のテーマを表しています。

■ 三部構成だから、総合力が身につく

本書は「チュートリアル」「リファレンス」「ケーススタディー」の三部構成で構成されています。「チュートリアル」では、Power Automate for desktop の基礎知識や原理原則をかみ砕いて解説します。「リファレンス」では、よく使う 17 個のアクションの使い方がよく分かります。「ケーススタディー」では、入金消し込みの自動化を例に、これまで学んだ知識の実装方法が学べます。通読することで、Power Automate for desktop を業務に取り入れるための総合力が身につきます。

チュートリアル1

はじめてのRPAに挑戦しよう

Opening

―少し先の未来にて―

これで……、よし。起動完了じゃな。ぴえ助よ、目覚めよ！

……。あ、おはようございます。博士。

突然じゃが、君には過去に行って「よしお」のサポートをしてもらう。

あー、えーっと、過去ですか？　よしおの？

そうじゃ、仕事はいつもとかわらん。とにかく、よしおがピンチじゃ。サポートしてくれ。頼むぞ！

―ところ変わって現代のよしお宅―

はー、全然、事務処理が終わらない……。テレワークがなぁ、逆に時間があるようで……うわぁ！

こんにちは、よしお。ボクはRPAサポートロボットのぴえ助。君をサポートするために未来からやってきたよ。

え、ロボット？　未来！？　ビックリしたけど、本物かな？　RPAって何？

君の仕事の頼れる味方さ。まずはRPAが何なのかから始めよう。これからよろしくね。

チュートリアル1の要約

RPAは

Robotic　Process　Automation　の略

（ロボットによる）　（業務の）　（自動化）

業務に合わせた
命令を作る

▶

パソコン上で
業務を自動処理

RPAの活用で業務効率化や時間短縮を実現

⬇

より創造的な仕事に時間を使える

× 繰り返し
× 転記
× 情報収集

▶

○ 企画立案
○ 開発
○ 教育

今はRPA戦国時代！いろいろな製品があるが
Microsoft Power Automate for desktopが
オススメ

無料で使える！　はじめてでも使える！　機能も十分！

Lesson 1

よく聞く RPAって何？

RPAって言ってたけど何？
R、楽々？　P、パソコン？　A……、あとよろしく？

おしいね。でも、違うよ。
RPAはRobotic Process Automationの略。

ふーん。まぁ、知ってたけどね……。

RPAは仕事を代行するロボット

RPAは、ぴえ助も言っていた通り「Robotic《ロボティクス》 Process《プロセス》 Automation《オートメーション》」の頭文字を取った言葉です。簡単に説明すると、**パソコンの操作を自動実行するロボット**です。ロボットと言っても機械ではありません。**パソコン上で動くソフトウェア**です。アプリの起動やマウス操作、キー入力など、事務処理などの業務に合わせた命令をあらかじめ作っておくと、その通りにロボットが作業をしてくれます。

あと
よろしく！
ラジャー！
ピコ
ピコ
ピコ

命令を作ると、自動実行できるのが「RPA」

中小や個人でも使えるようになったRPA

RPA は、決して新しい技術ではありません。ソフトウェアの自動テスト用などとして古くから存在していた技術です。しかし、働き方改革や DX（デジタルトランスフォーメーション）などの業務効率化を企業が目指すようになると、その手段として、**繰り返しなどの単純な業務を置き換える目的**で RPA が注目されるようになりました。業務効率化の手段には、経理、人事、販売などの各種情報を統合管理する基幹系情報システム（ERP）の導入や経費精算や請求書処理などのクラウドサービスを活用する例もありますが、こうしたサービスは導入コストや維持コストが高く、全社的に導入しないと意味がありません。これに対して、RPA は Excel やマクロなどの身近な IT ツールに近い存在で、**コストを抑えつつ、ERP やクラウドサービスではカバーしきれない個別業務を自動化**するのに適しています。日本では、2017 年頃から本格的な導入が始まり、現在では大企業を中心に実際の現場で運用されています。より低価格で簡単に使える製品が登場したことで、今後は中堅中小企業や個人にも活用の幅を広げることが期待されています。

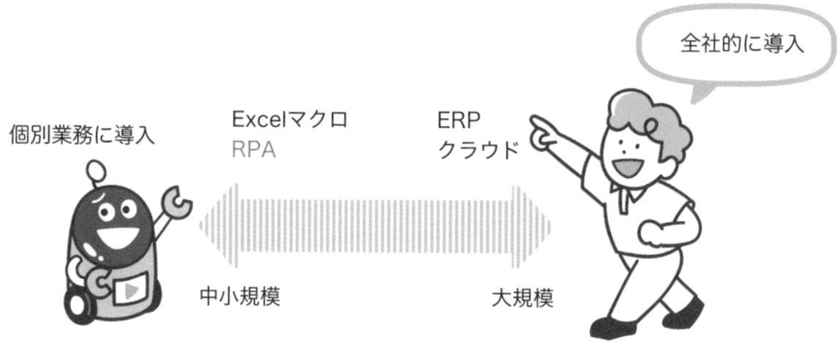

RPA は中小規模の個別業務に向く

命令を並べるだけで使える簡単操作

RPAは、全社的な取り組みとして導入する案件もありますが、**システム化の予算から漏れた現場の小さな案件を担当者自らが改善**するために使われることもあります。Excelのマクロのような使われ方と言えますが、RPAはプログラミングの知識が不要で、画面上に命令をドラッグ＆ドロップするだけで使えるので、**より現場にやさしい技術**と言えます。

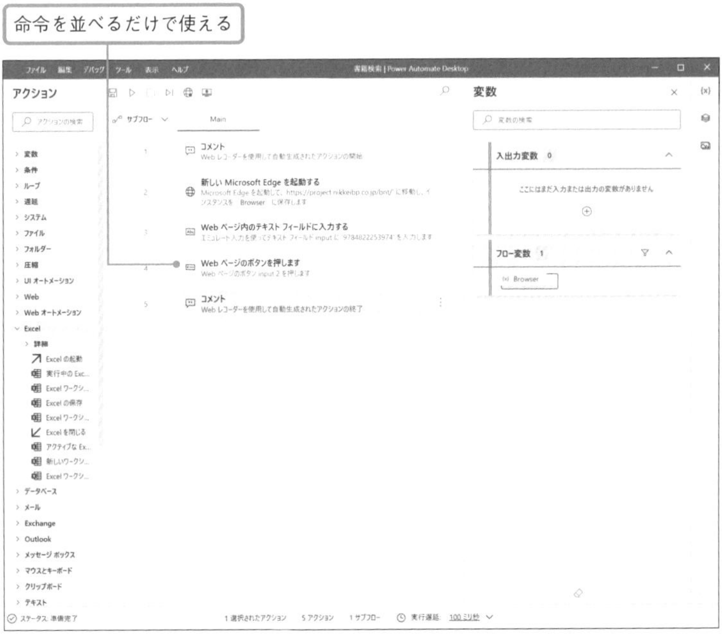
命令を並べるだけで使える

Memo RPAの管理に注意

RPAは誰でも簡単に使えるので、組織内のいろいろな人が作った**「野良ロボット」が無秩序に存在する状況**になりやすいのが課題です。このため、法人向けのRPAソリューションでは、クラウドサービスと組み合わせた管理ツールを提供し、ロボットへのアクセス権や稼働状況を管理できるようにしています。

Lesson

2　RPA で何が変わるの？

RPA で何が変わるの？

簡単に言うと楽ができるよ。

え！？　それは、がぜん興味が涌いてくるな！

RPA で付加価値を創出

RPA を導入するメリットは、業務の自動化ができることです。ロボットは、正確かつ短時間で処理を実行できるため、今まで、**人が何時間もかけて作業していた業務であっても、短時間、かつ昼夜を問わず実行**できます。今まで、その作業をしていた人は、時間が自由に使えるようになるので、新しいアイデアを考えるなど**人にしかできない創造的な仕事に時間を使える**ようになります。単純な時間やコストの削減だけでなく、新しい付加価値の創出にも間接的に役立つ技術と言えます。

今のうちに新規事業の
アイデアを練ろう
ピコ
ピコ

単純作業から解放されて、創造的な仕事に集中できる

自前のシステムを作れる

社内の業務をシステム化しようとして、断念した経験はありませんか？　中でも全社的な予算の対象になりにくい小さなシステムは、そうなりがちです。たとえば、「大量のメールから請求書を探して取り出す」といった処理を特定の社員が毎日、何時間もかけてやっていたとしましょう。労力を考えるとシステム化した方が効率的ですが、その担当者しか恩恵を受けられないうえ、業務も限られていると、全社的な予算を確保しにくく、システム化は見送られがちです。RPAは、こうした時間や労力もかかるものの、**今までの枠組みではあきらめざるを得なかった小さな業務もシステム化**することができます。担当者や部署単位、チーム単位で、特定の業務だけに特化したロボットを作ることができるので、より**幅広い業務を自前でシステム化**できます。

小規模業務も積極的にシステム化できる

得意なのは「定型」業務

RPAは、業務の自動化に役立つ技術ですが、どのような業務にも適用できるわけではありません。得意なのは、**決まった流れや決まった操作を繰り返す定型業務**です。たとえば、送られてきた請求書から金額を調べて支払い伝票を作るとか、Excelの表を元に経費精算アプリに経費を次々に入力するとか、**作業に使うアプリや扱うデータ、手順が決まっている業務**の自動化に適してます。逆にアイデアを練るなどといった創造的な仕事はRPAには難しいため、RPAで削減した時間を使って人間が創造的な業務をすることが期待されています。

Point RPAに向いている業務のポイント

- 扱うアプリが決まっている
  例：経費精算アプリ、Excel
- 扱うデータが決まっている
  例：金額、領収書摘要、目的地
- 操作手順が決まっている
  例：Excelを開く→アプリに入力
- 例外が発生しにくい
  例：通常と申請先が異なる、値が大きすぎる

適した業務を
RPA化することが
大事なんだね
そういうことだ！

Lesson

3 どのRPA製品がいいの？

そうは言ってもお高いんでしょ……？

大丈夫、無料で使える製品もあるよ！

え？　タダ？　それがいい！　それにする！

サーバー型とデスクトップ型

RPA製品は、大きく分けると「サーバー型」と「デスクトップ型」の2種類があります。サーバー型は、社内に設置したサーバーやクラウドのサーバー上でロボットを動かす製品です。人が操作することなく**無人で動くロボットを大量に動作させる**のに向いています。一方、デスクトップ型はパソコン上で動くロボットです。途中で画面を表示して人の判断で処理を分岐させるなど**人の操作と連携して動作させる**ことができるのがメリットです。また、社員が**普段使っているパソコン上で個人的なロボットを作る**ことができるのも魅力です。

この本では「デスクトップ型」を主に解説していくよ！

RPA6大製品

2021年時点で、国内で提供されている主なRPA製品は6つあります。それぞれ特徴がありますが、国内での導入例が多いのは国産でわかりやすい「WinActor《ウィンアクター》」、提供パートナーが多い「BizRobo!《ビズロボ》」、圧倒的に多機能な「UiPath《ユーアイパス》」です。こうした既存製品の牙城を崩すべく、登場した新興勢の代表がマイクロソフトの「Power《パワー》 Automate《オートメイト》 for《フォー》 desktop《デスクトップ》」です。Windows 10/11ユーザーなら無料で使えるため、今後の普及が期待されています。

RPA6大製品

製品名	特徴
WinActor	国産、わかりやすい
BizRobo!	パートナー企業多数
UiPath	圧倒的高機能
Automation Anyware	サーバー型で高セキュリティ
Blue Prism	管理機能豊富なサーバー型
Power Automate for desktop	マイクロソフト製で無料

Memo Power AutomateとPower Automate for desktopの違い

マイクロソフトでは、以前からサーバー型（クラウド型）のオートメーションサービス「Power Automate」を提供していました。Microsoft 365のサービスとの相性が良く、Exchangeで受信したメールを自動的に処理したり、Teamsと連携したりすることができます。一方、Power Automate for desktopはデスクトップ型のRPAソリューションで、Windows 10/11上でさまざまな操作を自動化できます。

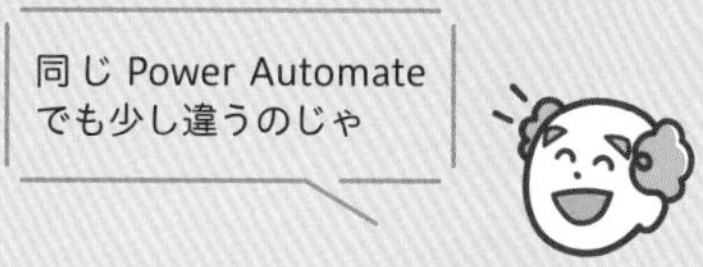
同じ Power Automate
でも少し違うのじゃ

Lesson 4

Power Automate for desktop ってどんな製品？

すみませーん！「Power Automate for desktop」ください！

お店に行っても買えないよ。

じゃあ、どうすればいいのさ？

Power Automate for desktop を活用しよう

Power Automate for desktop は、マイクロソフトが提供する**デスクトップ型**の RPA 製品です。マイクロソフトは「Power」シリーズとして、プログラミング不要で使えるデータ分析製品（Power BI）やアプリ開発製品（Power Apps）をリリースしていますが、Power Automate for desktop も同様にプログラミング不要で使える RPA 製品です。大規模な環境向けの管理機能を備えた有料版もありますが、**Windows 10/11 ユーザーなら無料でダウンロードして利用**できます。

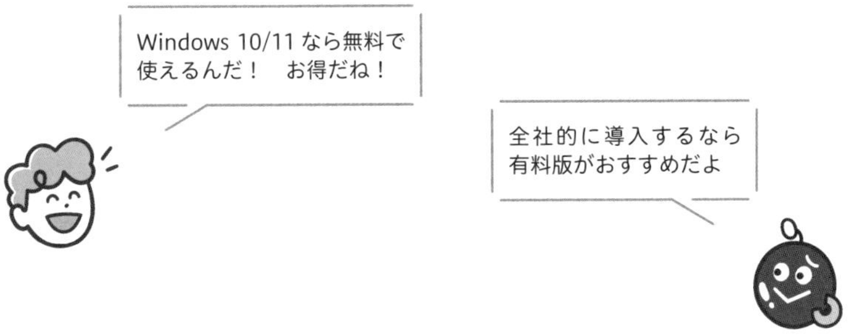
Windows 10/11 なら無料で使えるんだ！ お得だね！
全社的に導入するなら有料版がおすすめだよ

Power Automate for desktopの特徴は？

Power Automate for desktopの特徴は、**はじめてでも簡単に扱えるところ**です。ロボットに実行させたい操作を画面上に並べていくだけで利用できます。日本語にも対応しているので、使い方に迷うこともありません。無料版でも機能制限や利用期限がなく、フル機能を利用できますが、**管理機能が必要な場合は有料版がおすすめ**です。

Power Automate for desktopの料金

- 無料版：Windows 10/11ユーザーは無料で利用可能
- 有料版ユーザーごとのライセンス：4350円@ユーザー/月
- 有料版フローごとのライセンス：最低料金54350@5フロー/月

有料版の主な機能

- クラウド上でサーバー型のロボットを実行できる
- AIを使った文書などの自動認識ができる
- クラウド上にデータを保存できる
- クラウドサービスを組み合わせた自動化ができる
- 作成したロボットをクラウド上で共有できる
- ロボットの実行状況を監視できる
- アクセス権でロボットの使用を制限できる
- スケジュール設定で自動的にロボットを実行できる

Memo AIってなに？

AIは、人工知能と呼ばれる技術です。RPAでよく使われるのは、**大量のお手本を使った学習結果から識別や判断を行う機械学習**です。たとえば、請求書の認識などが代表的です。会社ごとに異なる書式の請求書を大量に学習させることで、書式が違っても、合計金額などを正確に取り出せるようになります。RPAによる書類の自動処理ではよく使われる技術です。

Lesson

5 Power Automate for desktop をインストールしよう

早く Power Automate for desktop をインストールしよう！

まあ、落ち着いて。逃げないから大丈夫だよ

ホントかな？　有料になっちゃうことない？

Power Automate for desktop をインストールしよう

Power Automate for desktop は、**マイクロソフトのサイトからダウンロードしてインストール**できます。利用には **Microsoft アカウントが必要**です。Microsoft アカウントがない場合は、あらかじめ取得しておきましょう。また、Web ページを操作するためにブラウザー（Edge）に拡張機能をインストールする必要もあります。

インストール
するぞ～
Microsoft アカウントで
サインインして
拡張機能も
忘れずにね

インストールには Microsoft アカウントと、ブラウザーの拡張機能の有効化が必要

Power Automate for desktop のダウンロード

Power Automate for desktop をダウンロードしましょう。Power Automate for desktop の Web ページ（https://flow.microsoft.com/ja-jp/desktop/）にアクセスすれば、無料でダウンロードできます。

❶ブラウザーを起動

❷上記の Power Automate for desktop のページにアクセスする

❸［無料でダウンロードする］をクリック

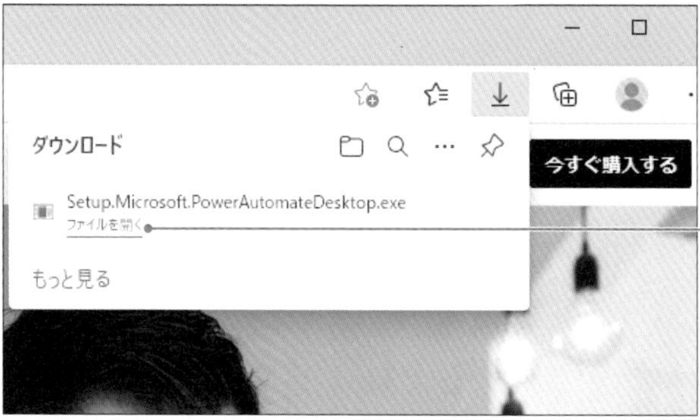

❹［ファイルを開く］をクリック

Power Automate for desktopのインストール

ダウンロードが完了したら、**Power Automate for desktopをインストール**します。インストール先などの設定は標準のままでかまいません。使用条件に同意してインストールしましょう。

ユーザー アカウント制御
このアプリがデバイスに変更を加えることを許可しますか?
Power Automate Desktop
確認済みの発行元: Microsoft Corporation
ファイルの入手先: このコンピューター上のハード ドライブ
詳細を表示
はい
いいえ

❶[はい] をクリック

Power Automate Desktop の設定
パッケージをインストールする
このパッケージを使用すると、デスクトップ フローを作成および使用して、デスクトップ環境のアクションやビジネス プロセスを自動化できます。
Power Automate Desktop の詳細を表示
その他のデスクトップ フローの作成方法について
次へ

❷[次へ] をクリック

Memo Windows 11なら標準搭載

本書ではWindows 10を利用する場合の例を紹介しています。Windows 11には、Power Automate for desktopが標準搭載されているので、タスクバーの検索ボタンから「Power Automate」と検索することで、Power Automate for desktopを利用できます。

❸ここをクリックしてチェックマークを付ける

❹[インストール]をクリック

インストールが完了するまでしばらく待つ

Memo 最新版にアップデートするには

Power Automate for desktop は頻繁にアップデートが実施されます。インストール後、最新版が公開されている場合は、アップデートの案内が表示されます。[ダウンロード] をクリックして**最新版のインストールファイルをダウンロード**しましょう。ダウンロードしたファイルをダブルクックして起動すると、この手順と同じ方法で最新版をインストールできます。

最新版が公開されると通知が表示される

❶[ダウンロード] をクリック

❷[Download the Power Automate Desktop Installer] をクリック

ダウンロードしたファイルを実行する

拡張機能のインストール

Power Automate for desktop から**ブラウザーを操作するには拡張機能が必要**です。Microsoft Edge 向けの拡張機能をインストールしましょう。Edge が起動するので、拡張機能を追加しておきます。

インストール成功
準備ができました
自動化を開始するまで残り 2 ステップ:
1. Power Automate 拡張機能をインストールする
この拡張機能を使用すると、デスクトップ フローでの Web アプリの使用が可能になります。優先するブラウザーで拡張機能を有効にするには、1 つまたは複数のリンクを選択します。
Microsoft Edge
2. アプリを起動する
'Power Automate Desktop の起動' を選択してアプリを開き、作業を開始してください。
Power Automate Desktop の起動
閉じる
❶[Microsoft Edge]をクリック

Microsoft
Edge アドオン BETA
Microsoft Power Automate
Microsoft Corporation
インストール
詳細
ご契約条件
プライバシー ポリシー
開発者
説明
Power Automate 拡張機能
❷[インストール]をクリック

osoft.com/addons/detail/microsoft-power-automate/njjljiblognghfjfpcdpdbpbfcmhgafg
"Microsoft Power Automate" を Microsoft Edge に追加しますか?
この拡張機能には次のことが許可されます:
• アクセスした Web サイトのすべてのデータの読み取りと変更を行う
• 協調するネイティブ アプリケーションと通信する
拡張機能の追加
キャンセル
utoma
ユーザー | 仕事効率化

❸［拡張機能の追加］をクリック

インストール成功
準備ができました
自動化を開始するまで残り 2 ステップ:
1. Power Automate 拡張機能をインストールする
この拡張機能を使用すると、デスクトップ フローでの Web アプリの使用が可能になります。優先するブラウザーで拡張機能を有効にするには、1 つまたは複数のリンクを選択します。
Microsoft Edge
2. アプリを起動する
'Power Automate Desktop の起動' を選択してアプリを開き、作業を開始してください。
バージョン: 2.10.36.21161
Power Automate Desktop の起動
閉じる

❹［閉じる］をクリック

Memo 対応するブラウザーは？

Power Automate for desktop は、Internet Explorer、Microsoft Edge、Google Chrome、Mozilla Firefox に対応しています。Edge 以外のブラウザーを使う場合は、以下の Web ページを参考に各ブラウザーの設定をする必要があります。

・ブラウザーの使用と拡張機能の管理

https://docs.microsoft.com/ja-jp/power-automate/desktop-flows/using-browsers

Power Automate for desktop へのサインイン

Microsoft アカウントを使って Power Automate for desktop にサインインしましょう。サインインしないと自動化をするためのフローを作成したり、保存したりすることができません。

❶［Power Automate Desktop］を起動

Microsoft Power Automate Desktop にサインインする
新しい直感的な Power Automate Desktop での自動化が、これまで迅速で簡単になります。事前構築済みのドラッグ アンド ドロップ操作を使用するか、独自のフローを記録して、後で再生します。
サインイン

❷［サインイン］をクリック

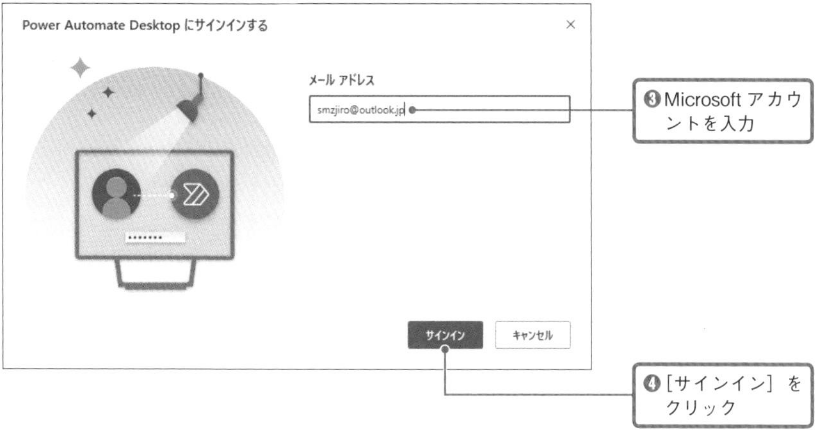

Memo デスクトップや通知領域からも起動できる

ここではスタートメニューから Power Automate for desktop を起動しましたが、デスクトップに配置されたショートカットアイコンから起動することもできます。また、2回目以降は通知領域に表示されている Power Automate for desktop のアイコンから起動することもできます。

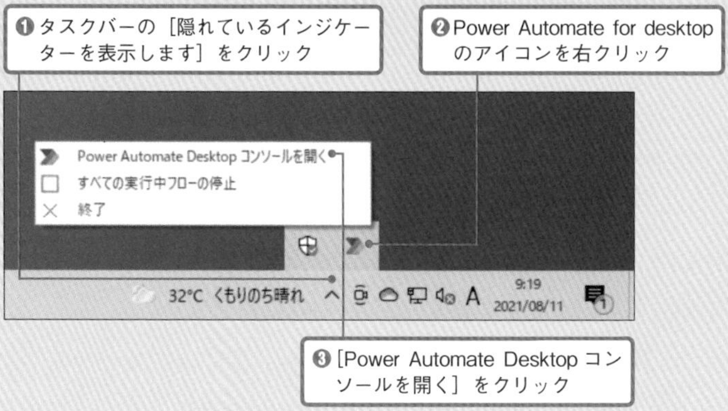

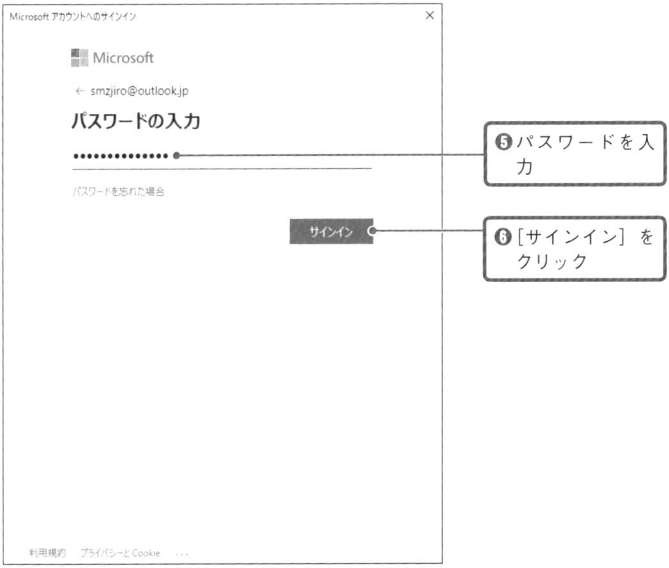

Memo 法人向けアカウントでもサインインできる

Power Automate for desktop は、法人向けの Microsoft 365 アカウントでサインインすることもできます。法人向けアカウントでサインインした場合は、表示される画面が若干異なります。また、作成したフローの保存先も OneDrive ではなく、組織が管理する専用の領域（Dataverse）に保存されます。

Memo 全社導入には外部 SI 事業者の助けも必要

RPA を全社的に導入する場合は、社内にプロジェクトチームを作って、適用する業務範囲や利用ルールを決めたり、社員への教育をしたりと、いろいろなことを検討する必要があります。社内に IT 部門がない中堅中小の現場では、こうした計画をするのは大変です。RPA の導入になれた外部 SI 事業者に相談するといいでしょう。費用はかかりますが、RPA の導入をスムーズに進められます。

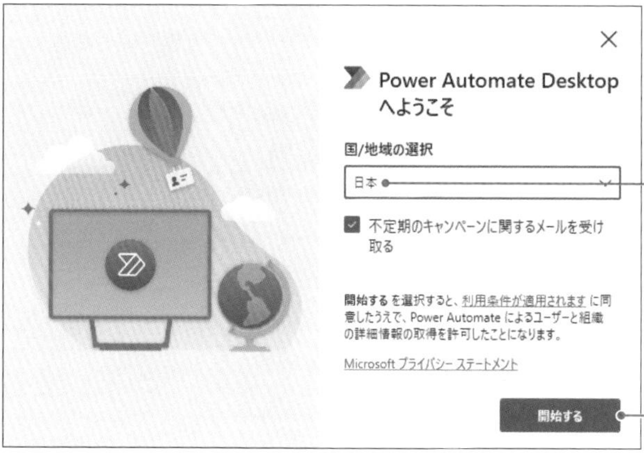

❼［日本］を選択

❽［開始する］をクリック

インストールが完了した

これで準備完了だ

やったね！

Ending

なるほど。要するに RPA で楽ができるってことね。

まあ、そうだね。

しかし、ロボットが代わりに仕事してくれるなんて未来のことだと思ってたけど、もうそんな時代なんだねぇ（しみじみ）。

この時代だと、まだ大企業中心だけど、すぐに誰もが使う時代になるよ。

そうなんだ。確かに、簡単そうだったし、何よりタダだもんね。

Power Automate for desktop なら個人はタダだね。ただ、会社で導入するなら、管理機能が使える有料プランがいいけどね。

それは社長次第かなぁ……。

じゃあ、まずは無料版を自分で使ってみたら？

そうだね、これならボクにもできそうだし。早速、使い方を教えてよ！

チュートリアル 2

まずは動かしてみよう

Opening

Power Automate for desktop もインストールしたし、早速、山積みの事務処理をロボットにやらせるぞ！

──あれ、何だこの画面？　どこをどうすればいいの？　ロボットはどこ？　ぴえ助、助けてよ～！

まあ、そうなるよね。簡単って言っても、いきなりは無理だよ。

何か、自信なくなってきたよ。コレ無理じゃない？

大丈夫、大丈夫。Power Automate for desktop には、いろいろな「お助け」機能があるから、それを使えばいいよ。

「お助け」機能？

そう。レコーダーって言ってね。……まあ、一緒に使ってみようか。

……助かります。先生。

ずいぶん素直だね。

いきなり心を折られそうになったもので……。やっぱり、着実にやるのが一番だね。

チュートリアル 2 の要約

フローコンソールで管理 &フローデザイナーで命令作成

フローコンソール	作ったフローの一覧表示、実行、編集、削除
フローデザイナー	ロボットに実行させたい命令を並べて設定

Web レコーダーでマウスやキーボード操作を自動記録

ブラウザー起動 ▶ ボタンをクリック ▶ キー入力 ▶ ……

実行した操作をそのまま記録してロボット用の命令書に変換

実行して確認

人間  実行 ▶ ロボット  記録した操作を再現

記録した操作がそのまま再現される

Lesson

6 Power Automate for desktopを起動してみよう

起動するとフローコンソールが表示されるよ。

ずいぶんシンプルな画面だなあ。

これは管理画面だね。メインはフローデザイナーだよ。

Power Automate for desktopの画面を確認しよう

Power Autoamte for desktopは、スタートメニューまたは通知領域のアイコンから起動することができます。最初に表示されるのは「フローコンソール」です。Power Autoamte for desktopでは、**ロボットに実行して欲しい命令を書いた命令書を「フロー」と呼びます。**フローコンソールでは作成したフローを管理します。実際に命令を作るのは「フローデザイナー」です。フローデザイナーに「アクション」と呼ばれる命令を並べます。

いでよ！万能ロボ！
いやいや、
落ち着いて…

「フローコンソール」からフローの作成を始められる

1 フローコンソール

フローコンソールは、作成したフローを管理するための画面です。過去に作成したフローが一覧表示され、ここから実行したり、再編集したり、名前を変えたり、削除したりできます。

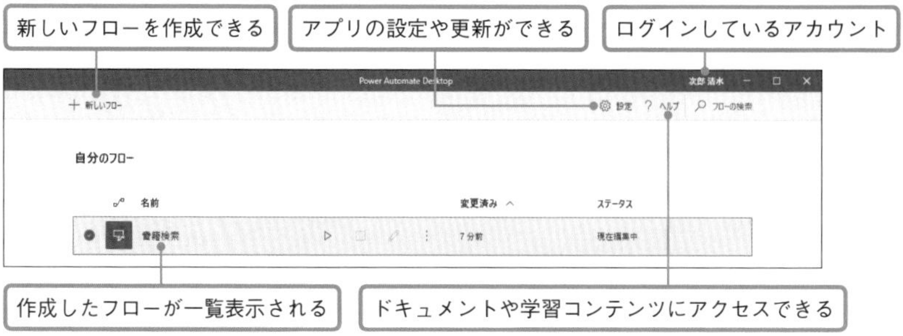

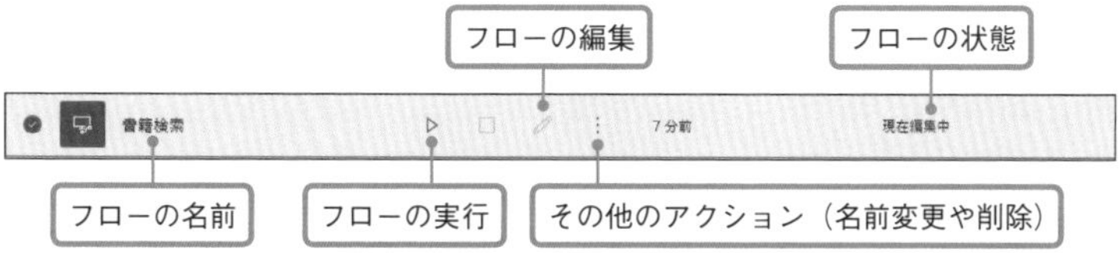

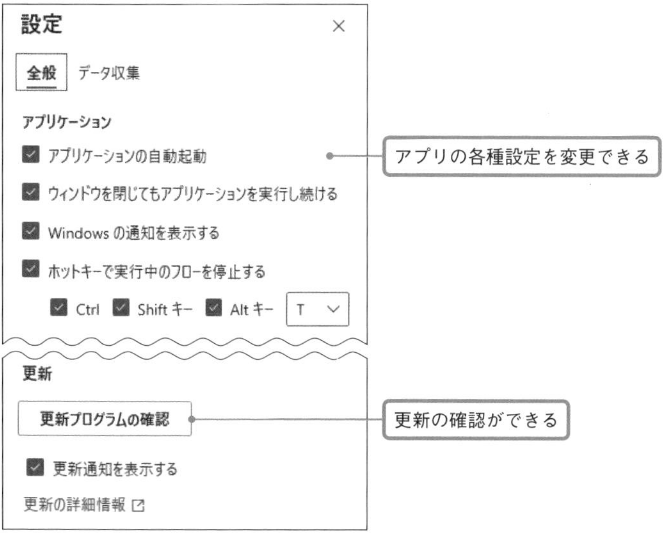

2 フローデザイナー

フローデザイナーは、ロボットに実行させるための命令を記述する画面です。中央のワークスペースに上から順番に命令（アクション）を並べると、その通りに実行されます。画面左側には命令の一覧となるアクションペインが、右側には変数の状態などを表示する画面が表示されます。

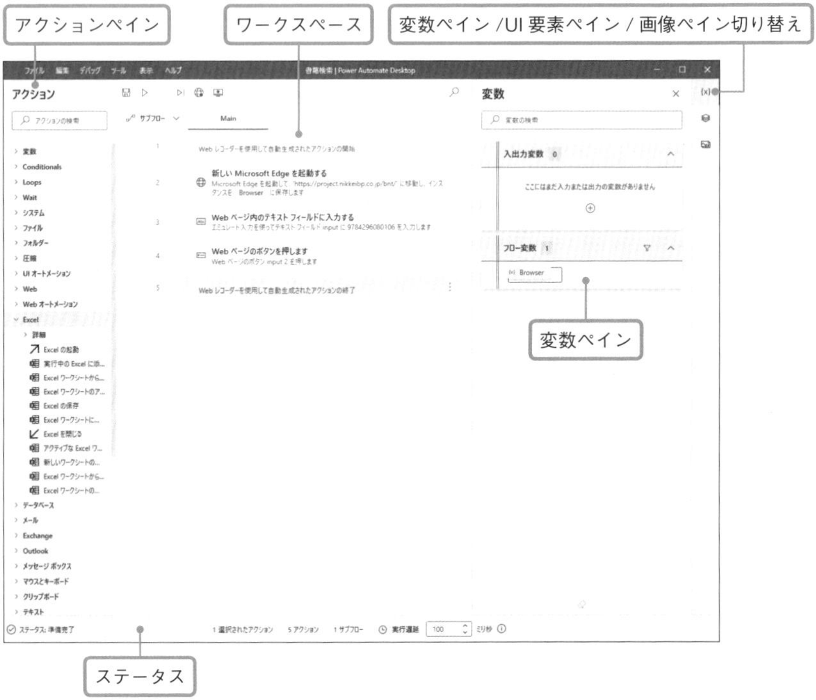

Memo 一部が英語表記になる場合もある

バージョンによっては、一部の表記が英語になる場合があります。例えば、「条件」が「Conditionals」、「ループ」が「Loops」、「遅延」が「Wait」、「変数を設定」が「Set variable」になっている場合があります。

3 アクションペイン

画面左側の［アクションペイン］には、**アクションと呼ばれるロボットへの命令が並んでいます。**「Excel の起動」など日本語名になっているので、やりたいことと命令が一致しやすくなっています。検索ボックスでアクションを探すこともできます。

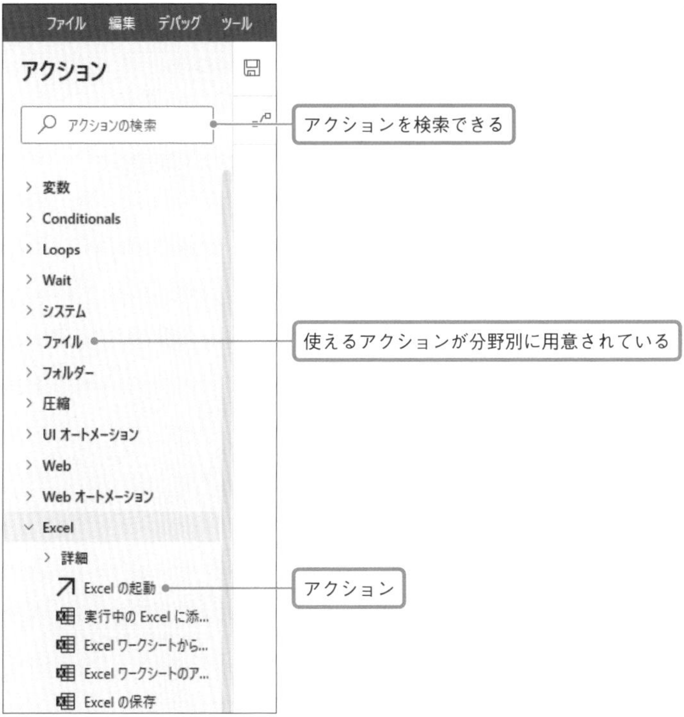

Memo どこに保存されるの？

Power Automate for desktop で作成した命令（フロー）は、個人用の Microsoft アカウントでサインインしている場合は、OneDrive の［アプリ］フォルダーに保存されます。組織のアカウントでサインインしている場合は、Dataverse と呼ばれる領域に保存されます。

4 ワークスペース

［ワークスペース］は、［フローデザイナー］の中央にある領域です。**ここに上から順番に実行したいアクションを並べます。**画面上部には、フローを実行したり、停止したり、操作を記録したりするためのボタンが配置されます。また、メイン（Main）のフローに加え、処理を分割して管理するための［サブフロー］も作れます。

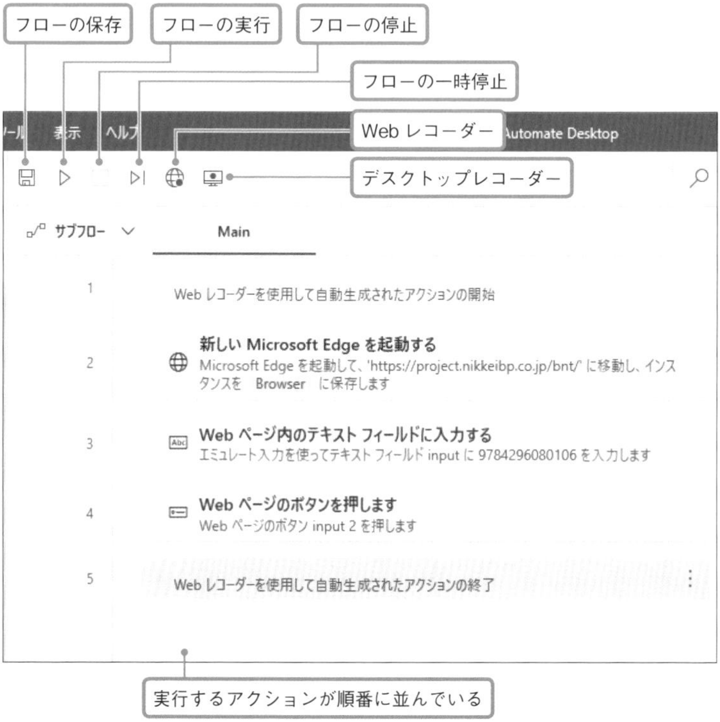

5 変数ペイン

フローデザイナーの右側の領域は、**［変数］［UI 要素］［画像］の 3 種類の画面を切り替えて利用**できます。標準の［変数］ペインでは、フローの中で使っている変数の状態を確認できます。どのような変数が使われていて、どんな値が入っているのかがわかります。

Memo マイクロソフトの学習コンテンツも活用しよう

Power Automate for desktop の使い方は、マイクロソフトが提供している無料の学習コンテンツでも学べます。[フローコンソール] の右上にある [ヘルプ] から [学習] をクリックすると学習コンテンツにアクセスできます。まずは、[Power Automate for desktop の使用開始] のラーニングパスを受講してみましょう。1 時間 22 分ほどで基本的な操作を学習できます。

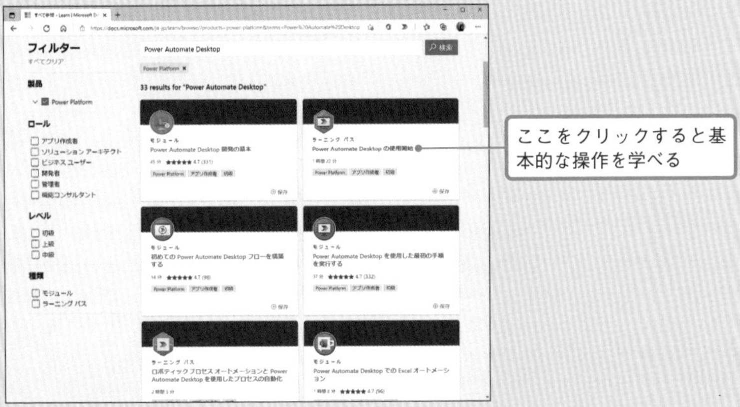

Lesson

7 操作を記録してみよう

さっそく、使ってみよう！

そうは言っても、何が何やら、さっぱり……。

大丈夫、君の操作をロボットが覚えてくれるよ。

Web レコーダーで操作を記録する

Power Automate for desktop には、［Web レコーダー］や［デスクトップレコーダー］と呼ばれる便利な機能が搭載されています。これは、**Web ページやアプリを人が操作する手順（マウス操作やキー入力）を自動的に記録する機能**です。つまり、ロボットに実行させたい操作をするだけで、マネをしてくれることになります。まずは、難しいことは考えず、この機能を使ってロボットを動かしてみましょう。Web ページでの情報収集やアプリを使った業務を自動化するときに役立ちます。

操作を実行すると、自動的に記録できる

1 新しいフローを作成する

まずは、フローを新規作成しましょう。画面中央か、画面左上にある **[新しいフロー] をクリックし、フローに名前を付けて新規作成**します。ここでは、ブラウザーを起動して、本書の発行元の日経 BP の Web サイトにアクセスし、ISBN 番号を使って本書のページを検索する手順を [Web レコーダー] で作成します。

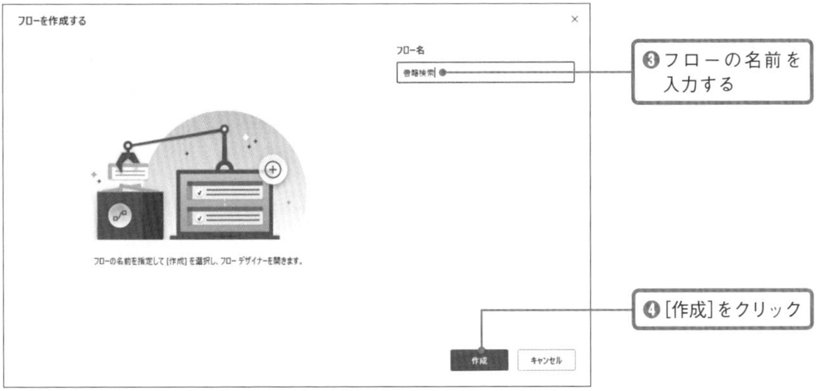

2 Webレコーディングの準備をする

フローデザイナーが起動したら、［Webレコーダー］を起動します。**Webレコーダーは、ブラウザーを使ったWebページの操作を記録するための機能**です。最初は、ブラウザーを起動して、操作したいWebページを開きましょう。

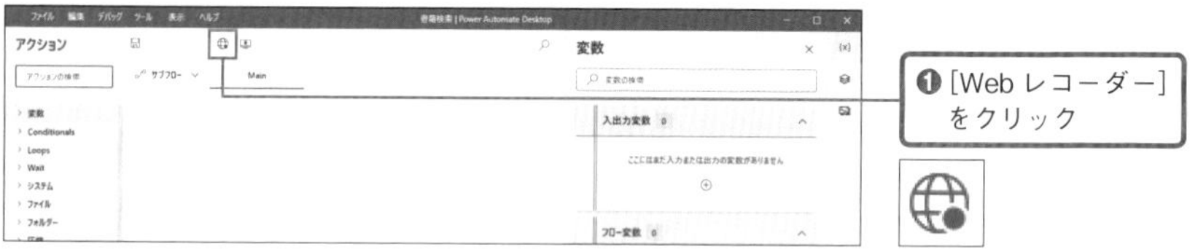

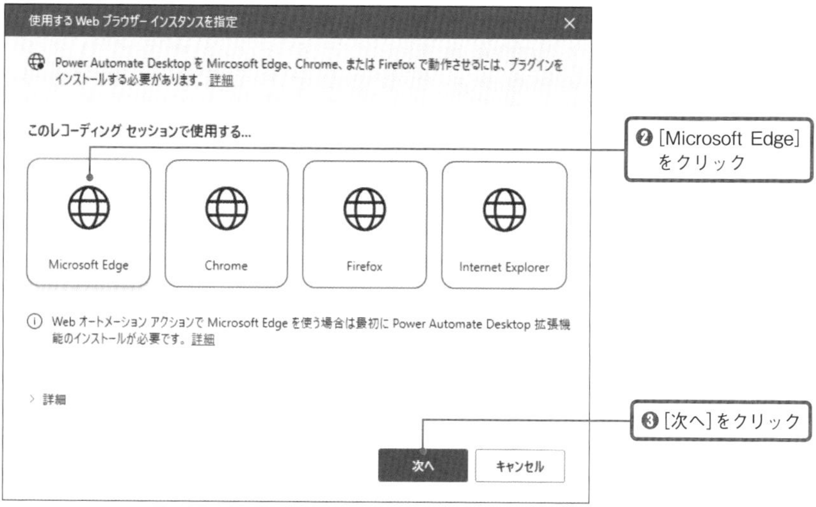

Memo 別のブラウザーも選択できる

ここでは、Microsoft Edgeを使って操作していますが、上の画面で別のブラウザーを選ぶこともできます。利用するブラウザーによって、拡張機能のインストールや初期設定の変更が必要です。ブラウザーを選択したときに「i」に表示されるメッセージに従って準備をしましょう。

※ Web レコーディングの手順は今後、Web サイトの更新などによって紙面の通りに操作ができなくなる可能性があります。そのような場合は、弊社ホームページ（http://nkbp.jp/pad21）にて可能な限り代替操作をお知らせいたします。

3 Web レコーディングで操作を記録する

Web レコーダーを使って、**マウスやキーボードの操作を記録**していきましょう。レコードを開始すると、Web ページ上でマウスカーソルを合わせたところに赤い枠が表示されます。この**赤枠で操作対象が認識**され、そこに対して実行したクリックやキー入力などの操作が記録されます。

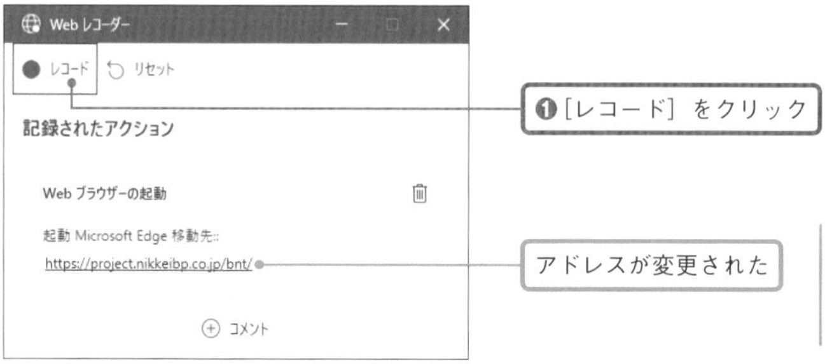

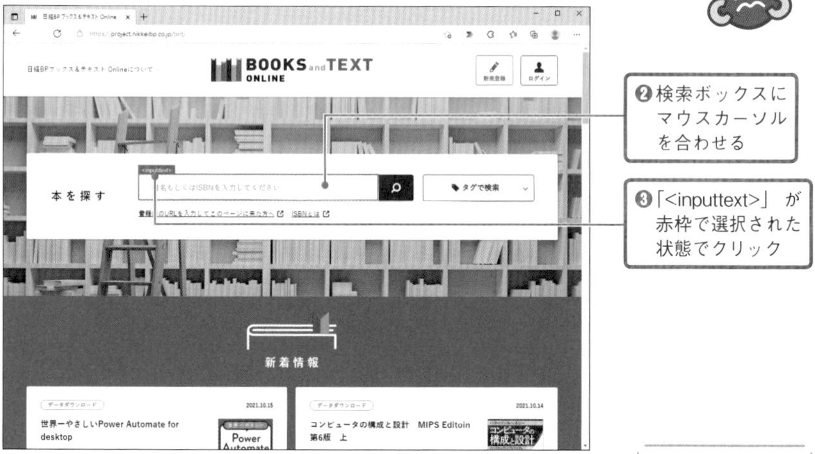

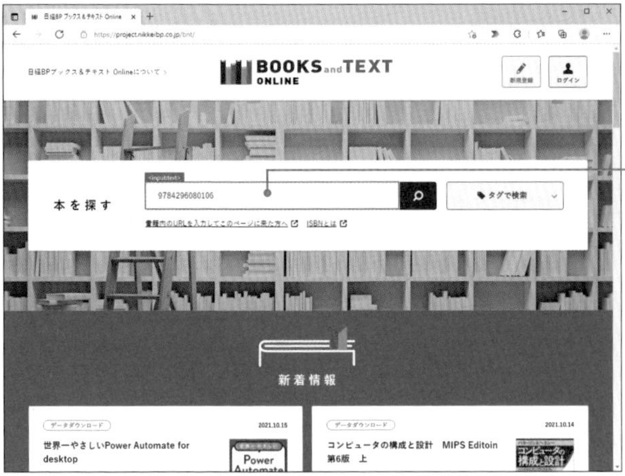

❹「9784296080106」を入力

キーボードからの入力が記録されるよ

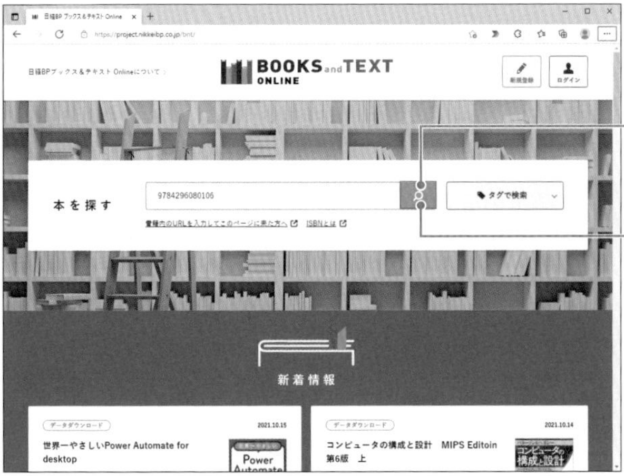

❺検索ボタンにマウスカーソルを合わせる

❻ボタンが赤枠で選択された状態でクリック

マウスをクリックした操作が記録されるよ

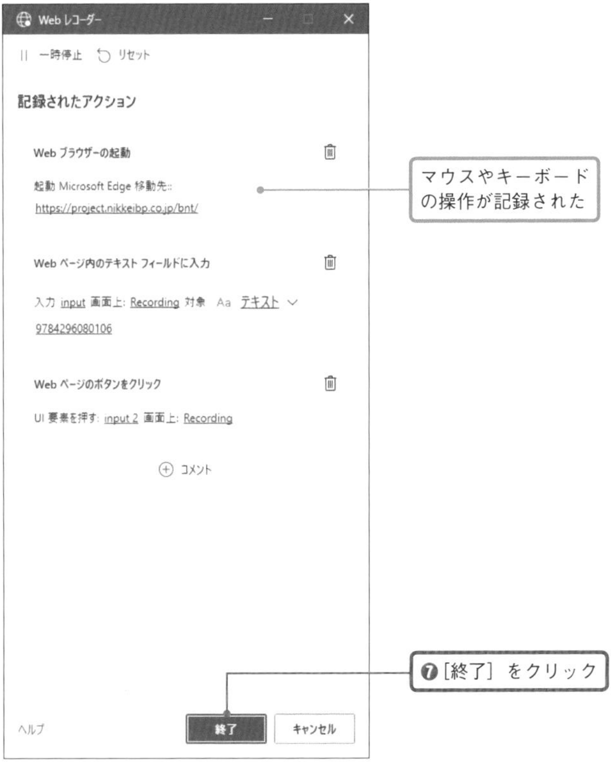

Memo 確実に操作対象を選択しよう

Web レコーディングを使うときは、**赤枠を確実に操作したい場所に合わせることが大切**です。Web ページの要素は、内部的に複雑な階層構造で管理されていることがあり、同じ場所でも少しずつ異なるサイズで赤枠が表示されることがあります。赤枠の左上に「<inputtext>」など内部の HTML タグが表示されるので、これを目安に操作対象を指定するようにしましょう。

4 フローを保存する

操作を記録できたら、フローを保存します。Power Automate for desktop は**自動保存に対応していないので、フローを変更したら必ず保存操作が必要**です。保存せずにフローを閉じると、せっかく記録した操作がすべて失われてしまいます。

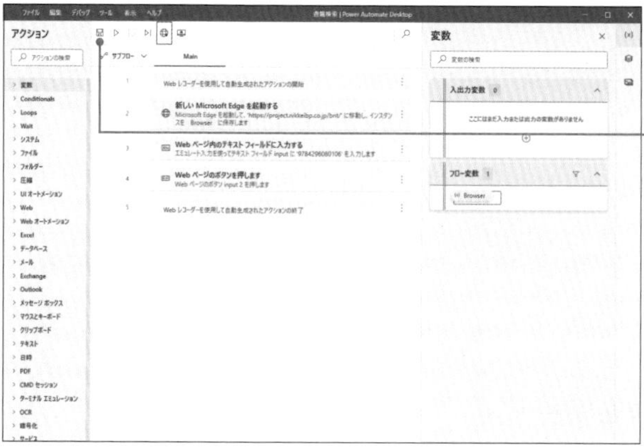

❶ [保存] をクリック

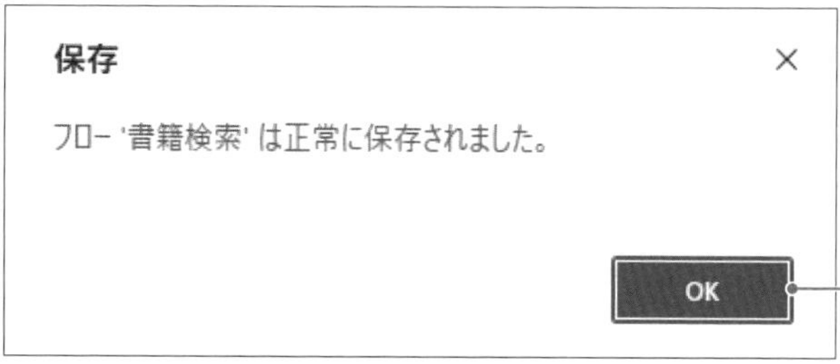
保存
フロー '書籍検索' は正常に保存されました。
OK

❷ [OK] をクリック

Lesson

8 操作を再現してみよう

これだけ？　ホントに覚えた？　怪しいなぁ。

大丈夫！　ほら、ちょっと見てて……。

うぉぉ、スゴイじゃん！　同じ操作だね！

記録した操作を実行する

Webレコーダーで記録した操作を再現してみましょう。フローデザイナーの画面に記録された操作がアクションとして並べられているので、これらが順番に実行されます。**開いているブラウザーがあったら、それを閉じてから、［実行］ボタンをクリック**しましょう。クリックしたら、マウスやキーボードから手を離して、実行される様子をゆっくり眺めていてください。

魔法みたいでしょ
フリだけだよ
わぁ、ひとりでに
動き始めた！

魔法のように記録した操作が自動実行される

1 フローを実行してみよう

フローデザイナーの**［実行］ボタンをクリックすると、記述したフローが上から順番に実行**されます。ブラウザーが自動的に起動した後、検索ボックスにISBN番号が入力され、検索が実行され、本書のWebページが表示されることが確認できるはずです。

❶［実行］をクリック

ブラウザーが起動して、自動的に書籍のページが表示される

Ending

レコーダーを使えば楽勝だね！

そうだね。最初はレコーダーを使って、操作をそのまま記録してみるのがおすすめだよ。

請求書の入力とか、経費精算とか、これでやっちゃえば全部済みそうだね。

残念ながら、そこまで万能じゃないけど、たとえば競合のWeb ページで新商品の情報チェックするとかくらいなら、レコーダーで記録すれば大丈夫。

なるほど。Excel の操作とかもできるの？

アプリレコーダーを使えばできるよ。

そうなんだ！　RPA マスターが見えてきた！

それはちょっと気が早いかな……。次の章では、もっと本格的なロボットの作り方を見て行こう。

RPA マスターは一日にして成らず、か……。

チュートリアル 3

本格的なロボットづくりを始めよう

Opening

あれ、うまくいかない。うーん、そうじゃなくて、ここをこうしたいんだけど……。

どうしたの？

さっそくレコーダーでいろいろな操作を記録してみたんだけど、うまくいかないことも結構あるんだね。

操作をそのまま記録するから、同じ作業を繰り返すだけなら簡単だけど、仕事って、単純作業ばかりじゃないしね。

それに、記録中に間違えないように操作するのも大変だし、緊張するんだよね。

そうだね。だから、RPA に慣れてくると、実はあまりレコーダーは使わなくなる。

え？　そうなの？　便利なのに？

もちろん使う時もあるけど、慣れてくると、一からアクションを並べて作ったほうが早いんだよね。

それは難しそうだなぁ。だって、どんなアクションを、どう並べればいいかがわからないもの。

でも、手動での作り方も覚えておかないと、RPA マスターとは呼べないかな。よし、これから基本を見ていこう。

チュートリアル3の要約

業務の流れをアクションに置き換える

業務の流れを書き出し ▶ 個々の操作に分解 ▶ アクションに置き換える

ドラッグアンドドロップで簡単に操作を追加

アクション追加
[Web ページのリンクをクリックします] ドラッグ

▶

アクション設定
UI 要素設定

▶

操作対象指定
実際に操作したい場所をクリック

ひとつずつ確認しながら確実に

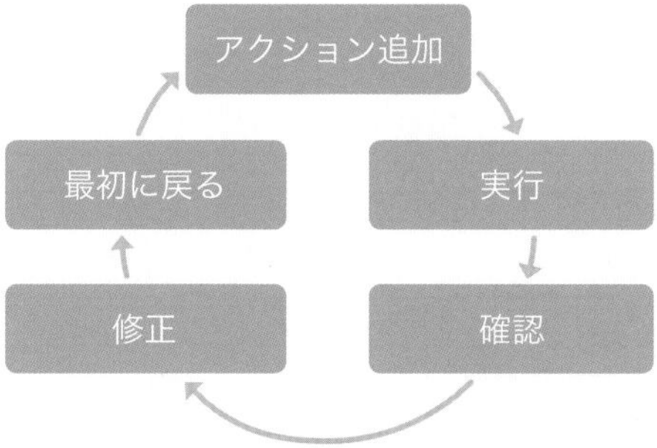

最初はひとつずつ確実に実行できることを確認しながらやっていく

Lesson

9 どうやって業務を自動化すればいいの？

どんな業務を自動化したい？

もちろん全部！

できたらいいけど、さすがにムリかな……。向き不向きがあるからね。

どういう業務をロボットにまかせる？

RPAは、業務改善に役立つ便利なツールですが、万能ではありません。例えば、アイデアを考えるとか、文書の見栄えを良くするとか、そういった創造性が求められる作業には向いていません。RPAが適しているのは、**請求書処理や経費精算、集計、消し込み、間違いチェック、情報収集など、シンプルな繰り返し作業**です。まずは、自分が普段やっている業務を書き出して、その中からシンプルで、RPAに任せられそうな作業をピックアップすることからはじめましょう。

よくやっている仕事は「企画書作成」「発注処理」「請求書処理」「会議」「経費精算」とかかな

そのうちの発注処理とか請求書処理、経費精算なんかはRPA向きだね

RPAはこんな作業が得意

具体的にRPAが得意な作業を見てみましょう。パターンとしては、次のようなものが考えられます。

- 決まった流れ（A、B、C）
- 転記（AからB、BからA）
- 複製（元データをAとBに）
- 繰り返し（A、B、A、B）
- 簡単な判断（AかBか、大きい場合小さい場合）

業務の流れとアクションを関連付けする

ロボットを作る第一歩は、自動化したい仕事を分析することです。分析といっても、難しく考える必要はありません。普段、自分が、どんなデータを、どのアプリで、どうやって処理しているのかを書き出してみることからはじめましょう。たとえば、「Excel」を開いて、「経費リスト」を読み込み、新しい行を追記する、といったようにメモしてみましょう。そして、それぞれの操作をPower Automate for desktopの「アクション」に置き換えていきます。アクションについては、次の章で詳しく紹介するので、**まずは仕事の流れを書き出して**みましょう。

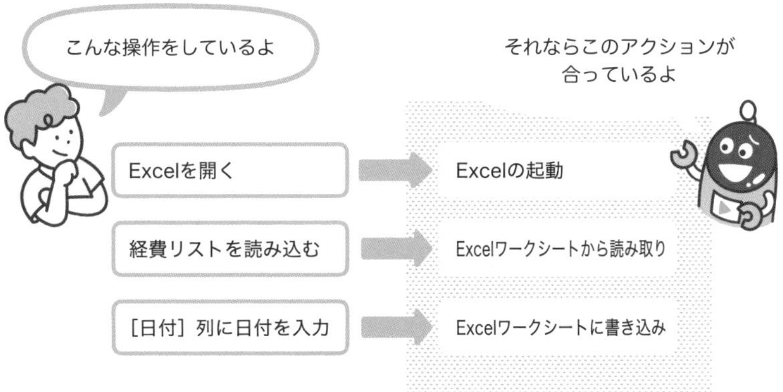

業務の流れを洗い出して、アクションに対応させる

Lesson

10 操作を追加してみよう

考えるだけだと面白くないので実際にやってみようか。

いいねえ。でも、ボク、プログラミングはさっぱりだけど？

大丈夫。ドラッグ＆ドロップだけで作れるよ。

手動でロボットを作る流れ

手動でロボットを作る方法は、思ったより簡単です。Power Automate for desktopには、「アクション」と呼ばれるさまざまな命令が用意されているので、アクションを実行したい順番に並べていきます。もちろん、ただ並べるだけでは、「何を」「どうやって」操作すればいいのかがロボットに理解できませんので、アクションの設定で、操作対象となるアプリやデータを指定していきます。このように、ひとつずつ**アクションを設定しながら、並べていくこと**でロボットを作ります。

バーン
アクションを組み合わせて
ロボットを作れるよ

アクションをブロックのように組み合わせて、ロボットを作る

アクションを追加する流れ

アクションは、基本的に「**追加**」→「**設定**」→「**操作対象の指定**」という流れで利用します。ただし、アクションによっては、設定が必要なかったり、操作対象を指定しなくても動作したりする場合があります。アクションごとに設定も違うので、まずは基本的な流れを押さえておきましょう。

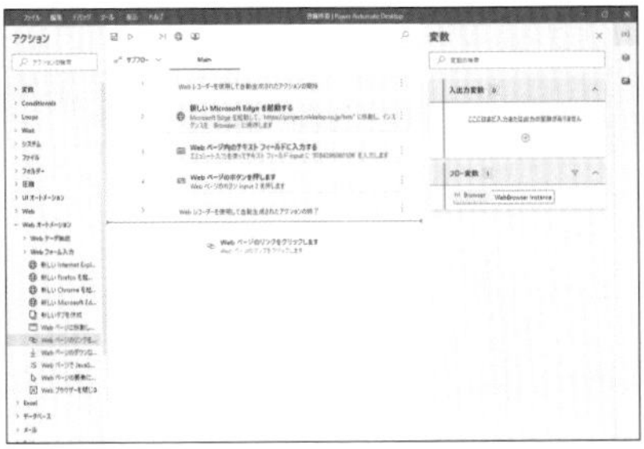

■ アクションの追加

アクション（命令）の一覧から実行させたいものを選び、ドラッグして配置します。

■ アクションの設定

アクションの動作に必要な設定をします。設定する内容はアクションによって違いますが、主にデータやUI要素などの操作対象を指定します。

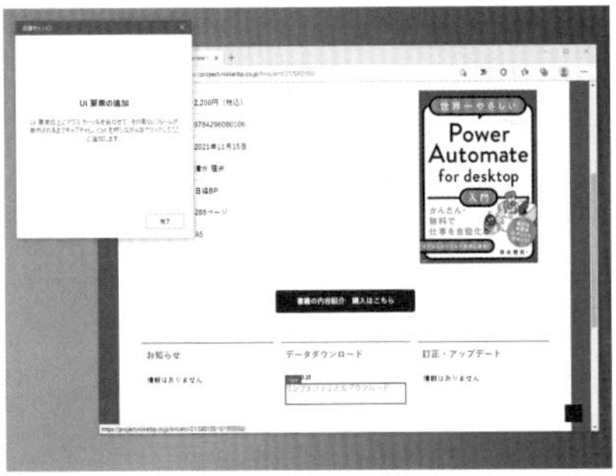

■ 操作対象の指定

アクションの操作対象は画面上で直接指定できます。たとえば、Webページのリンクなどを直接ブラウザー上で指定できます。

Lesson
11 ログインしてダウンロードする操作を追加してみよう

いまひとつピンと来てない感じだね。

そう、ね。やっぱりボクはカラダで覚える派なのかな。

じゃあ、さっきWebレコーダーで記録したフローを拡張してみよう。

「ログイン」と「ダウンロード」処理を追加する

チュートリアル2でWebレコーダーを使って作成したフローに、**いくつかアクションを追加してアップグレード**してみましょう。先ほどは、書籍のWebページに移動するまでのフローを作成したので、そこからサイトにログインし、サンプルファイルをダウンロードするまでの操作を作成してみましょう。ただ、ここでは、個別のアクションついて詳しく解説しません。意味がわからなくても、とりあえず同じように操作して、動かすことを目標にしましょう。

結構長い操作だねぇ、うまく作れるか心配だ
同じような操作の繰り返しだから、落ち着いて着実に作っていけば大丈夫！

1 ダウンロードページに移動する

まずは、書籍の詳細情報ページから、サンプルのダウンロードページへと移動します。チュートリアル2で作成したWebレコーダーのフローを開き、次の通りに操作してみましょう。

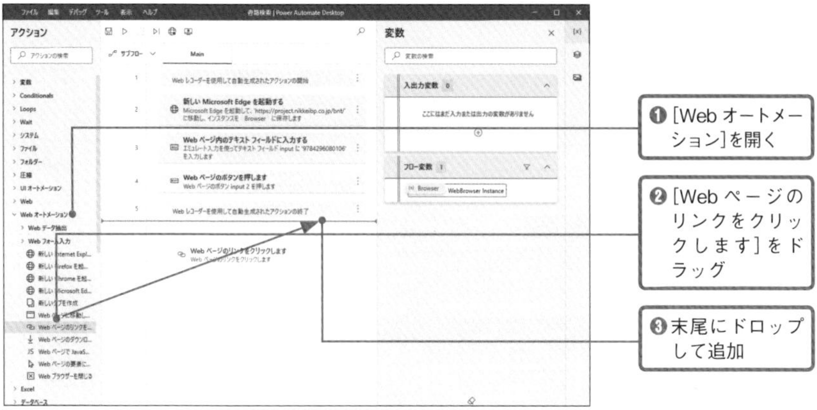

※Webレコーダーで作成したフローの修正手順は今後、Webサイトの更新などによって紙面の通りに操作ができなくなる可能性があります。そのような場合は、弊社ホームページ（http://nkbp.jp/pad21）にて可能な限り代替操作をお知らせいたします。

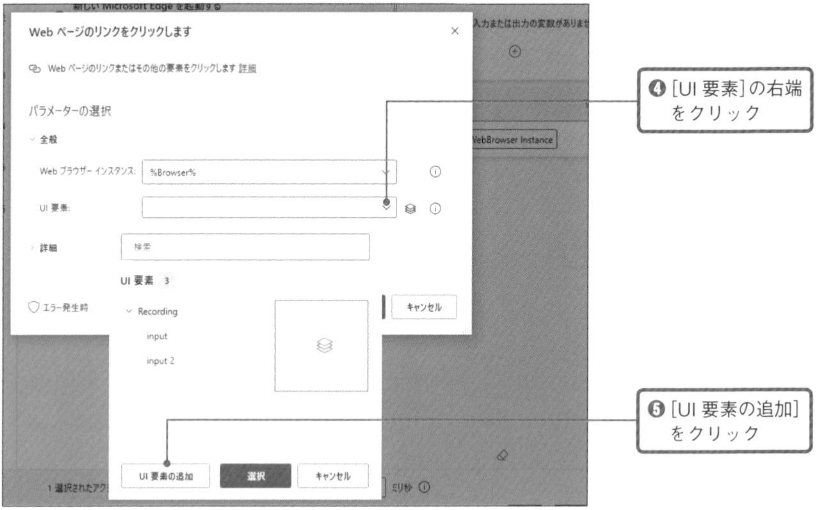
Web ページのリンクをクリックします
Web ページのリンクまたはその他の要素をクリックします 詳細
パラメーターの選択
全般
Web ブラウザー インスタンス:
%Browser%
UI 要素:
詳細
UI 要素 3
Recording
input
input 2
エラー発生時
キャンセル
UI 要素の追加
選択
キャンセル
❹ [UI 要素] の右端をクリック
❺ [UI 要素の追加] をクリック

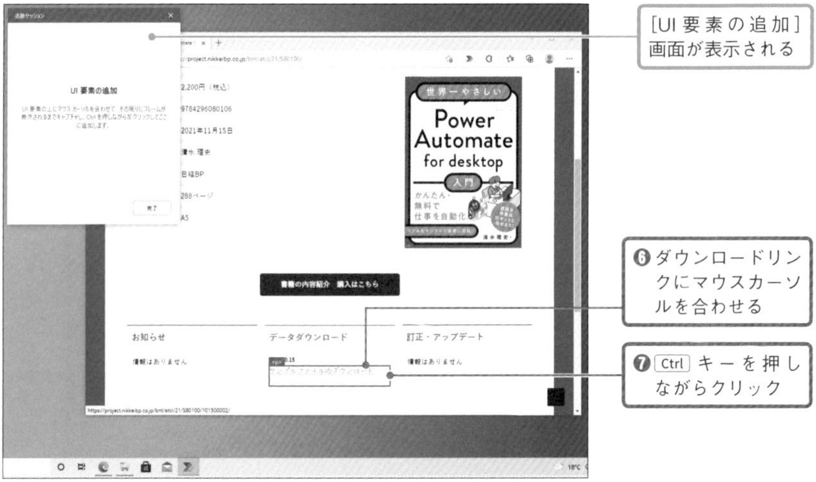
UI 要素の追加
2,200円（税込）
9784296080106
2021年11月15日
日経BP
288ページ
A5
世界一やさしい
Power Automate for desktop
入門
お知らせ
データダウンロード
訂正・アップデート
情報はありません
[UI 要素の追加] 画面が表示される
❻ダウンロードリンクにマウスカーソルを合わせる
❼ Ctrl キーを押しながらクリック

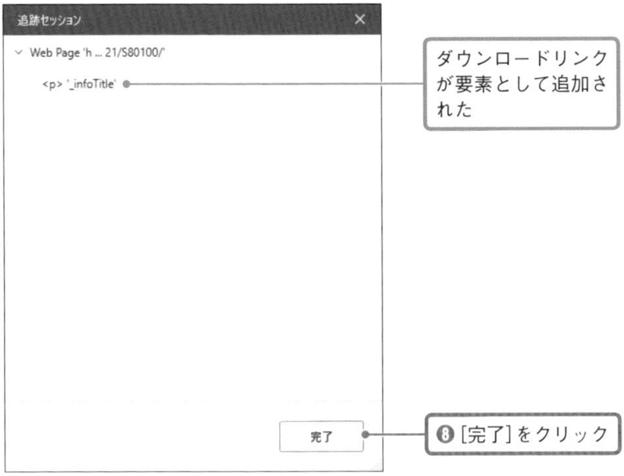
追跡セッション
Web Page 'h ... 21/S80100/'
<p> '_infoTitle'
完了
ダウンロードリンクが要素として追加された
❽［完了］をクリック

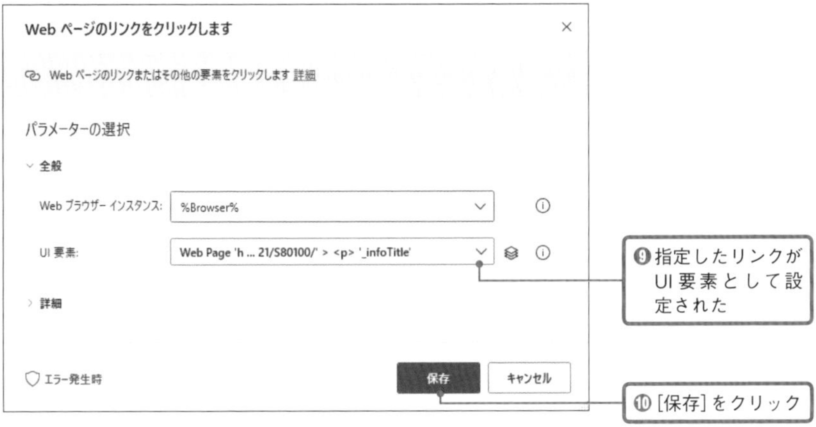
Web ページのリンクをクリックします
Web ページのリンクまたはその他の要素をクリックします 詳細
パラメーターの選択
全般
Web ブラウザー インスタンス:
%Browser%
UI 要素:
Web Page 'h ... 21/S80100/' > <p> '_infoTitle'
詳細
エラー発生時
保存
キャンセル
❾指定したリンクがUI要素として設定された
❿［保存］をクリック

アクションが追加された

2 実行して確認する

ひとつ追加できたので、うまく動くかどうか試してみましょう。**ブラウザーを閉じてから、フローを実行する**と、次の画面まで自動的に移動するはずです。

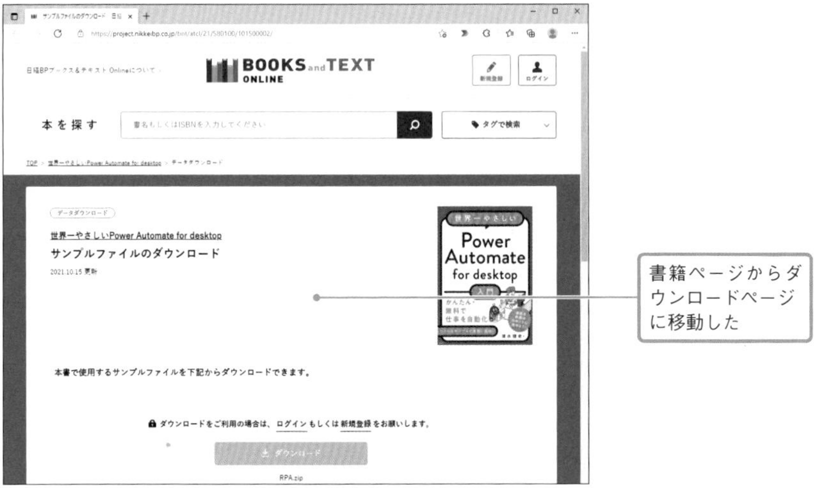
書籍ページからダウンロードページに移動した

3 ログインページに移動する

サンプルをダウンロードするにはログインが必要です。**画面右上の［ログイン］ボタンをクリックしてログインページに移動**しましょう。なお、ログインには無料の日経IDが必要なのであらかじめ登録しておきましょう。また、すでにログインしている場合は、ログアウトした状態で始めないと失敗するので注意が必要です。

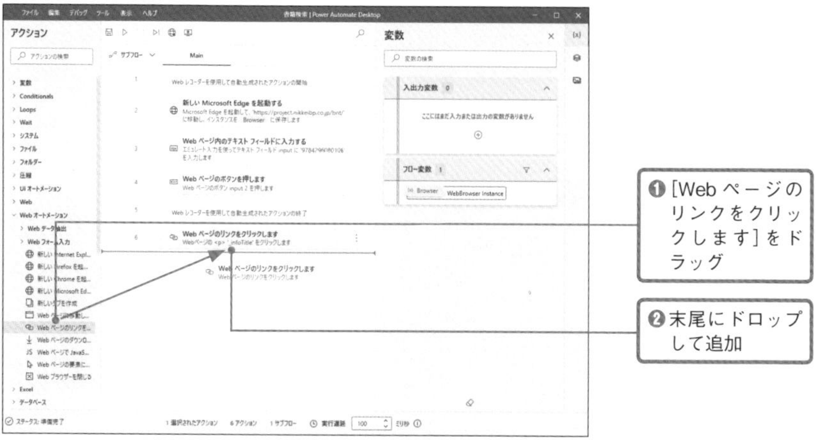

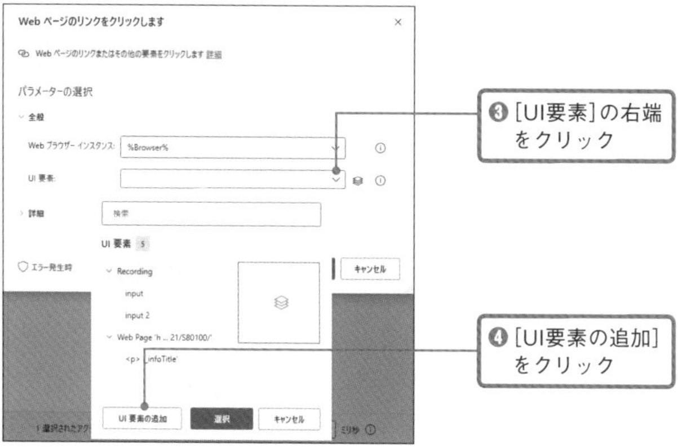

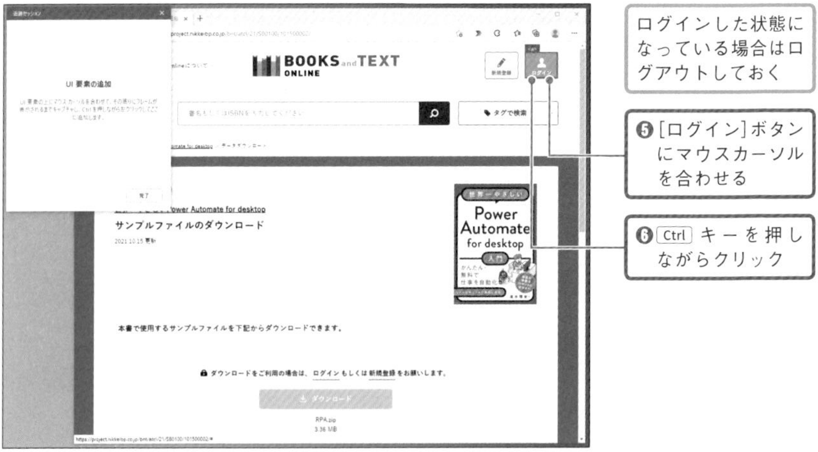
UI 要素の追加
BOOKS and TEXT ONLINE
タグで検索
サンプルファイルのダウンロード
Power Automate for desktop
本書で使用するサンプルファイルを下記からダウンロードできます。
ダウンロードをご利用の場合は、ログイン もしくは 新規登録 をお願いします。
RPA.zip
3.36 MB
ログインした状態になっている場合はログアウトしておく
❺[ログイン]ボタンにマウスカーソルを合わせる
❻ Ctrl キーを押しながらクリック

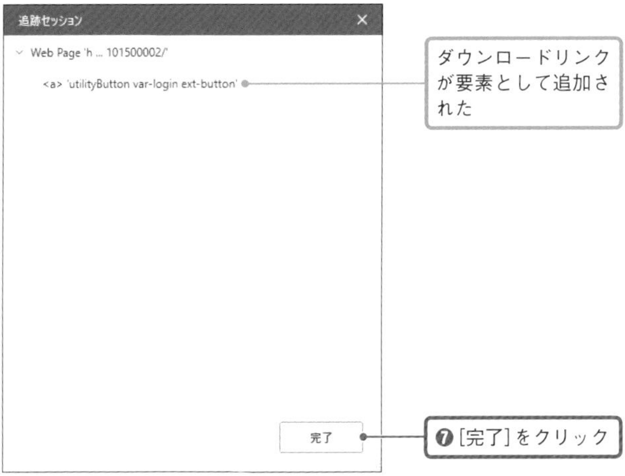
追跡セッション
Web Page 'h ... 101500002/'
<a> 'utilityButton var-login ext-button'
完了
ダウンロードリンクが要素として追加された
❼[完了]をクリック

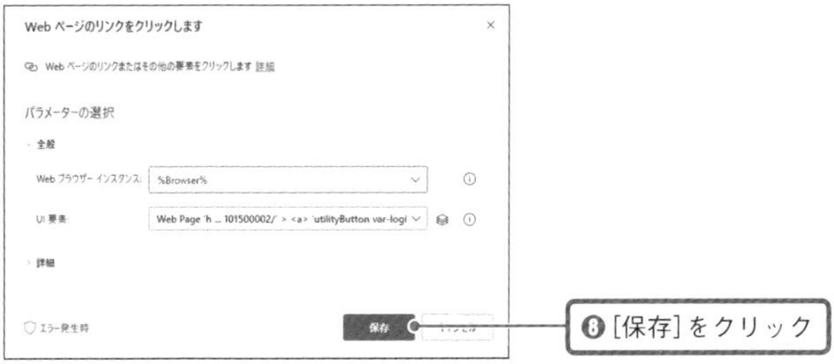
Web ページのリンクをクリックします
Web ページのリンクまたはその他の要素をクリックします 詳細
パラメーターの選択
全般
Web ブラウザー インスタンス:
%Browser%
UI 要素:
Web Page 'h ... 101500002/' > <a> 'utilityButton var-logi
詳細
エラー発生時
保存
❽[保存]をクリック

4 メールアドレスを入力する

ログインページにメールアドレスを入力しましょう。あらかじめ取得しておいた日経IDのメールアドレスを入力します。

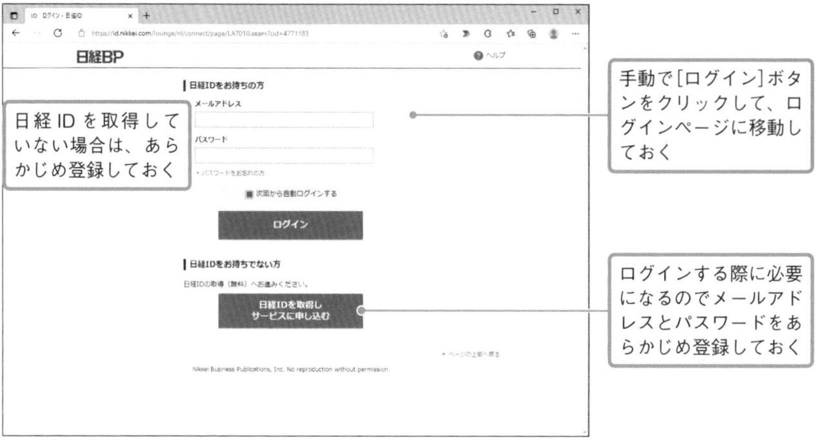
日経BP
日経IDをお持ちの方
メールアドレス
パスワード
ログイン
日経IDをお持ちでない方
日経IDを取得し
サービスに申し込む
日経IDを取得していない場合は、あらかじめ登録しておく
手動で[ログイン]ボタンをクリックして、ログインページに移動しておく
ログインする際に必要になるのでメールアドレスとパスワードをあらかじめ登録しておく

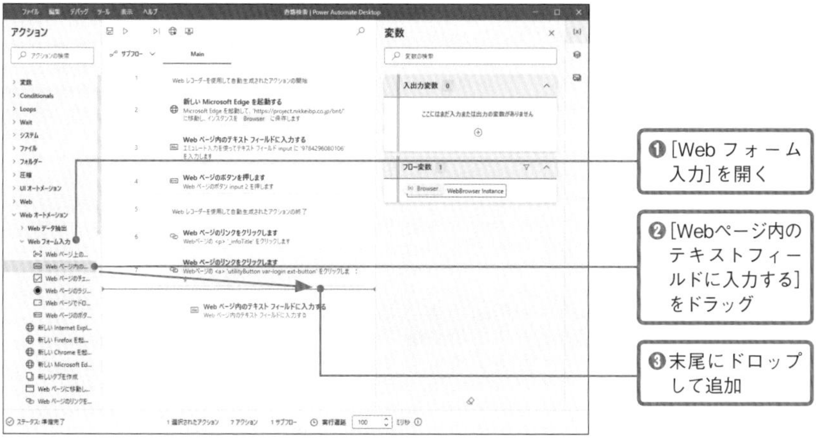
アクション
変数
❶[Webフォーム入力]を開く
❷[Webページ内のテキストフィールドに入力する]をドラッグ
❸末尾にドロップして追加

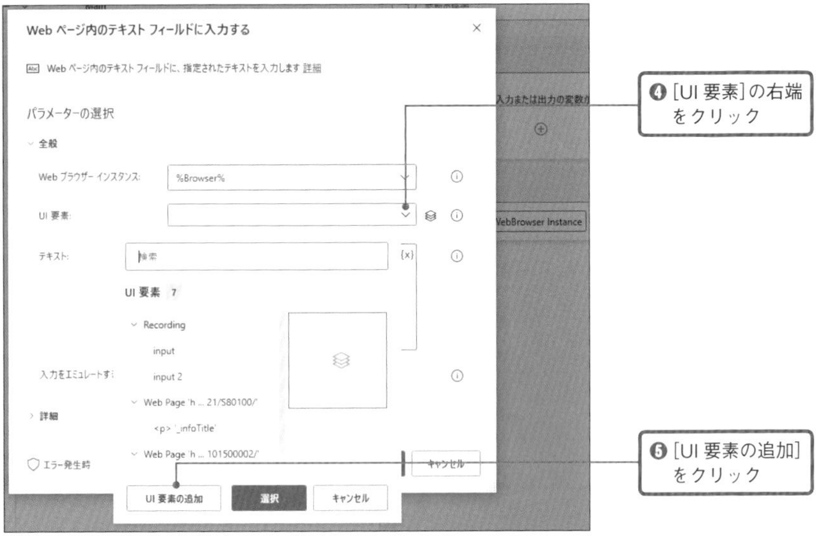
Web ページ内のテキスト フィールドに入力する
Web ページ内のテキスト フィールドに、指定されたテキストを入力します 詳細
パラメーターの選択
全般
Web ブラウザー インスタンス:
%Browser%
UI 要素:
テキスト:
検索
UI 要素 7
Recording
input
input 2
Web Page 'h ... 21/S80100/'
<p> '_infoTitle'
Web Page 'h ... 101500002/'
入力をエミュレートす
詳細
エラー発生時
UI 要素の追加
選択
キャンセル
入力または出力の変数
WebBrowser Instance
❹［UI 要素］の右端をクリック
❺［UI 要素の追加］をクリック

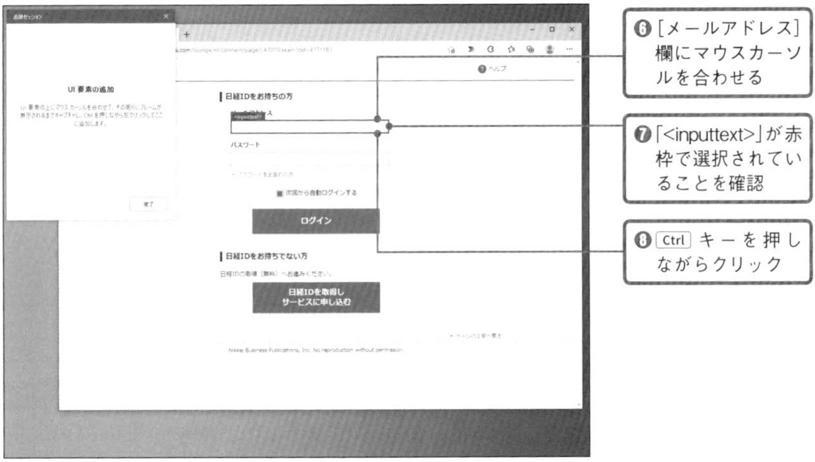
UI 要素の追加
日経IDをお持ちの方
パスワード
次回から自動ログインする
ログイン
日経IDをお持ちでない方
日経IDを取得し
サービスに申し込む
❻［メールアドレス］欄にマウスカーソルを合わせる
❼「<inputtext>」が赤枠で選択されていることを確認
❽ Ctrl キーを押しながらクリック

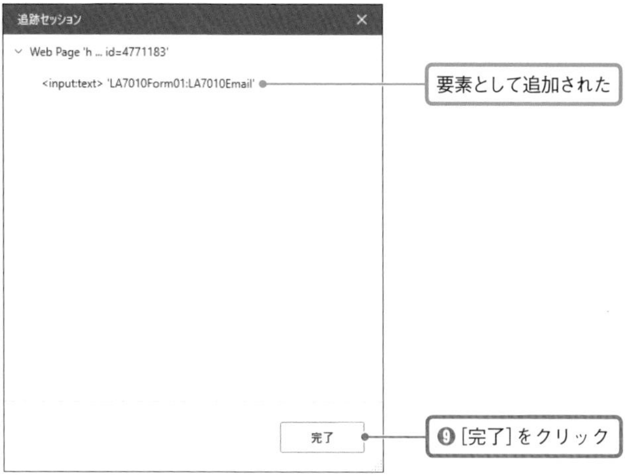
追跡セッション
Web Page 'h ... id=4771183'
<input:text> 'LA7010Form01:LA7010Email'
要素として追加された
完了
❾［完了］をクリック

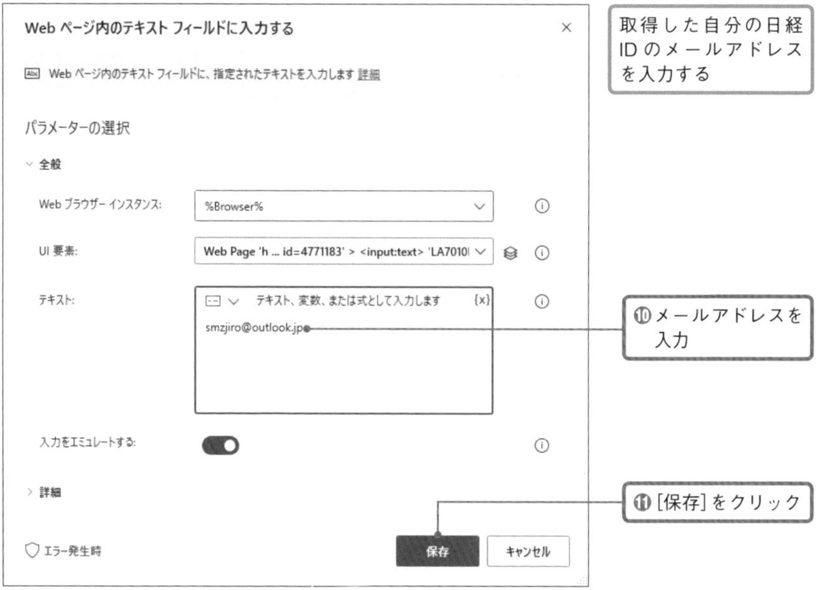
Webページ内のテキスト フィールドに入力する
Webページ内のテキスト フィールドに、指定されたテキストを入力します 詳細
パラメーターの選択
全般
Web ブラウザー インスタンス:
%Browser%
UI 要素:
Web Page 'h ... id=4771183' > <input:text> 'LA7010I
テキスト:
テキスト、変数、または式として入力します
{x}
smzjiro@outlook.jp
入力をエミュレートする:
詳細
エラー発生時
保存
キャンセル
取得した自分の日経IDのメールアドレスを入力する
❿メールアドレスを入力
⓫［保存］をクリック

5 パスワードを入力する

同じ要領で、今度はパスワードを入力します。パスワードは重要なデータなので、暗号化された状態でフローに保管します。

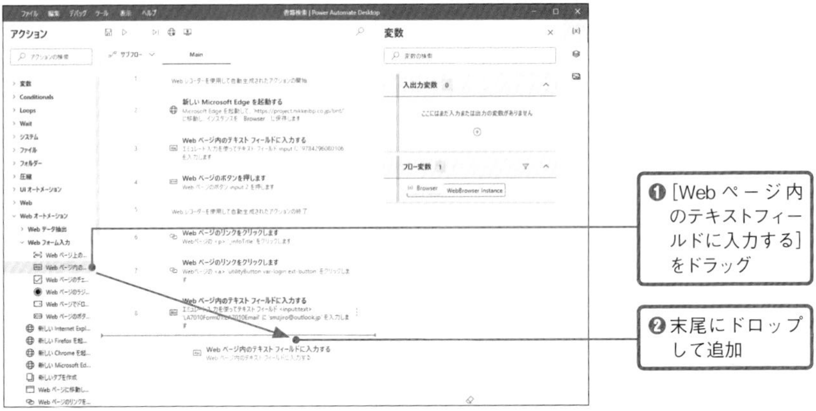

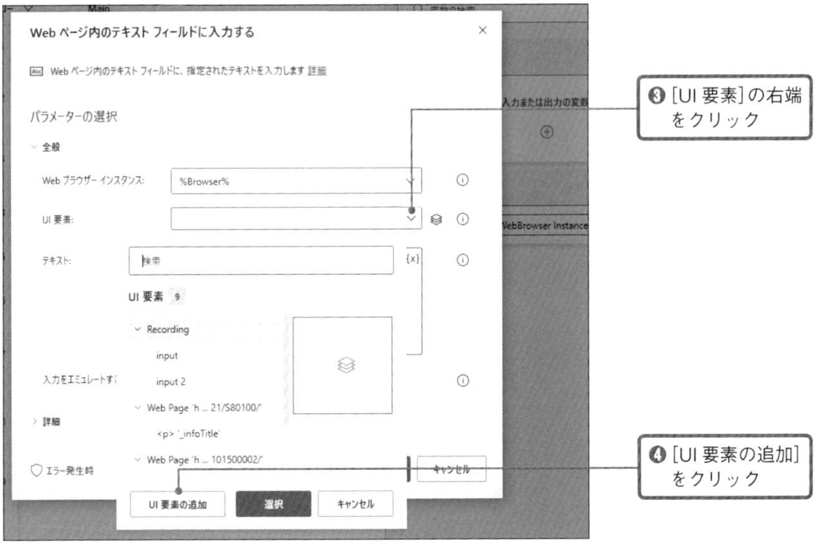

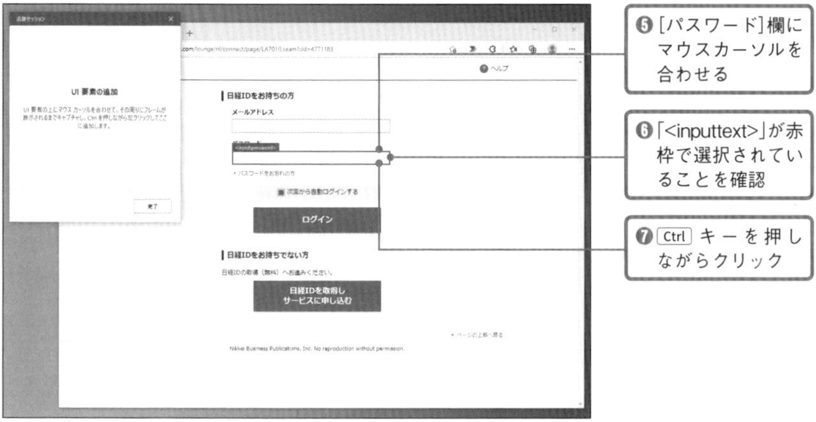

❺［パスワード］欄にマウスカーソルを合わせる
❻「<inputtext>」が赤枠で選択されていることを確認
❼ Ctrl キーを押しながらクリック
UI 要素の追加
ヘルプ
日経IDをお持ちの方
メールアドレス
ログイン
日経IDをお持ちでない方
日経IDを取得し
サービスに申し込む

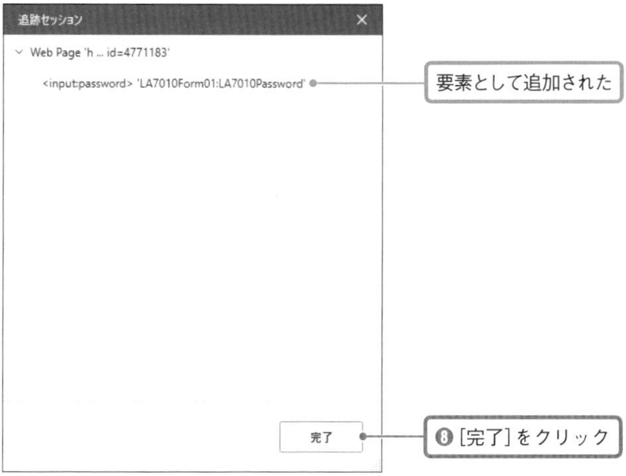

追跡セッション
Web Page 'h ... id=4771183'
<input:password> 'LA7010Form01:LA7010Password'
完了
要素として追加された
❽［完了］をクリック

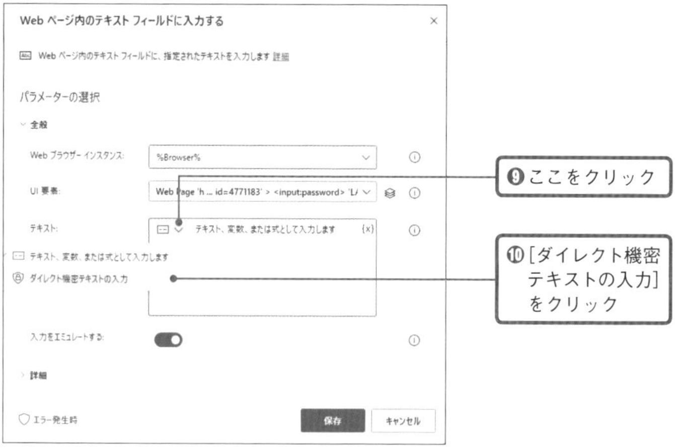

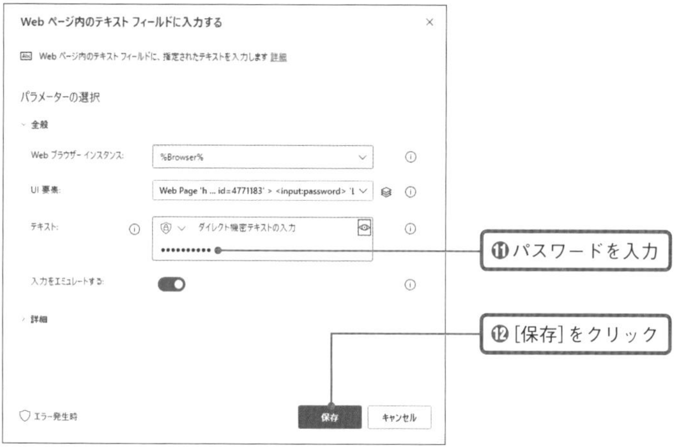

Memo パスワードを含むフローは共有しない

パスワードは暗号化されて保存されますが、フローそのものをコピーしたり、共有したりすると、第三者もフローを実行することでログインできてしまいます。パスワードを含むフローは公開したり、共有したりするのを避けましょう。

6 ログイン情報を保存しない設定にする

ログインページにある［次回から自動ログインする］のチェックマークを外します。ログイン状態が保存されると、2回目以降の実行時に画面右上の［ログイン］ボタンが見つからずエラーになるからです。**RPAでは、実行時の前提条件を常に同じにすることがとても重要**です。

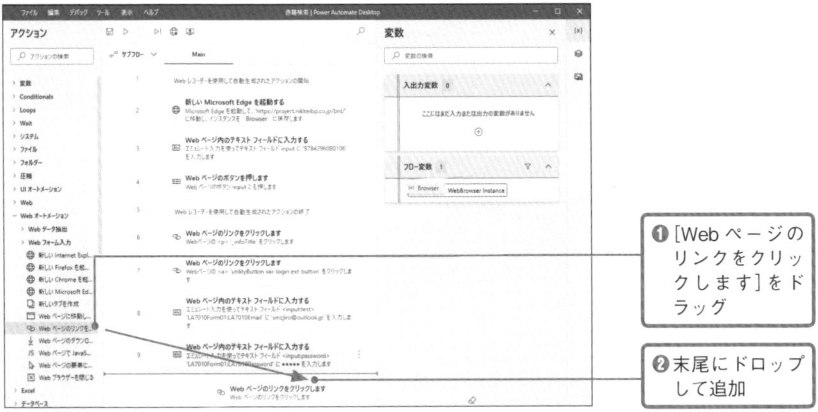

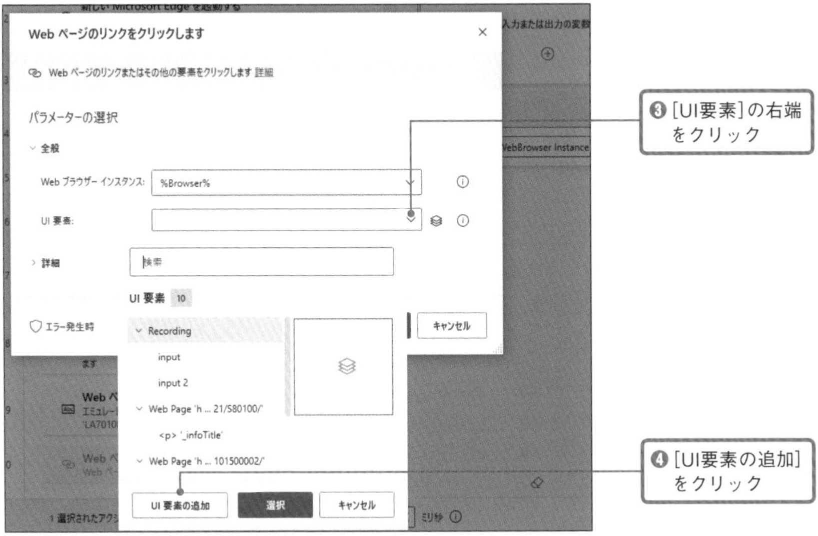

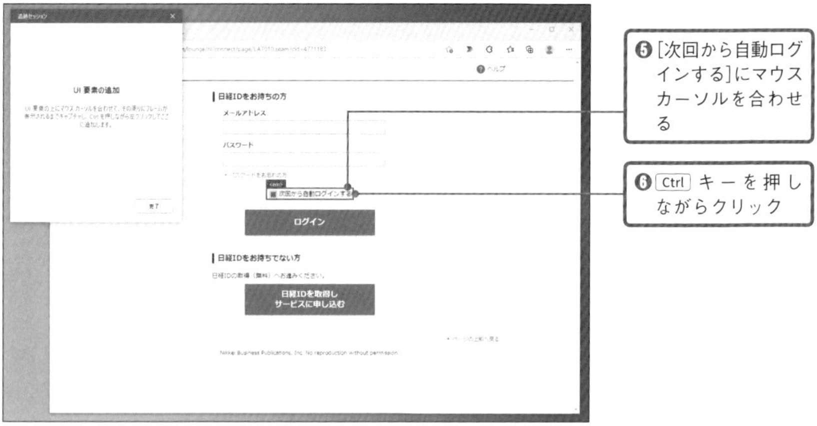
追跡セッション
UI 要素の追加
完了
日経IDをお持ちの方
メールアドレス
パスワード
次回から自動ログインする
ログイン
日経IDをお持ちでない方
日経IDを取得し
サービスに申し込む
❺[次回から自動ログインする]にマウスカーソルを合わせる
❻Ctrl キーを押しながらクリック

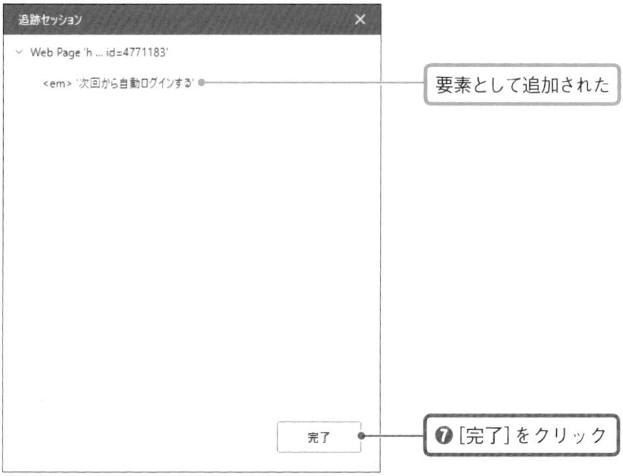
追跡セッション
Web Page 'h ... id=4771183'
<em> '次回から自動ログインする'
完了
要素として追加された
❼[完了]をクリック

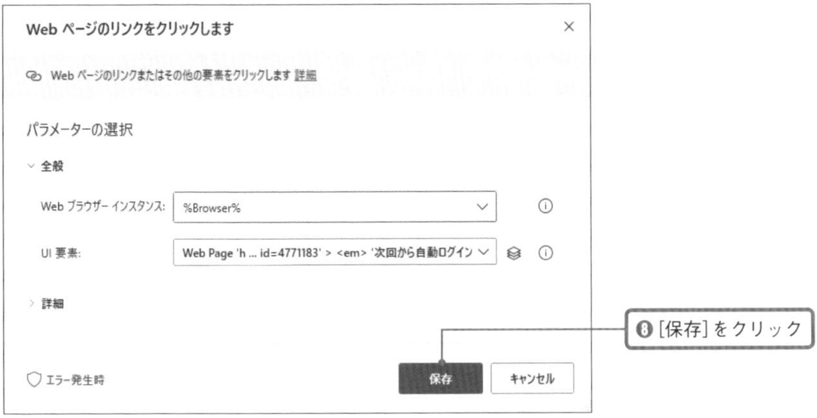

Memo 実行時の Web ページやアプリの状態を常に同じにする

RPA では、操作対象の **Web ページやアプリの開始画面が常に同じであること**がとても重要です。ログインしている場合としていない場合、メニューが表示されている場合と表示されていない場合など、**画面に違いがあると、操作対象を見失いフローが中断されてしまう**からです。ここでは、ログインしていない状態にそろえましたが、逆に必ずログインしているという前提条件でフローを作成してもかまいません。また、より高度な処理を身に付けると、[Web ページに次が含まれる場合］などを使って画面上のログインボタンの状態を認識させることで、ログインしている場合としてない場合で処理を分岐させることなどもできるようになります。

7 ［ログイン］ボタンをクリックする

メールアドレス、パスワードを入力し、［次回から自動ログインする］のチェックマークを外したら、最後に［ログイン］ボタンをクリックします。

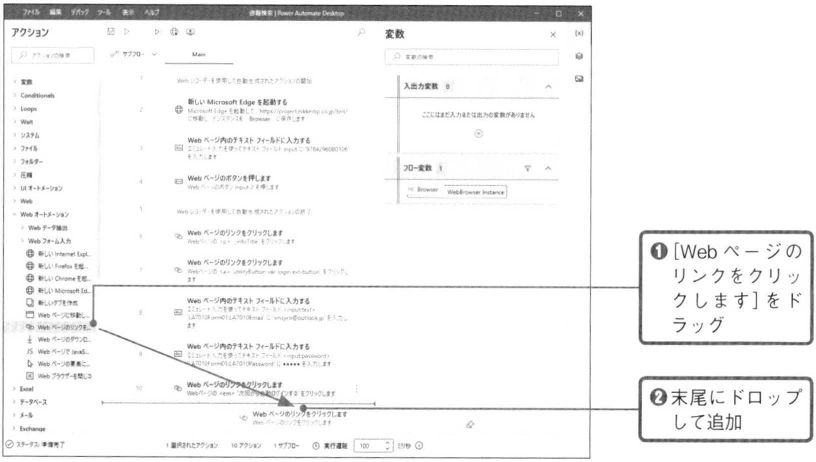

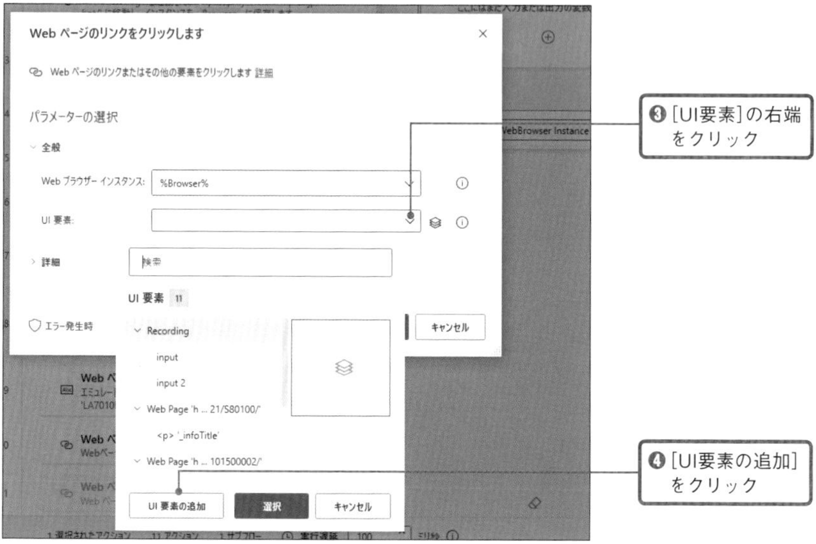

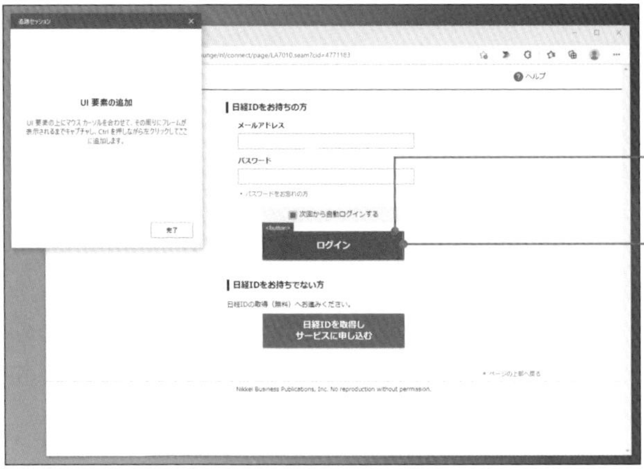
UI 要素の追加
完了
日経IDをお持ちの方
メールアドレス
パスワード
次回から自動ログインする
<button>
ログイン
日経IDをお持ちでない方
日経IDを取得し
サービスに申し込む
Nikkei Business Publications, Inc. No reproduction without permission.
❺[ログイン]ボタンにマウスカーソルを合わせる
❻Ctrl キーを押しながらクリック

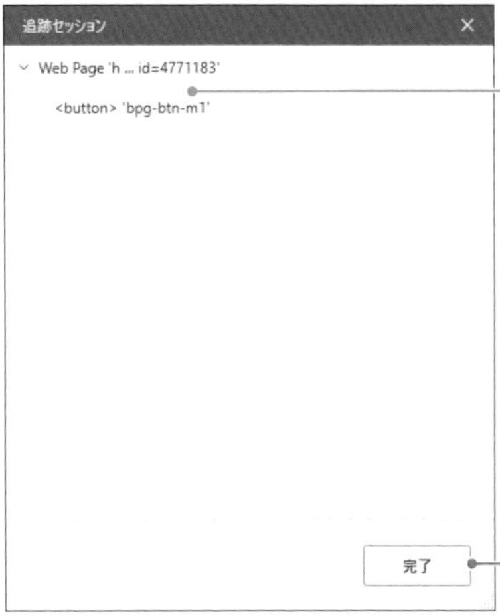
追跡セッション
Web Page 'h ... id=4771183'
<button> 'bpg-btn-m1'
完了
要素として追加された
❼[完了]をクリック

Memo こまめに保存しておこう

ここでは、フローの保存操作を省略しています。ある程度、アクションを追加したら、フローデザイナーの［保存］ボタンをクリックして、忘れずにフローを保存しておきましょう。

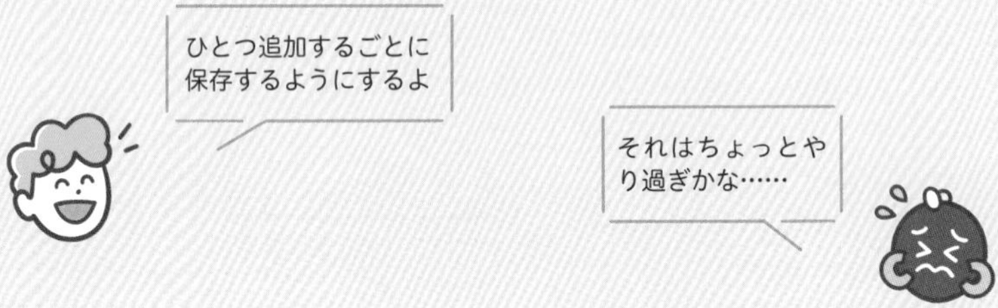

8 ダウンロードボタンをクリックする

ここまでの状態でフローを一旦実行して、**正しく動作するかどうかを確認**してみましょう。動作を確認できたら、ログイン後にクリック可能になる［ダウンロード］ボタンをクリックして本書のサンプルデータを入手します。

❶［実行］をクリックしてフローを実行する

ブラウザーを閉じてから実行する

ログインされた状態のページが表示される

［ダウンロード］ボタンがクリックできる状態になっていることを確認しておく

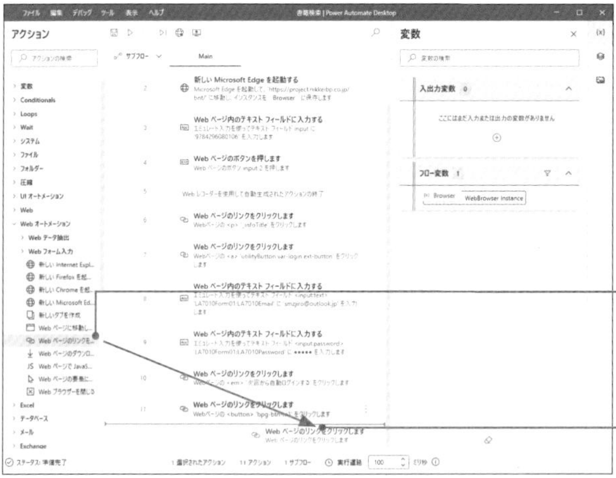
❷［Webページのリンクをクリックします］をドラッグ
❸末尾にドロップして追加
アクション
変数
Main
Webページのリンクをクリックします

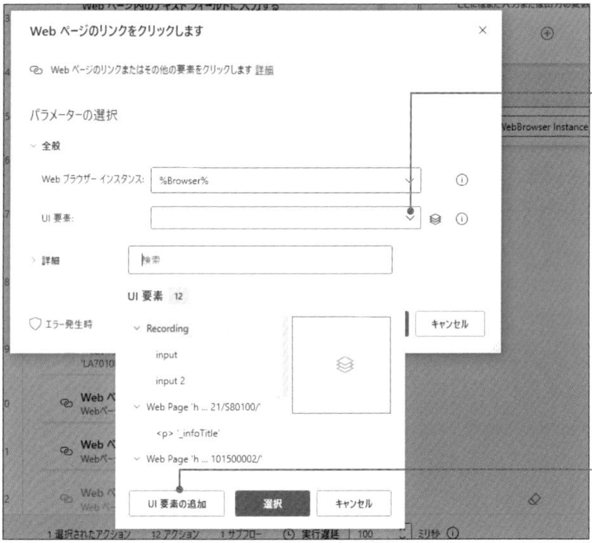
Web ページのリンクをクリックします
Web ページのリンクまたはその他の要素をクリックします 詳細
パラメーターの選択
全般
Web ブラウザー インスタンス:
%Browser%
UI 要素:
詳細
UI 要素 12
Recording
input
input 2
Web Page 'h ... 21/S80100/'
<p> '_infoTitle'
Web Page 'h ... 101500002/'
エラー発生時
UI 要素の追加
選択
キャンセル
❹［UI要素］の右端をクリック
❺［UI要素の追加］をクリック

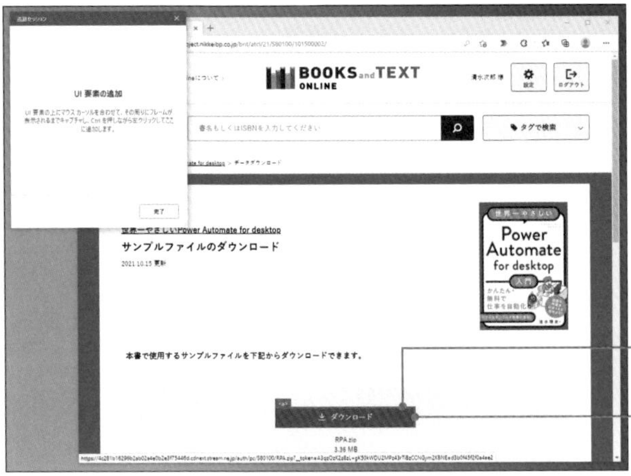

❻［ダウンロード］ボタンにマウスカーソルを合わせる

❼ Ctrl キーを押しながらクリック

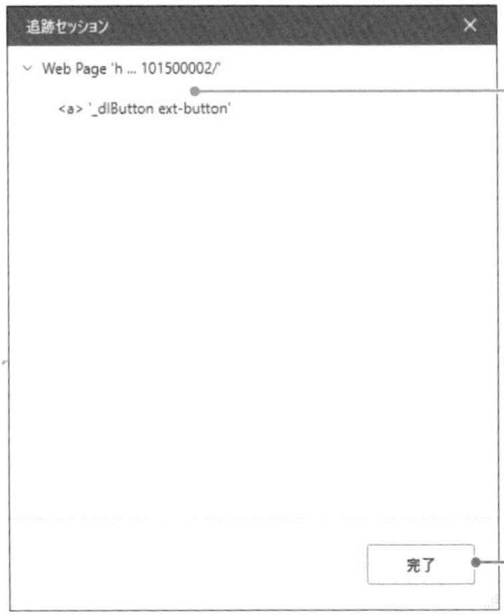

要素として追加された

❽［完了］をクリック

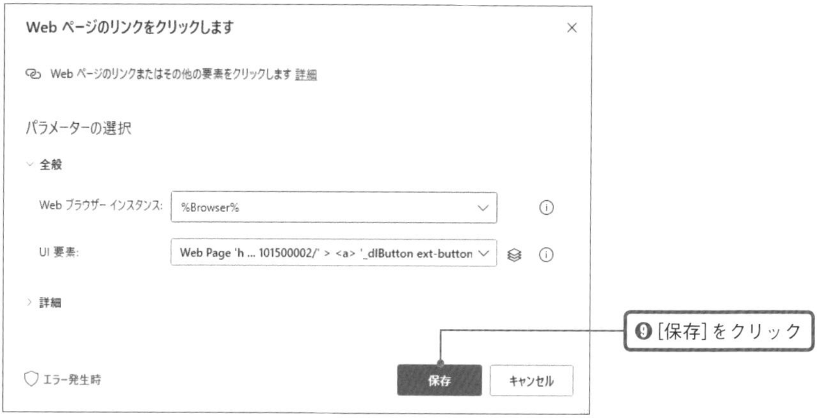

Memo 省ける処理はなるべく省く

利用するブラウザーや設定によっては、ファイルをダウンロードする際に保存先の指定が必要になることがあります。その場合は、保存先を選択するためのアクションも追加する必要があります。ただし、**RPAでは、避けられる操作はなるべく省いた方が効率的なうえ、エラーの発生も少なくできます**。Edgeの場合、設定の「ダウンロード」で「ダウンロード時の動作を毎回確認する」をオフにすることで、ダウンロード先フォルダーを固定できます。RPAによる業務の自動化をするときは、こうしたアプリ側の設定の工夫も重要です。

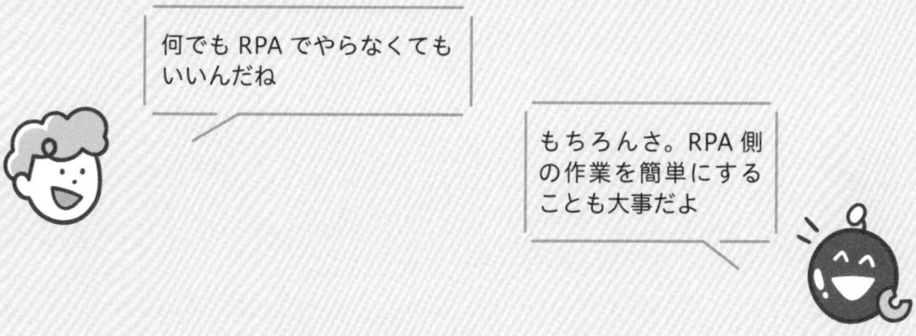

Lesson

12 完成したフローを実行してみよう

ふー、疲れた……。

がんばったね！

でも、ちゃんと動くかなぁ（ドキドキ）。

完成！　実行して動作を確かめよう

フローが完成したら、実行して動作を確かめてみましょう。正しくできていれば、ブラウザーが起動し、書籍のページから、ダウンロードページへと移動し、ログインして、サンプルをダウンロードできるはずです。

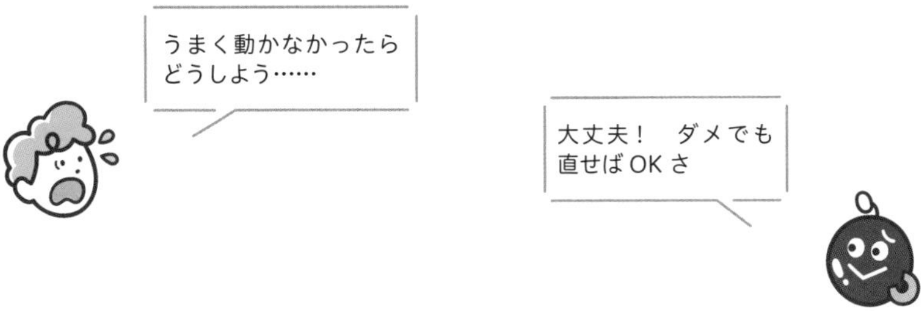
うまく動かなかったら
どうしよう……
大丈夫！　ダメでも
直せばOKさ

❶[実行]をクリックしてフローを実行する

ブラウザーを閉じてから実行する

ファイルがダウンロードされる

画面が自動的に切り替わり、ダウンロードが実行される

Memo 動かないときは？

作ったフローがうまく動かない、というのはRPAの入門時にはよくあることです。**あわてずに、フローをひとつずつ確認**していきましょう。実行時にエラーが発生したアクションのところでフローが止まるので、そのアクションの設定や操作対象のUI要素を調べます。よくあるのは次のようなものです。

- 開始時のWebページの状態が変わっている（ログインしたまま）
- クリック先のUI要素の指定が間違っている
- Webページのデザインが変更されている（全面修正が必要）

どうしても動かない場合は、ダウンロードページから入手できるサンプルから「書籍検索.txt」をメモ帳で開き、すべて選択でコードをコピーし、フローデザイナーの画面に貼り付けます。メールアドレスとパスワードは架空の値になっていますので、その部分を自分の日経IDに変更して実行してみましょう。自分が作ったフローとサンプルでどこが違うのかを比べて、動かない原因を探してみましょう。

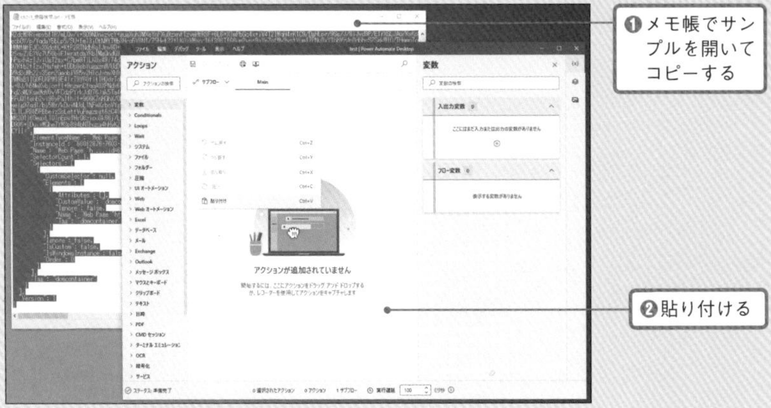

Lesson

13 フロー作成の心得

なかなか面白いね。もっとやってみるぞ！

そうだね。どんどん試して、体で覚える方が身に付くよ

ふふっ、RPA マスターも遠くなさそうだなぁ～

試行錯誤しながらで大丈夫

ここまで、とりあえず RPA の動作を体験してみました。これから実際に**自分の業務を自動化する際に、心がけておくといいこと**を少し紹介しておきます。とにかく恐れずに、泥臭い方法でもいいから、どんどん試してみるのが近道です。

アクションのこと、
もっと知りたいな！
そう来ると思って、次の章でよく
使うアクションをまとめているよ

途中で確認しながら実行しよう

慣れてくれば、ある程度、まとめてアクションを並べてもかまいませんが、最初のうちは**アクションをひとつ並べては実行を繰り返す**といったように、ひとつずつ動作を確認していくのが確実です。

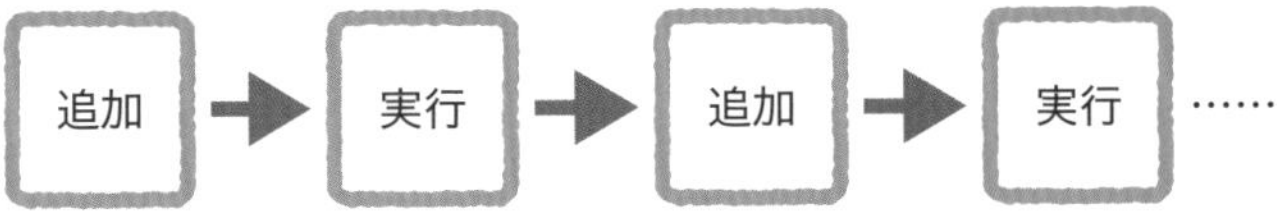
追加
実行
追加
実行
……

慣れないうちは、アクションを追加するごとに実行して、動作を確認する

フローは動けばOK！

プログラミングの世界のように**効率や美しさを求めるのは、もっともっと先でいいし、場合によっては、そこまでたどり着く必要はありません。**同じアクションが何度も何度も登場したり、繰り返しの中で繰り返しを実行したりと、最初のうちは効率の悪いフローができあがるかもしれません。しかし、RPAは（少なくとも個人で使う場合は）、そういうツールなので、それでいいのです。

どうかな？　ボクのロボット
ドーン
ちょっぴり華奢な出来だけど
動けば御の字だよ！

見栄えよりも、動作するかどうかが大切

Ending

どうだった？

どんな作業でも自動化できるかと思ってたけど違うんだね。

そうだね。基本的には単純だけど、時間がかかる繰り返し作業をまかせるといいよ。

作るのも結構大変だったかな。

最初は長く感じるかもね。でもなんか同じようなことの繰り返しじゃない？　RPA はパターンがだいたい決まっていて、その繰り返しが多い。

UI 要素もちょっとわかりにくいかな……。

画面上で指定するだけなんだけどね。難しく見えるかもしれないかな。

でも、ボクが言うのもなんだけど、根気よく作れば、誰でも作れると思うよ。

そうなんだ。確認しながら着実にやっていこう。

よし、がんばるぞ！

リファレンス

覚えておきたい 必須アクション 17 選

Opening

アクションが多すぎて、とてもじゃないけど覚えきれないよ。

全部覚えようとしたの？　そこまでする必要はないよ。

え？　そうなの？

うん。RPA は、操作するアプリや Web ページが違うだけで、基本的な操作は同じようなことが多いんだ。

請求書処理とか経費精算とか、違っても？

そう。ページが違うだけで、クリックとか、使うアクションは同じものが多い。

だから、よく使うアクションだけ覚えておけば大丈夫！

それなら楽だね！　どれくらい覚えればいい？

そうだね。特に覚えておいて欲しい 17 個をピックアップしておいたから、これから一緒に確認していこう。

ありがとう！　助かるぅ〜。

ここで解説するアクション

アクショングループ	アクション	ページ数
変数	変数の設定	92
条件	If	96
ループ	For each	98
遅延	Wait	100
システム	アプリケーションの実行	102
ファイル	ファイルのコピー	104
ファイル	CSVを読み取ります	106
フォルダー	特別なフォルダーを取得	108
UIオートメーション	ウィンドウのUI要素をクリックする	110
UIオートメーション／フォーム入力	ウィンドウ内のテキストフィールドに入力する	112
Webオートメーション	新しいMicrosoft Edgeを起動する	114
Webオートメーション	Webページのリンクをクリックします	116
Webオートメーション／Webフォーム入力	Webページ内のテキストフィールドに入力する	118
Excel	Excelの起動	120
メール	メールメッセージの取得	122
メッセージボックス	メッセージを表示	126
マウスとキーボード	キーの送信	128

※ Power Automate for desktop のバージョンによって、アクション名の表記が変わることがあります。

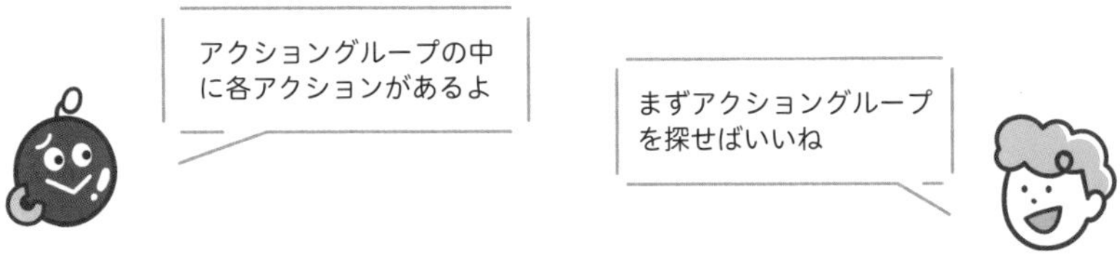
アクショングループの中
に各アクションがあるよ
まずアクショングループ
を探せばいいね

Action 1

変数

変数の設定

数値や文字列を一時的に記憶しておく

変数とは、**フローの中で扱う数値や文字列などの値の一時保管場所**のようなものです。たとえば、Excel のセルから読み出した値を変数に記憶させておくことで、後で計算したり、別のアクションで使ったりすることができます。変数は、英数字を「%」で囲むことで定義でき、「+」や「*」などの演算子を使って値を計算したり、大小を比べたりできます。Power Automate for desktop では［変数の設定］というアクションで変数を定義します。

変数の基本書式

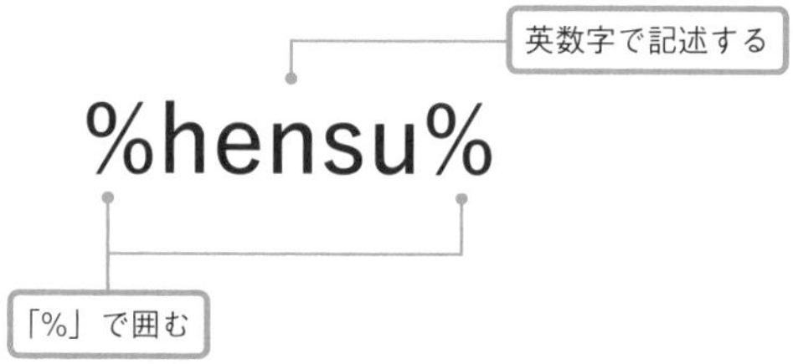

利用できる演算子

演算子	意味
+	足す
-	引く
*	掛ける
/	割る

演算子	意味
=	等しい
< ／ <=	より小さい／以下
> ／ >=	より大きい／以上
<>	等しくない

変数の設定

［設定］（変数名）と［宛先］を指定できます。**変数名は後で変数を参照するときに使う名前**です。標準は「NewVar」で、追加するごとに「NewVar1」「NewVar2」のようになります。表示は「NewVar」ですが、実際には「%NewVar%」のように「%」で囲まれています。**［宛先］には変数に入れる値を指定**します。以下の例では、「NewVar」に「15」を格納します。

変数の演算

変数で演算をするときは、**「+」や「<」などの演算子を「%」内に記述**します。変数「NewVar」に対して値を足したり、大小を比べたりできます。

■ 変数の記述例

記述	意味
%NewVar+1%	NewVar に 1 を足す
%NewVar + List[0]%	NewVar に List の 0 番の値を足す
%(NewVar + 1) > 10%	NewVar に 1 を足したものが 10 より大きいかを判断する（True/False）
%' 答えは '+NewVar+' です '%	文字列を連結する（答えは●●（NewVar 内の文字列）です）

変数の型

変数の型は、**入れた値によって自動的に**決まります。ただし、**演算するときは型を意識する必要**があります。文字列の変数と数値の変数で足し算をすることなどはできません。型が違う場合、[数値をテキストに変換] などで型を変換する必要があります。

テキスト型

「田中太郎」「銀行振込」などの文字列を扱えます。

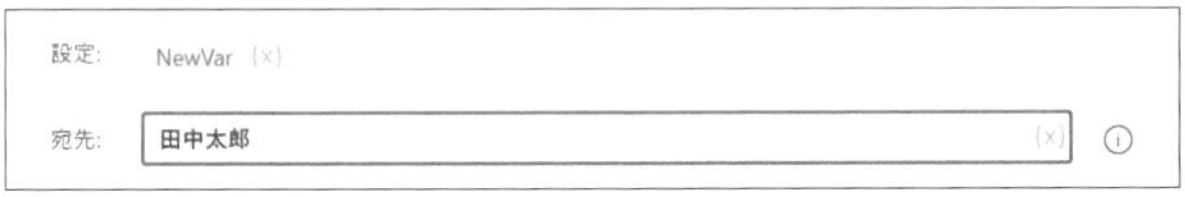

%NewVar% → 田中太郎

数値

「5980」や「-10」「0.25」などの数値を扱えます。

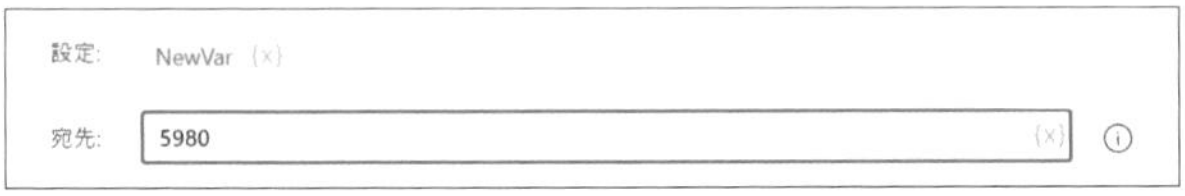

%NewVar% → 5980

ブール値

「True」か「False」のいずれかが格納されます。

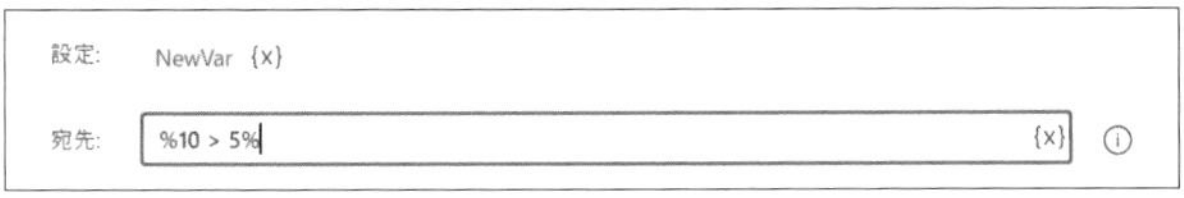

%NewVar% → True

■ インスタンス

Excel やアプリ、ブラウザーなど、起動したプログラムを後で参照するときに使います。

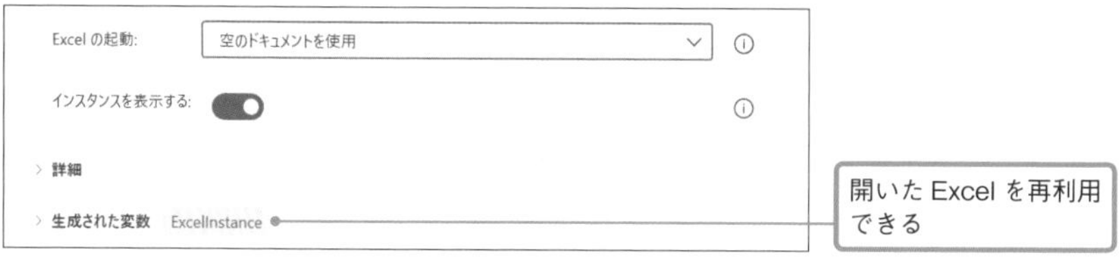

■ リスト

「りんご , バナナ , ミカン」など複数の値が格納されます。リストのように**複数の変数が 1 列に並んだものを 1 次元配列**といいます。

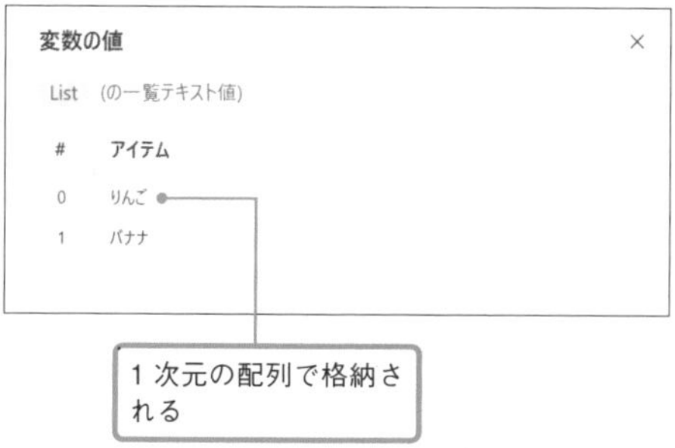

■ データテーブル

表形式のデータです。Excel や CSV などから読み込んだデータを扱えます。このように**複数の変数が縦横の 2 次元に並んだものを 2 次元配列**といいます。

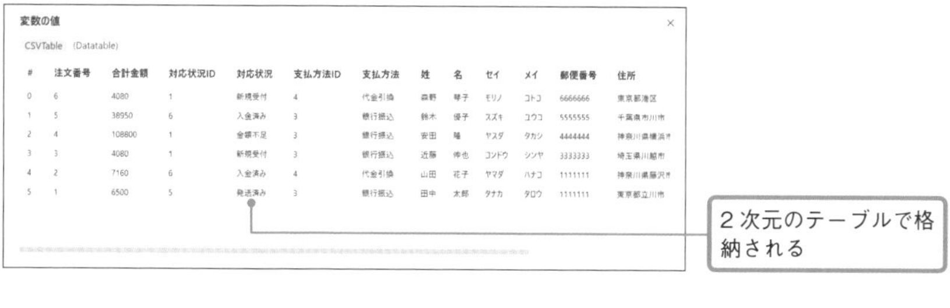

#	注文番号	合計金額	対応状況ID	対応状況	支払方法ID	支払方法	姓	名	セイ	メイ	郵便番号	住所
0	6	4080	1	新規受付	4	代金引換	森野	琴子	モリノ	コトコ	6666666	東京都港区
1	5	38950	6	入金済み	3	銀行振込	鈴木	優子	スズキ	ユウコ	5555555	千葉県市川市
2	4	108800	1	金額不足	3	銀行振込	安田	隆	ヤスダ	タカシ	4444444	神奈川県横浜市
3	3	4080	1	新規受付	3	銀行振込	近藤	伸也	コンドウ	シンヤ	3333333	埼玉県川越市
4	2	7160	6	入金済み	4	代金引換	山田	花子	ヤマダ	ハナコ	1111111	神奈川県藤沢市
5	1	6500	5	発送済み	3	銀行振込	田中	太郎	タナカ	タロウ	1111111	東京都立川市

Action
2 条件
If

条件で分岐する

［If］は、**条件によって処理を分岐させたいとき**に使います。たとえば、値が合っているかを比べたり、条件を満たしているかどうかを確認するときに役立ちます。**条件となる演算子が「True」の場合のみ**［If］と［End］の間に配置されたアクションを実行します。

［If］の動作

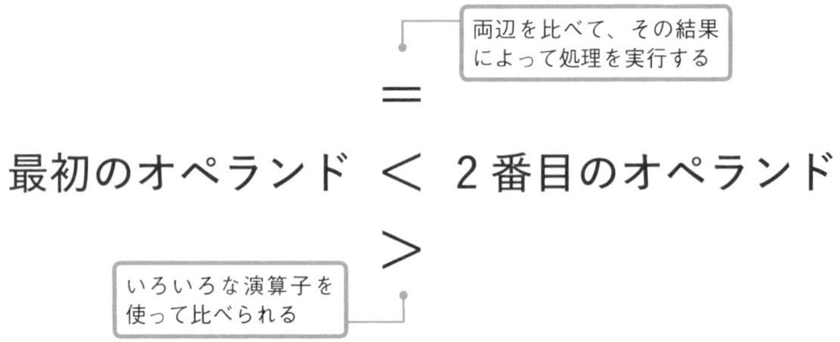

利用できる主な演算子

演算子	記号
と等しい	=
と等しくない	<>
より大きい	>
以上である	>=
より小さい	<
以下である	<=
次を含む	なし

演算子	記号
次を含まない	なし
空である	なし
空でない	なし
先頭	なし
先頭が次でない	なし
末尾	なし
末尾が次でない	なし

[If] の設定

比較する**2つのオペランド（演算の対象となる数値や変数）と［演算子］を設定**できます。オペランドは、比較したい2つの値を設定し、［と等しい(=)］のように比較する条件を［演算子］に設定します。［True］の場合に実行したいアクションは**［If］と［End］の間に配置**します。

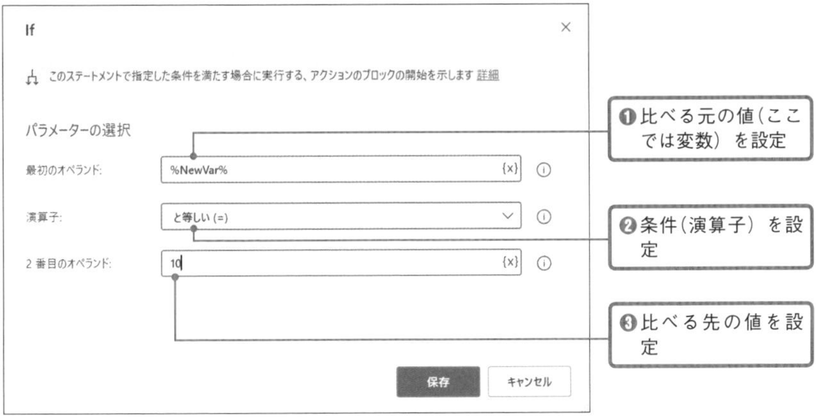
If
このステートメントで指定した条件を満たす場合に実行する、アクションのブロックの開始を示します 詳細
パラメーターの選択
最初のオペランド:
%NewVar%
演算子:
と等しい (=)
2 番目のオペランド:
10
保存
キャンセル
❶比べる元の値（ここでは変数）を設定
❷条件（演算子）を設定
❸比べる先の値を設定

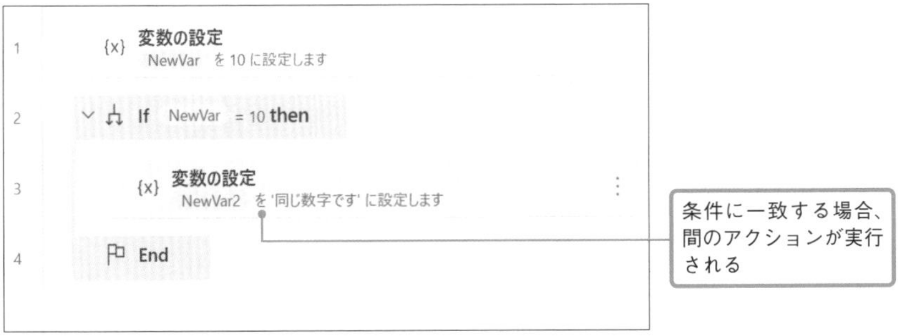
1
変数の設定
NewVar を 10 に設定します
2
If NewVar = 10 then
3
変数の設定
NewVar2 を '同じ数字です' に設定します
4
End
条件に一致する場合、間のアクションが実行される

Memo 条件を満たさないときは

条件を満たさない（False の）場合も何らかの処理を実行したいときは**［Else］アクションを組み合わせて利用**します。また、［Else If］で複数の条件を組み合わることもできます。

Action

3 ループ For each

要素をひとつずつ繰り返し処理する

［For each］は Excel や CSV 処理で多用する**繰り返し処理のひとつ**です。**対象となるデータの各要素に対してひとつずつ処理を繰り返し**ます。たとえば、「りんご，バナナ，みかん」というリストのデータを先頭からひとつずつ繰り返し処理したり、表形式のデータを１行ずつ処理したりできます。

［ForEach］の動作

#	日付	適用	詳細	出金	入金	残高
0	2021.06.4	口座振替 3	クレジット	58545	0	5644073
1	2021.06.10	カード	カード	256138	0	5387935
2	2021.06.10	振込ＢＺ１	●●食品	1000000	0	4387935
3	2021.06.18	ＢＺ手数料		2100	0	4385835
4	2021.06.25	振込ＢＺ２	▲▲梱包	70000	0	4315835
5	2021.06.25	為替手数料	フリコミ　テスウリヨウ	735	0	4315100

無くなるまで、アイテムをひとつずつ繰り返し処理する

現在の行の値が都度「CurrentItem」に格納される

CurentItem の値の取り出し方

CurrentItem　(Datarow)

日付	適用	詳細	出金	入金	残高
2021.06.29	振込１	コンドウシンヤ	0	4080	4443372

0 から始まる列番号か「"」で囲った見出しで値を取り出せる

%CurrentItem[2]%
%CurrentItem[' 詳細 ']% → コンドウシンヤ

[For each] の設定

対象となる**データの集合体を［反復処理を行う値］に設定**し、**現在処理している値を［生成された変数（CurrentItem)］に格納**します。対象となるデータが最後（リストの最後やデータテーブルの最終行）になるまで、［For each］と［End］の間に配置したアクションを繰り返し処理します。

For each
リスト、データ テーブル、またはデータ行にあるアイテムを反復処理して、アクションのブロックを繰り返して実行します
詳細
パラメーターの選択
反復処理を行う値:
%CSVTable%
{x}
生成された変数
CurrentItem
保存
キャンセル
❶繰り返したい元データ（データテーブルやリスト）を設定
❷現在の値を格納する変数を設定

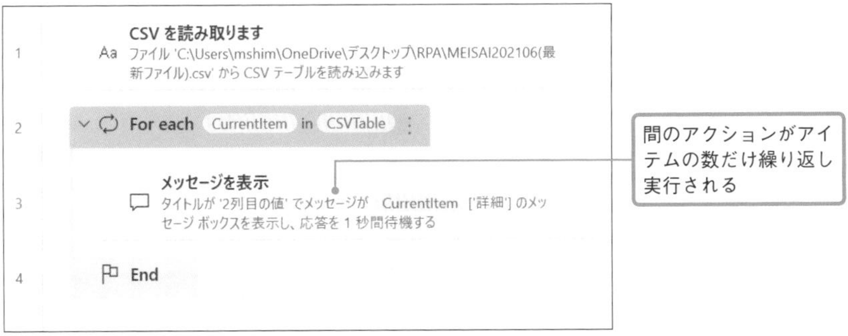
1
CSV を読み取ります
ファイル 'C:\Users\mshim\OneDrive\デスクトップ\RPA\MEISAI202106(最新ファイル).csv' から CSV テーブルを読み込みます
2
For each CurrentItem in CSVTable
3
メッセージを表示
タイトルが '2列目の値' でメッセージが CurrentItem ['詳細'] のメッセージ ボックスを表示し、応答を 1 秒間待機する
4
End
間のアクションがアイテムの数だけ繰り返し実行される

Memo もっとシンプルなループ処理

繰り返し処理には、数をひとつずつ増やしながら抜けるまで繰り返す［Loop］アクション、指定した条件が［True］である限り処理を繰り返す［ループ条件］アクションもあります。

Action

4 遅延 Wait

次の処理まで指定した時間待つ

フローの処理中に**指定した時間、処理を止めて待つアクション**です。指定した時間が経過するまで、次のアクションを実行せずに待機します。たとえば、ショートカットキーでアプリを操作するときなどに、キー入力が早すぎて画面の更新とタイミングが合わないときなどに利用します。

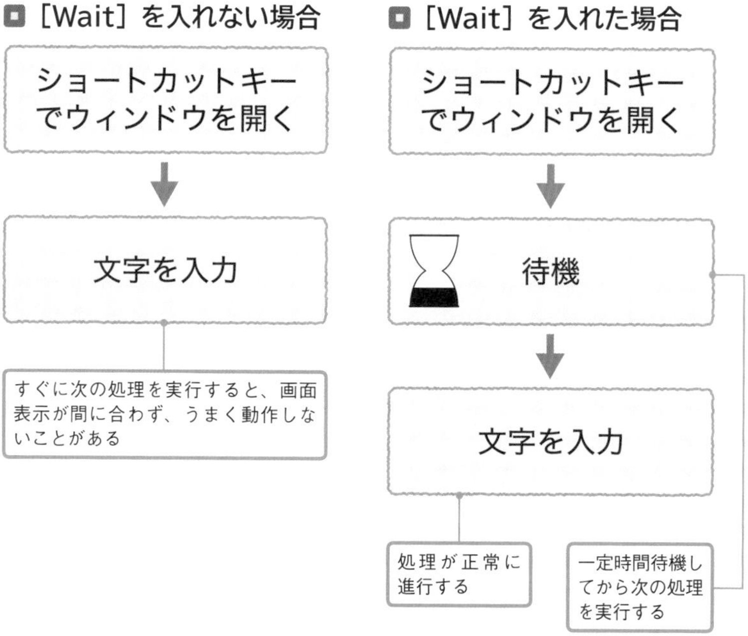

[Wait] を入れない場合
ショートカットキーでウィンドウを開く
文字を入力
すぐに次の処理を実行すると、画面表示が間に合わず、うまく動作しないことがある
[Wait] を入れた場合
ショートカットキーでウィンドウを開く
待機
文字を入力
処理が正常に進行する
一定時間待機してから次の処理を実行する

[Wait] の設定

[期間] に待機する時間（秒）を設定します。ここで指定した秒数、処理を一時的に停止します。

Wait
指定された秒数だけフローの実行を中断します 詳細
パラメーターの選択
期間:
2
{x}
保存
キャンセル
❶待機したい時間（秒）を指定

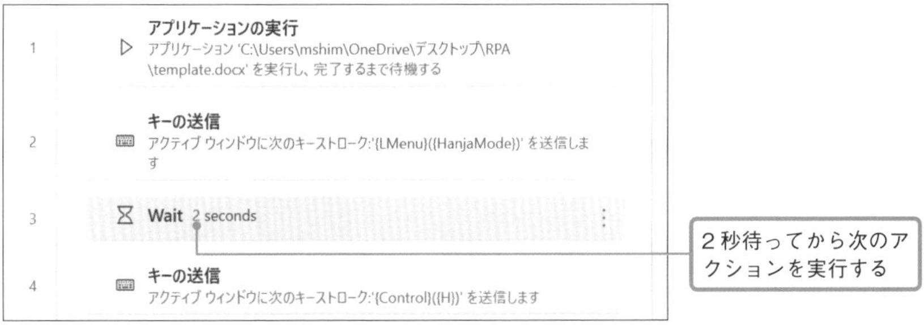
1
アプリケーションの実行
アプリケーション 'C:\Users\mshim\OneDrive\デスクトップ\RPA \template.docx' を実行し、完了するまで待機する
2
キーの送信
アクティブ ウィンドウに次のキーストローク:'{LMenu}({HanjaMode})' を送信します
3
Wait 2 seconds
4
キーの送信
アクティブ ウィンドウに次のキーストローク:'{Control}({H})' を送信します
2秒待ってから次のアクションを実行する

memo アクション側の設定で待機も可能

アクションによっては［詳細］設定で実行するまでの待機時間を設定できます（［Webページのリンクをクリックします］など）。［Wait］はアクションとしてフローデザイナーに表示されるので、待ち時間があることが明確にわかるのがメリットです。一方、［詳細］設定はアクションにひもづけられるため、何を待つのかが明確です。

Action

5 システム アプリケーションの実行

アプリやファイルを開く

アプリやファイルを開きたいときに使うアクションです。Word や業務アプリの実行ファイルを指定して開くのはもちろんのこと、「●● .pdf」などのファイルを指定することで、そのファイルに関連付けされているアプリでファイルを開くこともできます。

［アプリケーションの実行］の処理

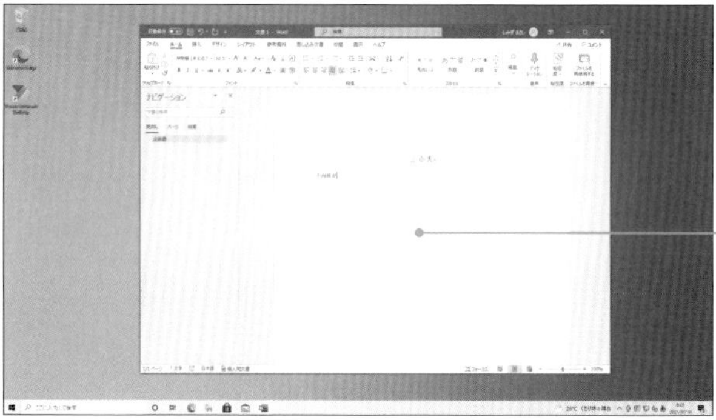
指定したアプリやファイルを開く

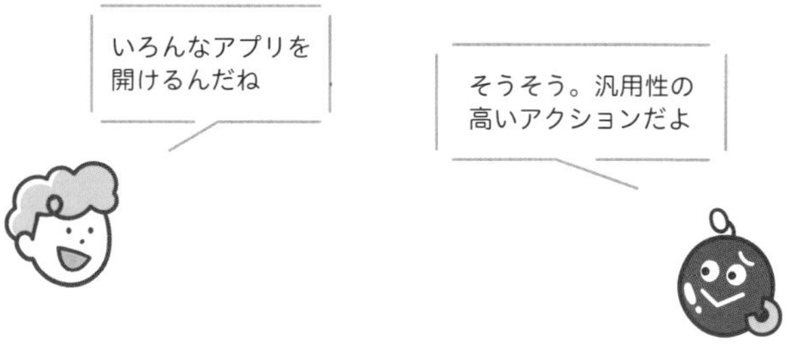
いろんなアプリを開けるんだね
そうそう。汎用性の高いアクションだよ

［アプリケーションの実行］の設定

開きたいアプリやファイルの**フルパス（ファイルのある場所をドライブ名から順に全てのフォルダーを記述して指定したもの）を［アプリケーションパス］に指定**します。引数を指定してオプションを設定したり、［最大化］や［最小化］などのウィンドウスタイルを指定することもできます。なお、アプリのパスは、アプリを起動した状態でタスクマネージャーを開き、アプリを右クリックして［ファイルの場所を開く］を選択することで表示できます。

開きたいアプリやファイルを指定する

スペースを含むフォルダー名が含まれるときは全体を「""」で囲む

Word

"C:¥Program Files¥Microsoft Office¥root¥Office16¥WINWORD.EXE"

文書.docx

C:¥Users¥mshim¥OneDrive¥デスクトップ¥RPA¥文書.docx

Action 6

ファイル

ファイルのコピー

指定したファイルをコピーする

パソコンに保存されている**ファイルを別のフォルダーにコピーするアクション**です。元ファイルを間違って編集することを防ぐために作業用フォルダーにファイルをコピーしてから処理したり、処理が完了したファイルを共有するためにファイルサーバーにコピーしたりするのに使います。

［ファイルのコピー］の処理

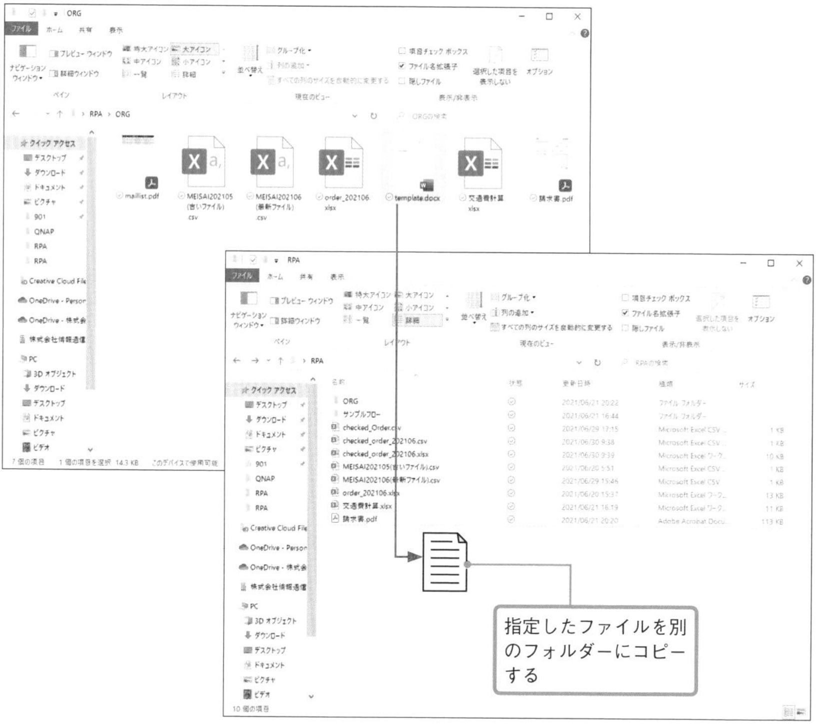
指定したファイルを別のフォルダーにコピーする

[ファイルのコピー] の設定

コピー元のファイルを [コピーするファイル] に、コピー先のフォルダーを [宛先フォルダー] に指定します。また、[ファイルが存在する場合] で同じファイルがある場合に [何もしない] か [上書き] かを選択できます。

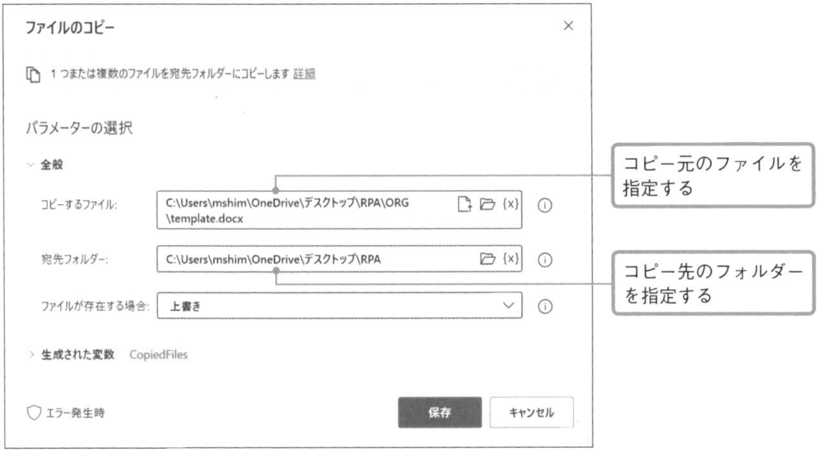

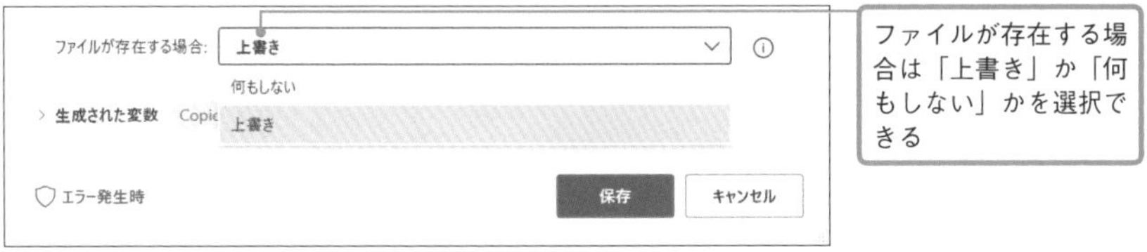

Memo 同じフォルダーにはコピーできない

[ファイルのコピー] では同じフォルダーへのコピーができません。同じフォルダーに同じ内容のファイルを別名で作りたいときは、一旦、別のフォルダーにコピーし、名前を変更してから、再び、元のフォルダーにコピーします。

Action 7

ファイル
CSVを読み取ります

CSVファイルを開いてデータを読み込む

指定したCSVファイルからデータを読み取るためのアクションです。読み込んだデータは自動的にデータテーブル型の変数で格納されます。業務アプリやWebアプリで出力したデータを処理したいときに使います。

［CSVファイルを読み取ります］の処理

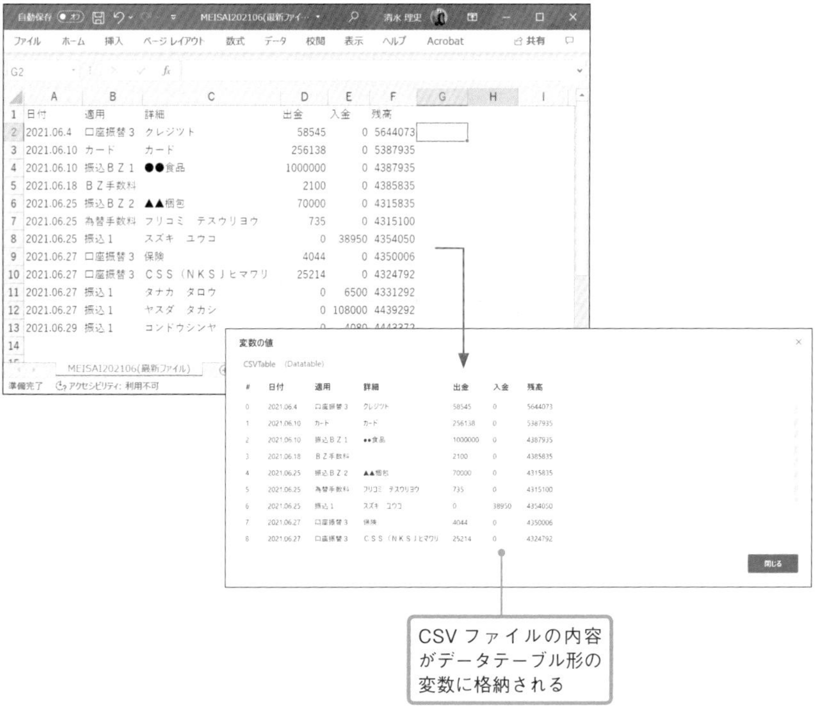

[CSVを読み取ります] の設定

読み取りたい**CSVファイルのパスを[ファイルパス]に指定**します。[エンコード]にはCSVファイルの形式を指定します。先頭行に見出しが含まれる場合は、[詳細]で[最初の行に列名が含まれています]をオンにしておきましょう。

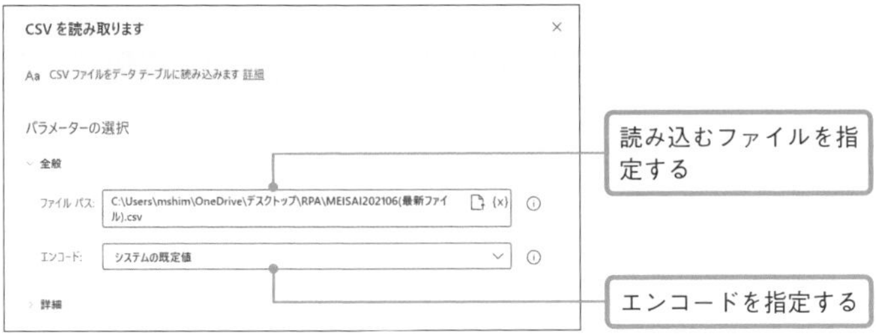

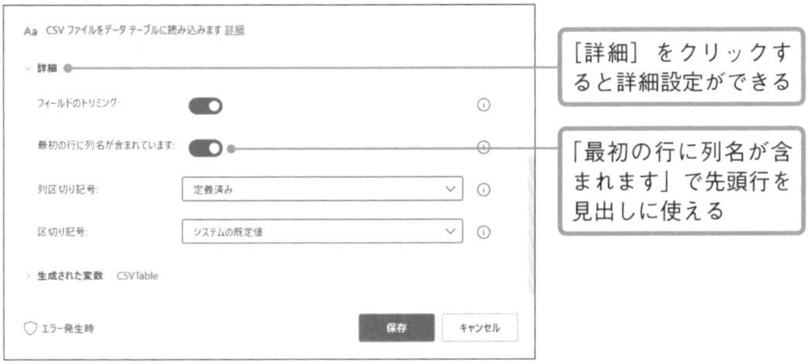

Memo 文字化けに注意

コンピューターで扱う文字は内部的には文字に対応するコード番号で処理されます。これを文字コードと呼びます。文字コードにはいろいろな形式があり、Power Automate for desktopでは、標準ではCSVファイルをUTF-8形式で読み取りますが、日本ではShift-JIS(ANSI)形式のCSVファイルが使われることがあり、コードの違いで文字化けしてしまいます。[システムの規定値]を選ぶのが無難ですが、それでも文字化けする場合は[エンコード]を元ファイルに合わせて変更してみましょう。

Action

8 フォルダー 特別なフォルダーを取得

環境によって変わる特別なフォルダーのパスを取得

［ドキュメント］や［デスクトップ］など、**環境（サインインしているユーザーやOneDriveの有無）によって変わるフォルダーのパスを取得**します。作成したフローを他のパソコンでも動くようにしたいときに、フォルダーのパスを固定で指定すると実行に失敗します。**環境に合わせて自動的にパスを取得**する必要があります。

［特別なフォルダーを取得］の処理

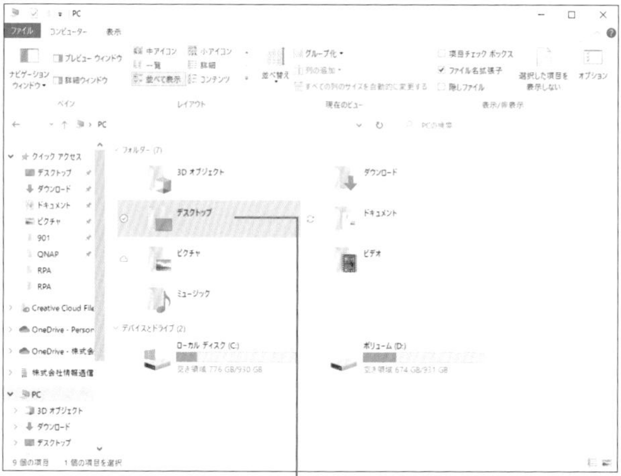

C:\Users\［ユーザー名］\OneDrive\デスクトップ

この部分が実行する環境によって違う

[特別なフォルダーを取得] の設定

[特別なフォルダーの名前] で **[デスクトップ] などの対象のフォルダーを指定**します。現在の環境の値が自動的に [特別なフォルダーのパス] に表示されます。実行環境に合わせて、フロー内で自動的に変更されます。

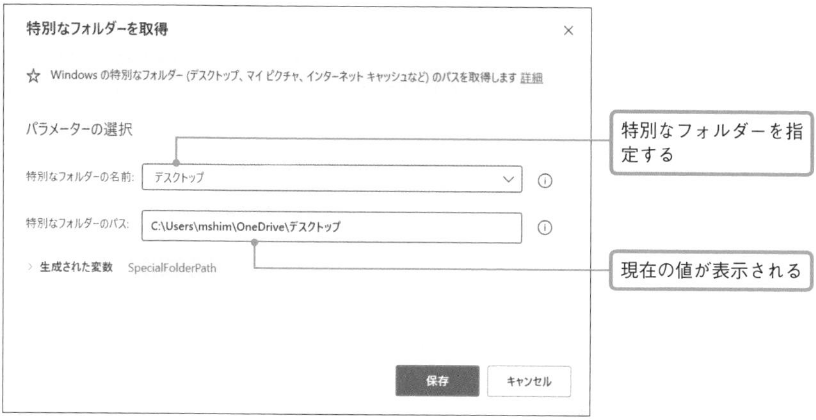

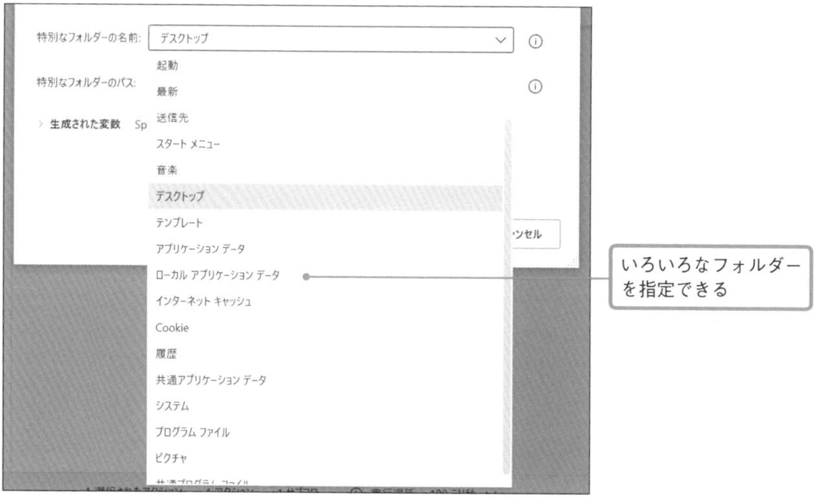

Action 9

UI オートメーション

ウィンドウの UI 要素をクリックする

アプリのボタンなどを操作する

業務アプリなどを操作する際に、画面上にある**ボタンやリンク、メニューなどの UI 要素をクリックするためのアクション**です。たとえば、業務アプリの［新規追加］ボタンをクリックして項目を追加するといった用途に使います。

［ウィンドウの UI 要素をクリックする］の処理

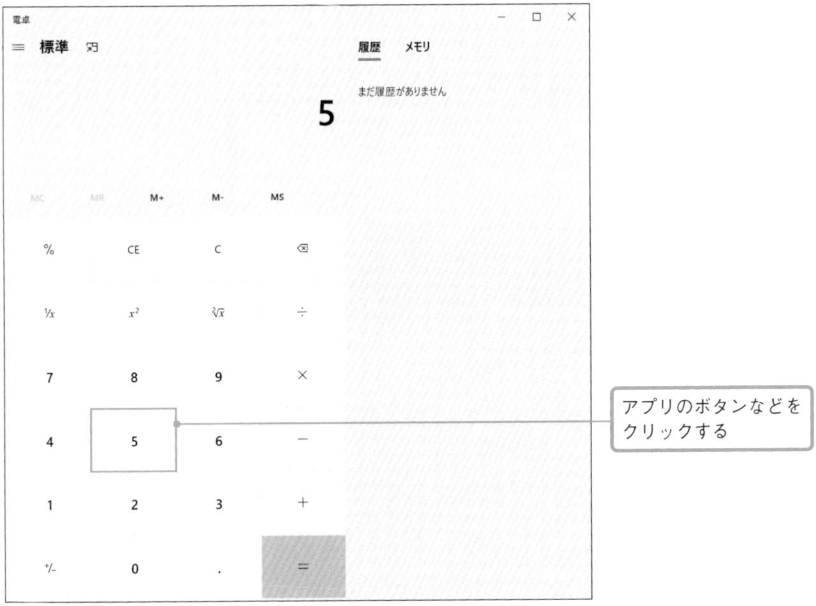

[ウィンドウの UI 要素をクリックする] の設定

[UI 要素] に**クリックしたい場所（ボタンやメニュー）などを指定**し、[クリックの種類] で**マウスのボタン操作**を指定します。UI 要素は、実際のアプリの画面で直接指定できます。クリックしたい場所を赤枠で囲んで指定すると、そこを UI 要素として認識します。

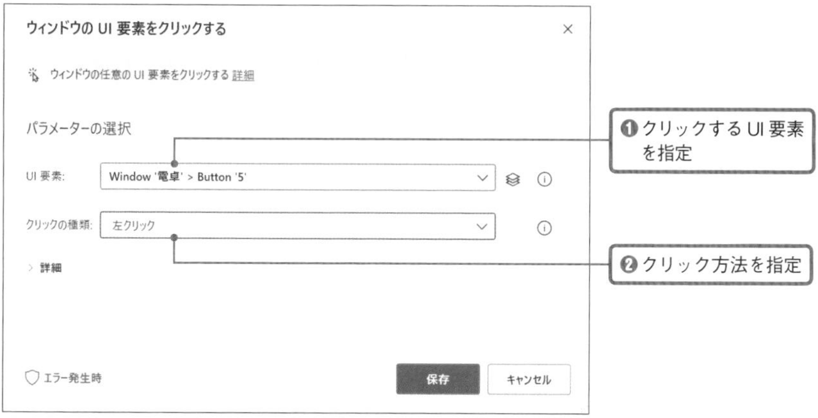

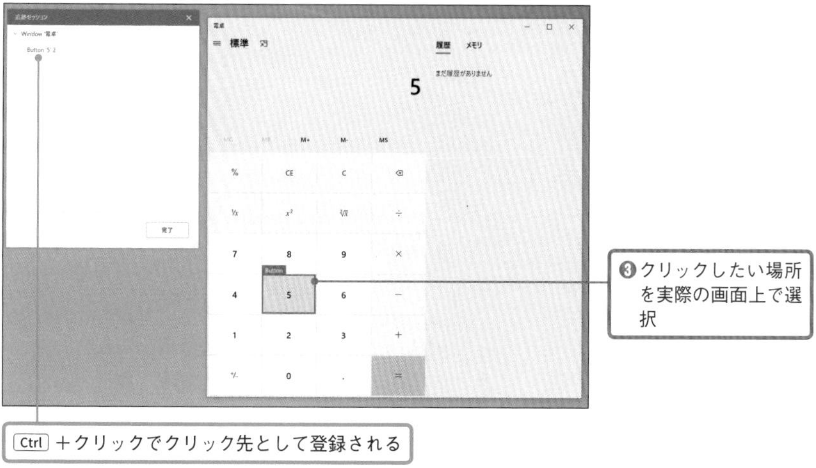

Action

10 UI オートメーション／フォーム入力 ウィンドウ内のテキストフィールドに入力する

アプリに文字列や数値を入力する

たとえば、交通費精算アプリに出発地の駅名を入力したり、請求書処理アプリで合計金額の数値を入力したりと、**アプリに対して文字列や数値を入力するときに使うアクション**です。アプリのログイン時のアカウント入力などにも使う使用頻度の高いアクションです。

[ウィンドウ内のテキストフィールドに入力する] の処理

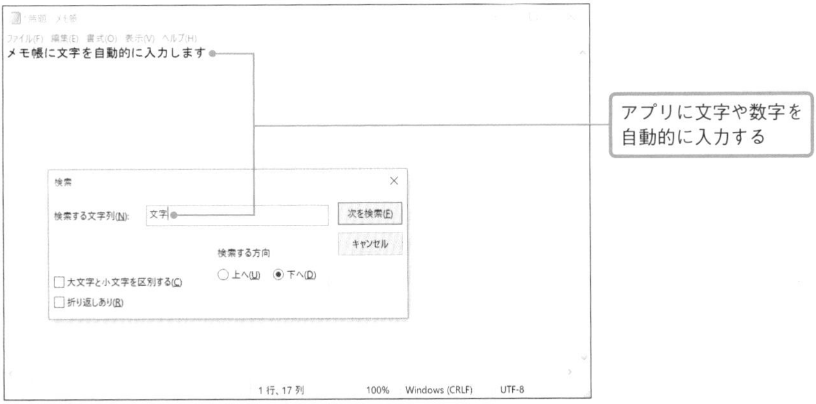

[ウィンドウ内のテキストフィールドに入力する] の設定

[テキストボックス] に**画面上の入力欄（テキストフィールド）を指定**し、[入力するテキスト] で**実際に入力する文字列や数値を指定**します。入力先のテキストフィールドは、実際の画面上で指定できます。クリックしたい場所を赤枠で囲んで指定すると、そこをテキストボックスとして認識します。

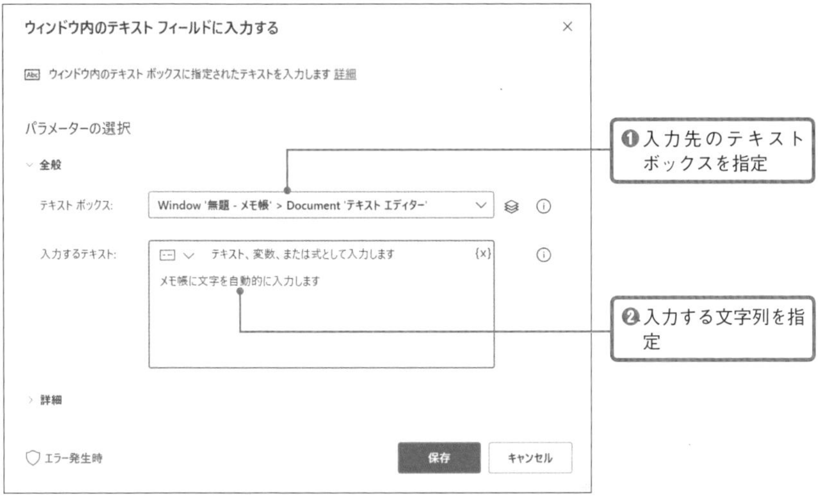

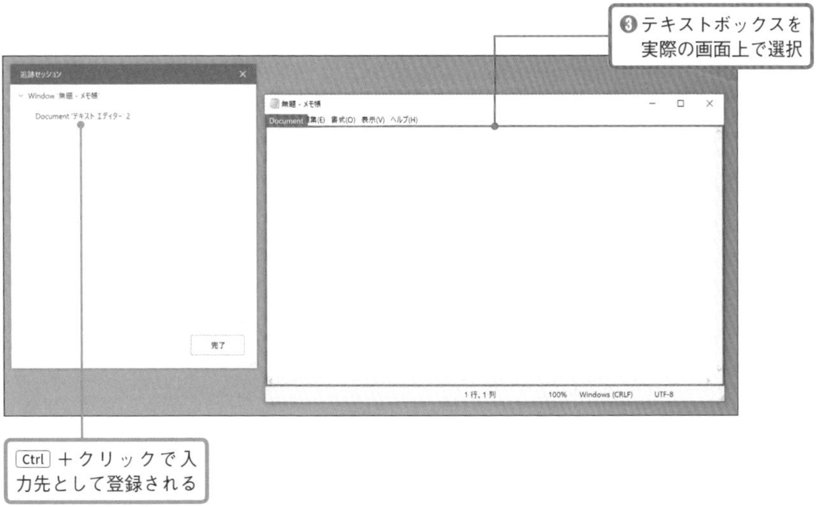

Action 11

Webオートメーション
新しいMicrosoft Edgeを起動する

ブラウザーを起動する

ブラウザー（Microsoft Edge）を起動して、指定したWebページを表示します。Webページから情報を収集したり、Webアプリを使った業務を自動化したりしたいときに使う基本中の基本となるアクションです。

［新しいMicrosoft Edgeを起動する］の処理

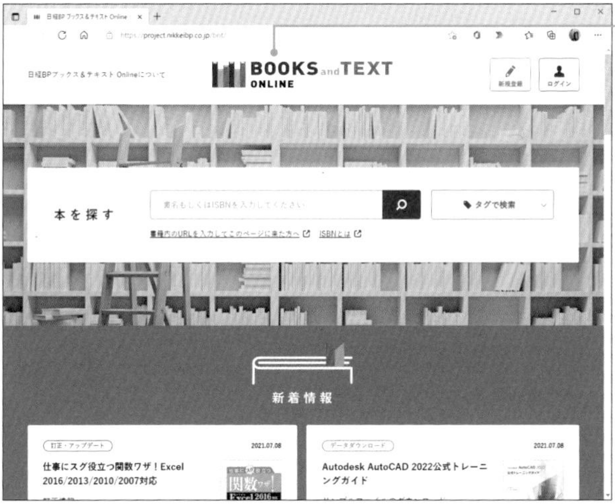

Edgeを起動して指定したWebページを開く

[新しい Microsoft Edge を起動する] の設定

最低限設定が必要なのは［初期 URL］です。**起動したい Web ページの URL を指定**しましょう。［起動モード］は **Edge を新規起動するか、起動済みの Edge を利用するかを指定**する項目です。起動した Edge はインスタンスとして変数で後で再利用できます。このほか、［詳細］で起動時にキャッシュや Cookie をクリアしたり、ページの読み込みが完了するまで待機する設定（標準はオン）もできます。

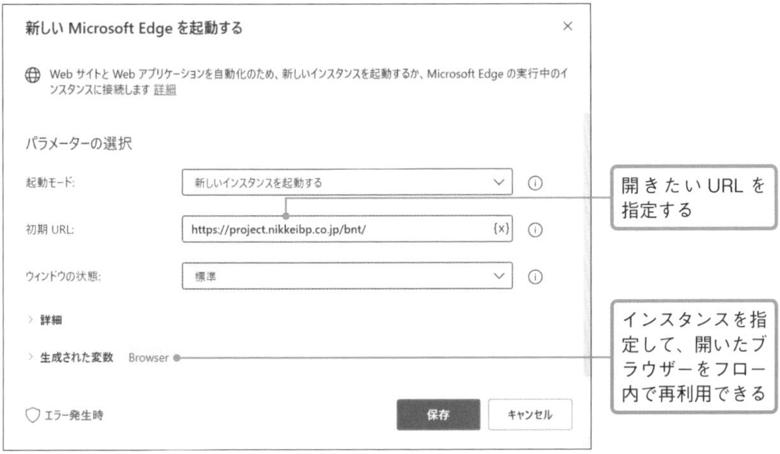

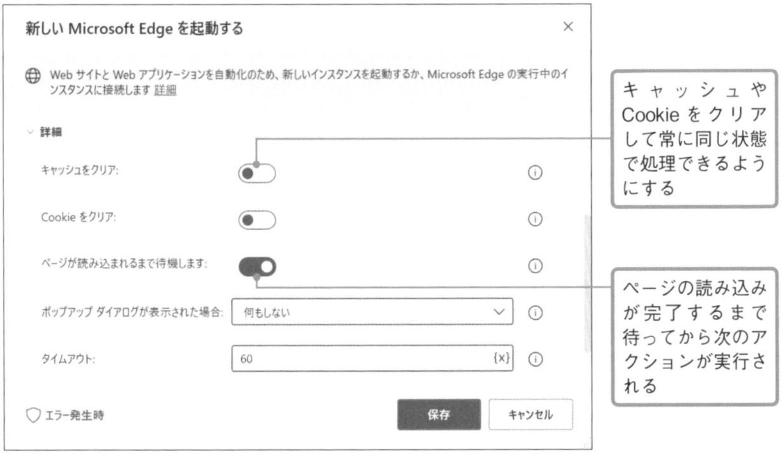

Action

12 Web オートメーション
Webページのリンクをクリックします

リンクをクリックしてWebページを移動する

Webページ上の**リンク（文字のリンクやボタンなど）をクリックして、別のWebページへと移動**します。たとえば、Webアプリでログイン後のホーム画面から、業務別のページに移動したいときなどに使います。

［Webページのリンクをクリックします］の処理

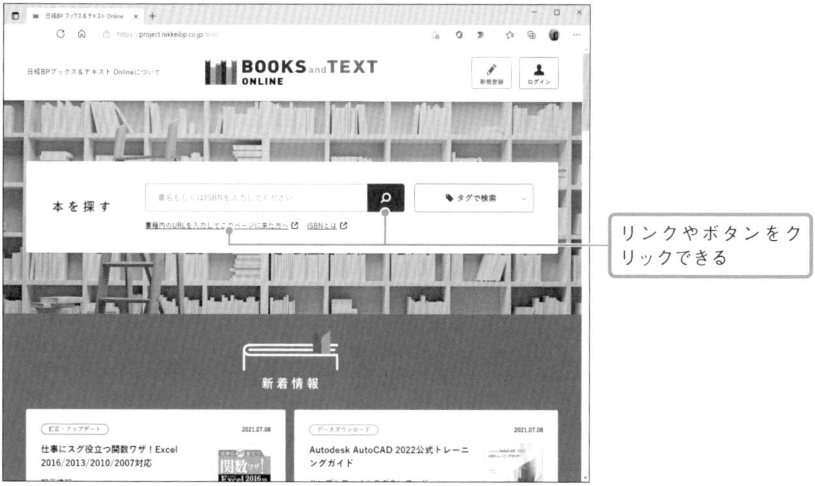

[Web ページのリンクをクリックします] の設定

[UI 要素] としてクリックしたい場所を指定します。UI 要素は、実際の Web ページの画面で直接指定できます。クリックしたい場所を赤枠で囲んで指定すると、そこを UI 要素として認識します。

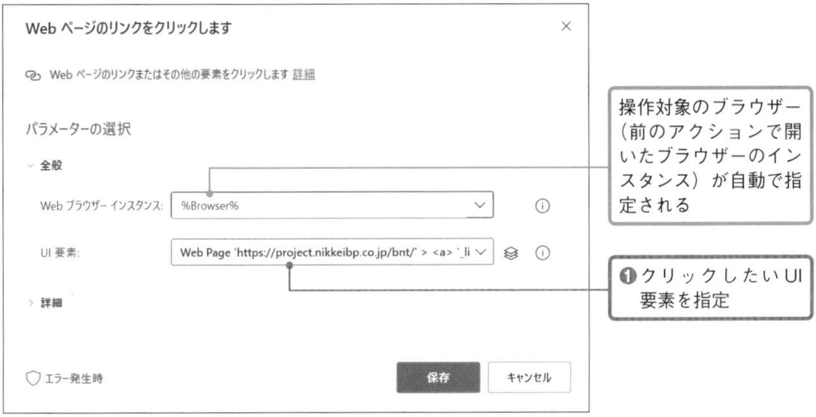

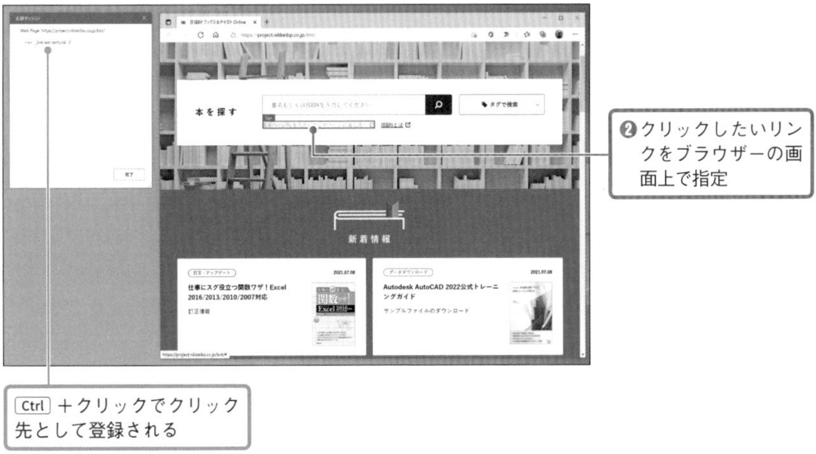

Action 13

Web オートメーション／Web フォーム入力

Web ページ内のテキストフィールドに入力する

Web ページに文字列や数値を入力する

Web ページに配置されている**テキストフィールド（入力欄）に文字列や数値を入力するアクション**です。営業支援用の Web アプリで案件名を入力して情報を検索したり、請求書作成アプリに項目や金額を入力したりするのに使います。

［Web ページ内のテキストフィールドに入力する］の処理

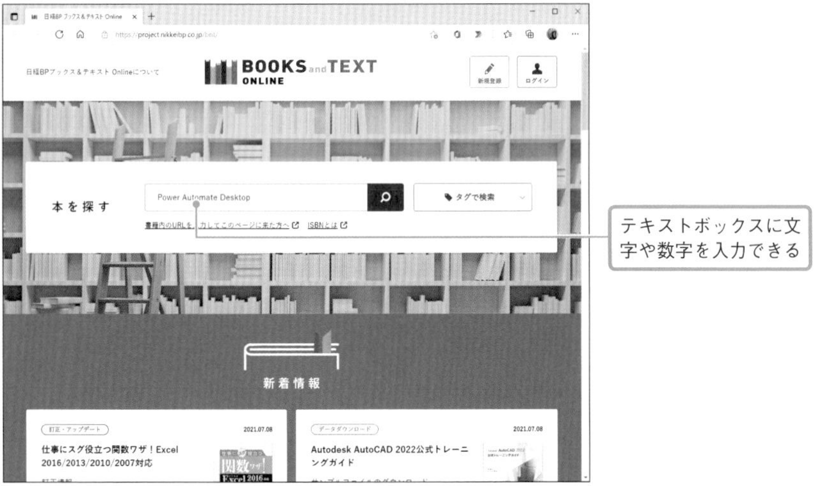

[Web ページ内のテキストフィールドに入力する］の設定

どこに入力するかを UI 要素で指定し、入力したい**文字列や数値を［テキスト］欄に入力**します。［UI 要素］としてクリックしたい場所は、実際の Web ページの画面で直接指定できます。クリックしたいテキストボックスを赤枠で囲んで指定すると、そこを UI 要素として認識します。

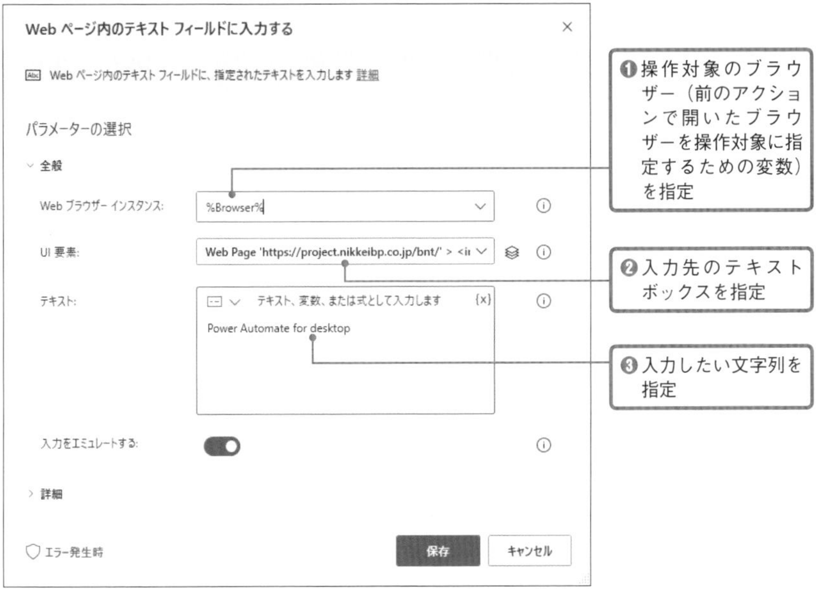

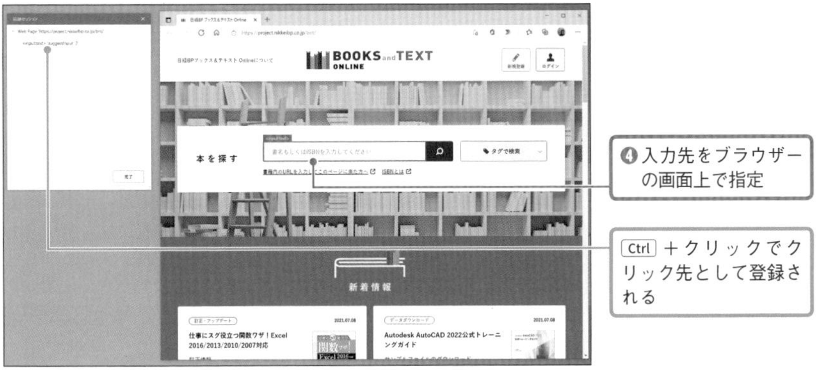

Action

14 Excel
Excelの起動

Excelを起動して使えるようにする

新規にExcelを起動したり、Excelを起動して**指定されたファイル（xlsxやxls）を開きます。**Excelの表に対して、値の変更などの別のアクションを実行したいときの準備として利用します。なお、CSVと違って、このアクションだけでは、開いたデータを変数（データテーブル）として扱うことはできません。

［Excelの起動］の処理

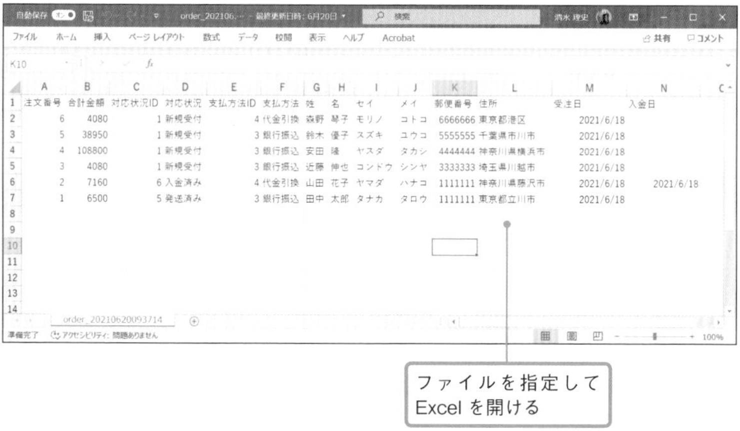

注文番号	合計金額	対応状況ID	対応状況	支払方法ID	支払方法	姓	名	セイ	メイ	郵便番号	住所	受注日	入金日
6	4080	1	新規受付	4	代金引換	森野	琴子	モリノ	コトコ	6666666	東京都港区	2021/6/18	
5	38950	1	新規受付	3	銀行振込	鈴木	優子	スズキ	ユウコ	5555555	千葉県市川市	2021/6/18	
4	108800	1	新規受付	3	銀行振込	安田	隆	ヤスダ	タカシ	4444444	神奈川県横浜市	2021/6/18	
3	4080	1	新規受付	3	銀行振込	近藤	伸也	コンドウ	シンヤ	3333333	埼玉県川越市	2021/6/18	
2	7160	6	入金済み	4	代金引換	山田	花子	ヤマダ	ハナコ	1111111	神奈川県藤沢市	2021/6/18	2021/6/18
1	6500	5	発送済み	3	銀行振込	田中	太郎	タナカ	タロウ	1111111	東京都立川市	2021/6/18	

ファイルを指定して
Excelを開ける

[Excelの起動] の設定

［起動方法］で**［空のドキュメントを使用］（新規作成）**か**［次のドキュメントを開く］かを選択**できます。後者の場合は、開くファイルを選択します。［詳細］設定で、開いたファイルを読み取り専用として扱ったり、パスワードが設定されたファイルを開いたりすることもできます。

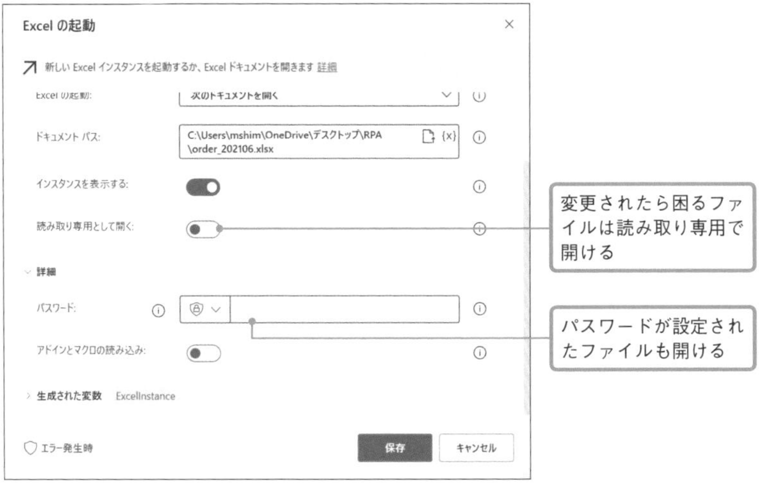

Action

15 メール メールメッセージの取得

メールを受信して本文や添付ファイルを取得する

汎用的なIMAP方式の**メールサーバーに接続して、件名や差出人などの条件で指定したメールを受信**できます。メールのメッセージとしてやり取りされる業務上の情報を取り出して処理したり、請求書などの添付ファイルを取り出したりしたいときに活用します。

［メールメッセージの取得］の処理

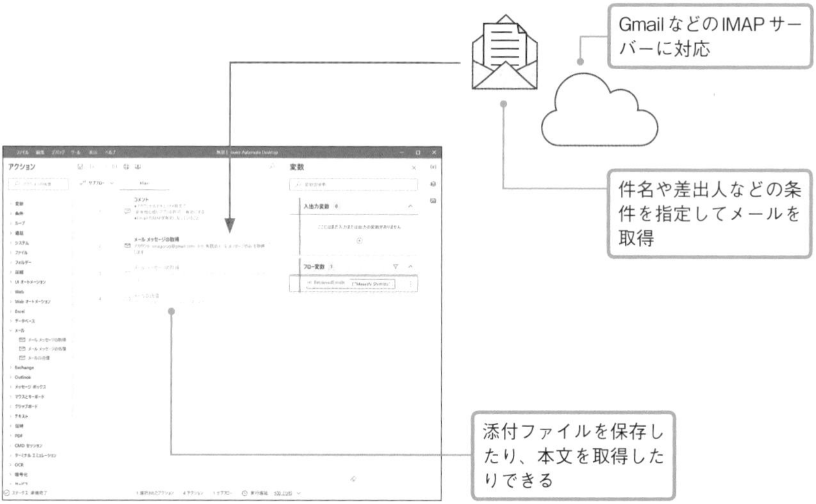

Gmail などの IMAP サーバーに対応
件名や差出人などの条件を指定してメールを取得
添付ファイルを保存したり、本文を取得したりできる

[メールメッセージの取得] の設定

メールサーバーやメールアカウント、パスワードなど、**接続に必要な情報を設定**します。取得するメールの条件は [メールフィルター] で指定します。未読かどうか、件名に特別な文字が含まれるかどうか、特定の宛先から届いたメールかどうかなどの条件を指定できます。さらに、添付ファイルを保存するかどうかや保存先も指定できます。

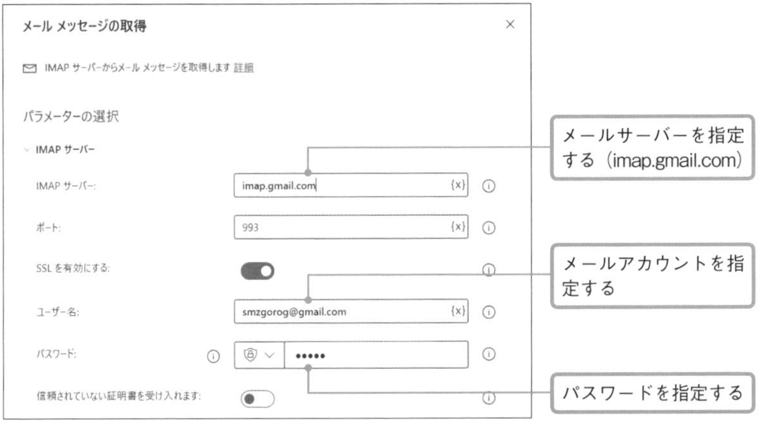

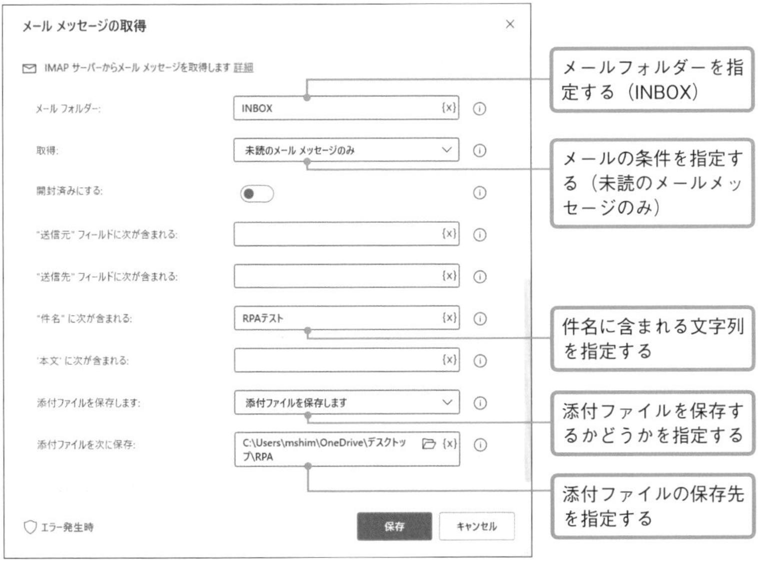

Memo Gmailでは特別な設定が必要

Gmailを利用する場合は、あらかじめGmail側での接続許可が必要です。まず、アカウントの設定で［安全性の低いアプリのアクセス］をオンに変更し、Power Automate for desktopからの接続を許可します。続いて、Gmailの設定で［IMAPを有効にする］をオンにします。

❶［安全性の低いアプリのアクセス］を［オン］にする

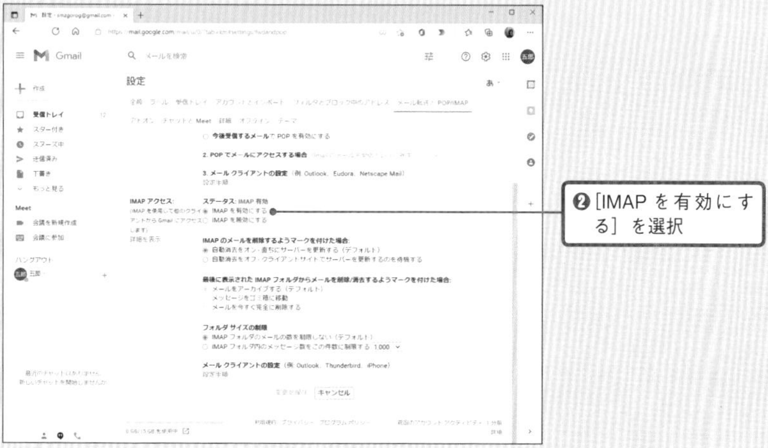
❷［IMAPを有効にする］を選択

Memo Outlookも操作できる

本書では汎用的なIMAPによるメール送信を紹介していますが、Outlookがインストールされた環境では**Outlookを操作することもできます**。**［Outlookを起動する］や［Outlookからメールメッセージを取得します］を利用**しましょう。Outlookの場合、パスワードがOutlookに保存されているためフローで保存しなくて済むのと、Outlookのいろいろな機能を使えるのがメリットです。

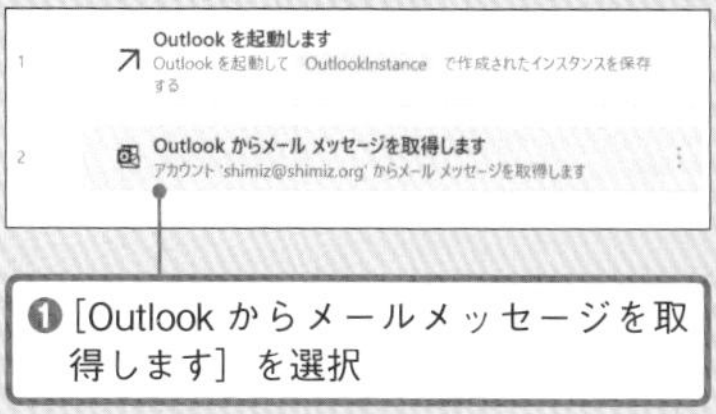

メールサーバーやアカウントの設定はいらないの？

いつもOutlookを使うときに入力しないでしょ？　それと同じ操作を再現するんだよ

Action

16 メッセージボックス メッセージを表示

フロー実行中にダイアログボックスを表示する

フローの実行中にダイアログボックスを表示して、ユーザーにメッセージを表示できます。変数の値を途中で確認したり、例外的な値が発生したときに実行可否の判断を人に尋ねたりするのに使います。

［メッセージを表示］の処理

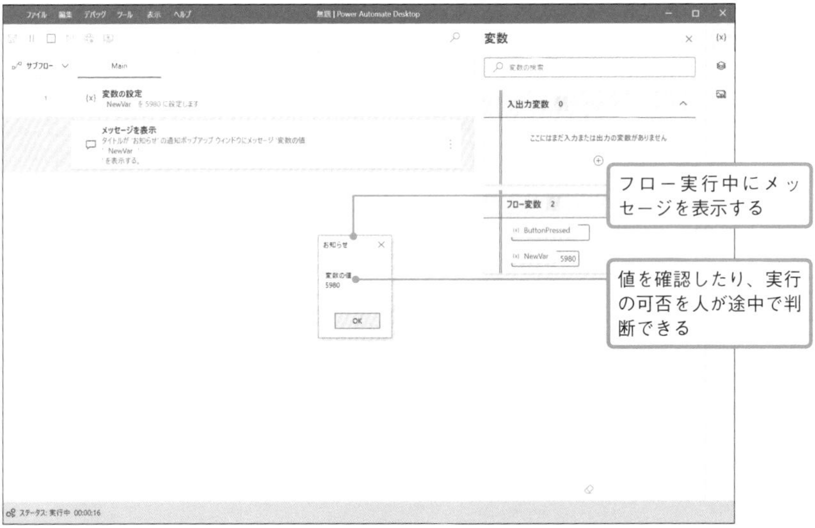

[メッセージを表示] の設定

メッセージボックスの**タイトルや表示するメッセージを設定**します。メッセージには変数を含めることもできます。また、メッセージボックスを一定時間表示後に自動的に閉じることもできます。

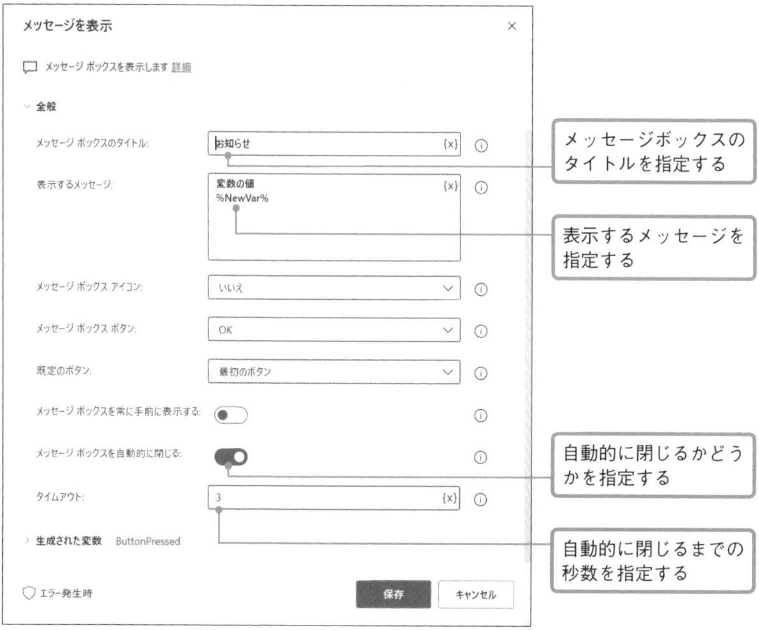

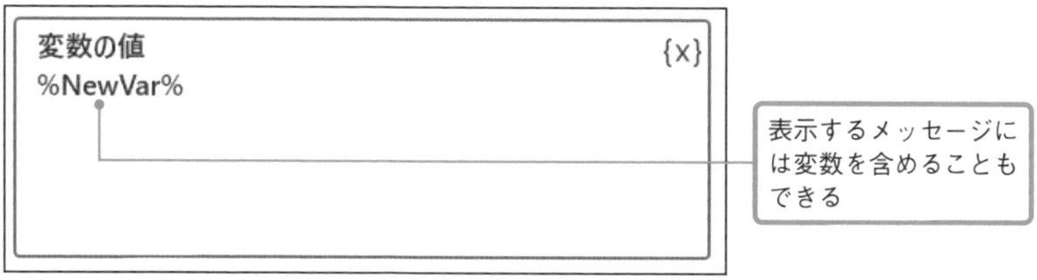

Action

17 マウスとキーボード キーの送信

ショートカットキーなどでアプリを操作する

キーボードからのキー入力を再現します。たとえば、アプリの操作をショートカットキーを使って実行するときなどに利用します。Ctrl や Alt などを組み合わせたショートカットキーを簡単に送信できます。

［キーの送信］の処理

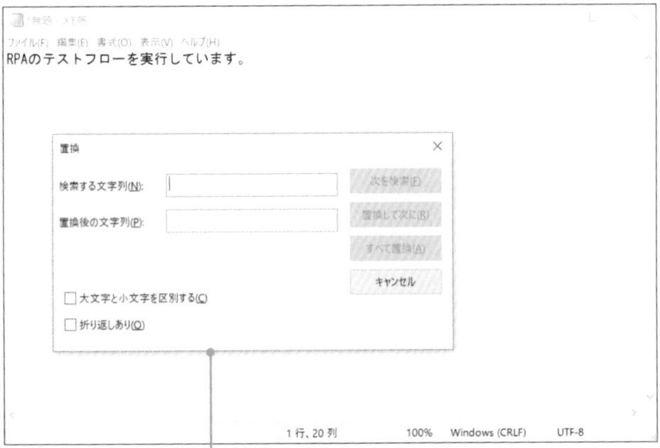

Ctrl+H を送信してアプリの機能をショートカットキーで操作する

[キーの送信] の設定

[送信するテキスト] で**入力したいキーを指定**します。[特殊キーの挿入] でカーソルキーなど、[修飾キーの挿入] で Ctrl や Alt などを指定できます。**キーは「{}」で囲って指定**します。ショートカットキーは「{} ()」のように組み合わせるキーを「()」で続けて指定します。

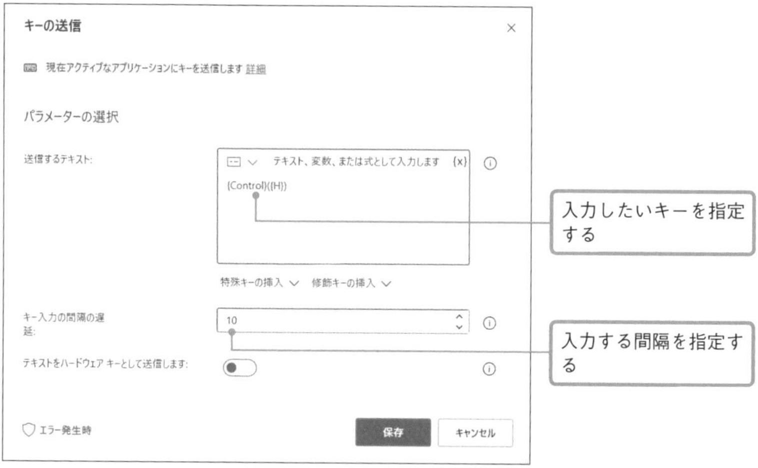

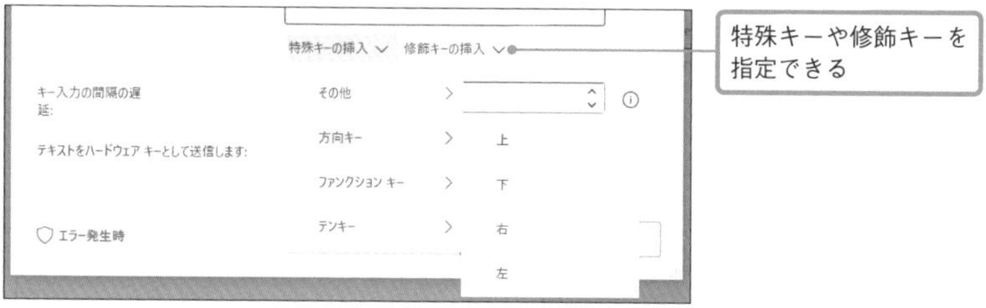

キーは { } で囲む

{Control}({H})

修飾キーで組み合わせるときは () で続けて指定する

{LMenu}({HanjaMode})

IME をオン / オフするときに使う特殊なキーの組み合わせ

Memo 知っていると便利な日付の計算

RPA で業務を自動化する際は、**日付の計算を多用**します。現在の日付は［現在の日時を取得します］アクション、先月末や今月頭、今月末は［加算する日時］アクションを使用します。月末や月頭などの計算は覚えておくと便利です。

●現在の日付

現在の日付は［現在の日時を取得します］アクションで取得できます。

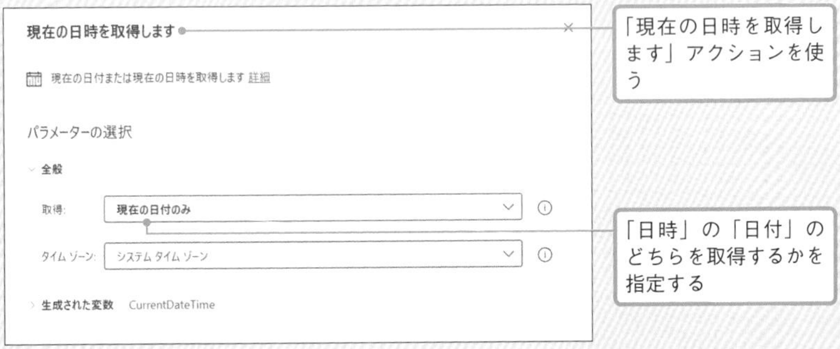

●先月末を計算

現在の日付を取得してから、現在の日数を引きます。例えば、6 月 15 日から 15 日を引くと 5 月 31 日になります。

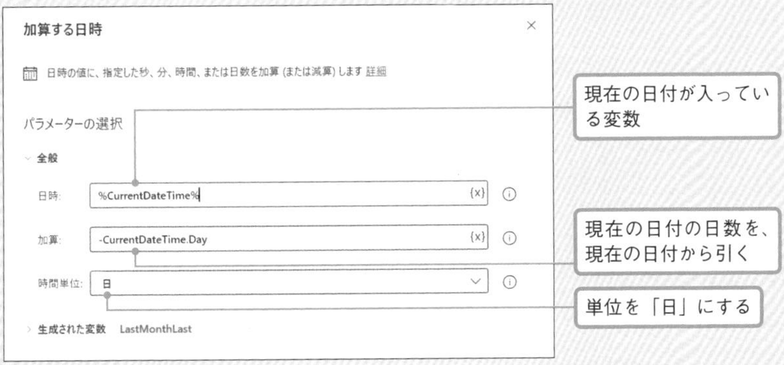

●今月頭を計算

先月末を計算し、そこに 1 日を足すと今月頭になります。

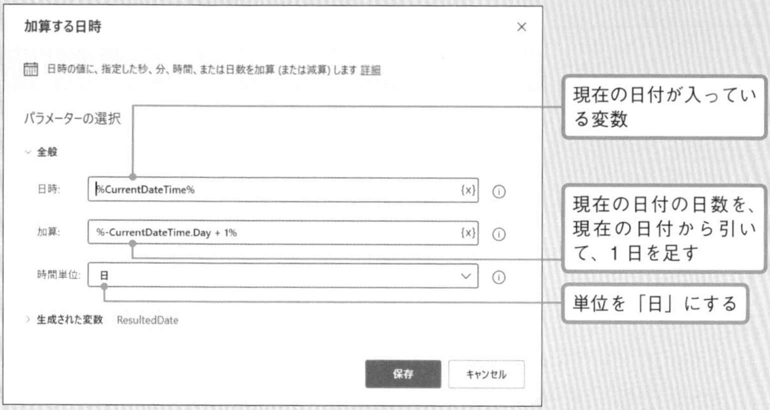

●今月末を計算

今月頭を計算し、そこに 1 ヶ月を足すと来月頭になるので、さらに来月頭から 1 日を引きます。

Ending

ふー。疲れた～。

17個に絞ったけど、ちょっと説明し過ぎたかな？

そうだね。でも大体わかったよ。

それはよかった。もちろん、完全に覚えなてくもいいよ。忘れたら、ここに戻って、もう一度、見直せばいいから。

とは言え、実際に使ってみないとピンと来ないなあ。ボク、実践で育つタイプだし！

そ、そうだね。じゃあ、そろそろ本格的なロボットづくりにチャレンジしてみようか。

そうこなくっちゃ！　まかせてよ！

……なんか心配だなぁ。念のためもう１回、アクションを見返しておかない？

え～？　大丈夫だよ～、早くやろうよ～。

ケーススタディー

Excelを使った本格業務の自動化に挑戦しよう

Opening

よし！　じゃあ、楽をするために、仕事を全部まかせられるロボットを作るぞ！

意気込みはいいけど、さすがにムリじゃない？

えー、そうなの？　じゃあ、どうすればいいの？

まずは、業務の一部を選んで自動化してみたら？　たとえば、金額の消し込みとか？

えーっと、普段から、オーダー表と銀行口座明細見比べて、振込があるかどうかチェックするのはやってるけど……。

そうそう。そういう業務は、業種を問わずどの会社でもある作業だし、単純な繰り返しチェックだから、処理内容もRPA向きだよ。

そうなの？　あれ、結構面倒なんだよね。2つの表見比べなきゃいけないし、件数多くて探すの大変だし、間違いあると怒られるし……。

じゃあ、決まりだね。

うん、さっそくやってみよう！

ここで作成するフロー

ここでは、**実際の業務でよくあるシーンを想定して、業務の自動化に挑戦**します。自動化するのは、消し込み作業です。オーダー情報の表（Excel）を元に銀行振込で購入している人を探し、その人からの振込が銀行口座明細にあるかどうか、金額は合っているかをチェックして、合っている場合は売上データの状態を「入金済み」に書き換えます。2つの表を比較し、内容を比較しながら繰り返し処理を実行するというフローを作ります。Excelのマクロなどでもできますが、Power Automate for desktopだとGUIでより直感的に作ることができます。

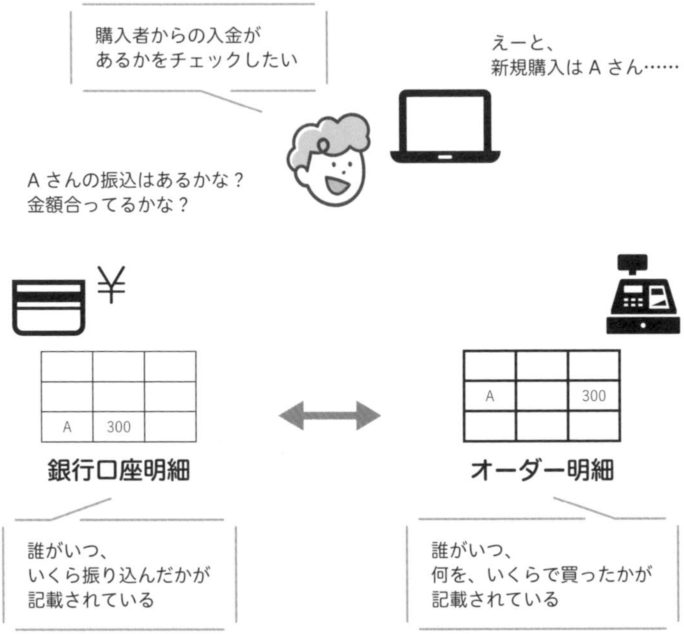

購入者からの入金があるかをチェックしたい
えーと、新規購入はAさん……
Aさんの振込はあるかな？
金額合ってるかな？
¥
A
300
銀行口座明細
A
300
オーダー明細
誰がいつ、いくら振り込んだかが記載されている
誰がいつ、何を、いくらで買ったかが記載されている

1 実務の流れを書き出してみよう

まず、最初のステップとして、実務の流れを書き出してみます。チュートリアル3のレッスン10でも説明しましたが、**いつもやっている作業を手順通りに書き出してみる**ことが大切です。最初はざっくりと作業内容を書き出し、後から「Excelを開く」とか細かく手順を追加していくといいでしょう。

■ 実務の流れ

オーダー明細を確認

↓

新規購入者を確認
Aさん、Bさん、
Cさん発見

↓

銀行振込かどうか？
Aさんは？

↓

銀行口座明細を確認

↓

振込があるかを確認
Aさん発見

↓

Aさんの振込金額を確認

↓

売上データの
Aさんを
入金済みにする

↓

B、Cで繰り返し

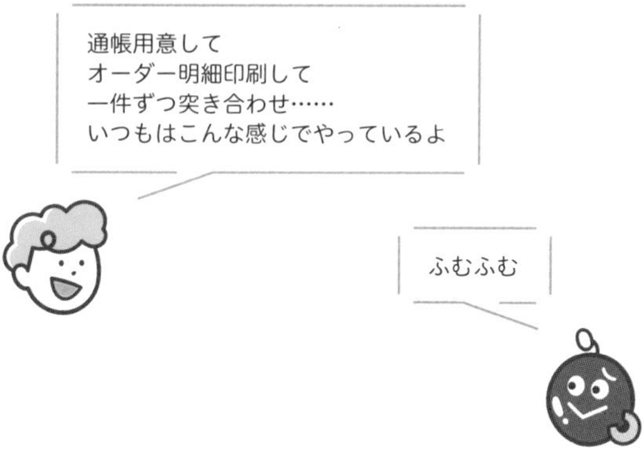
通帳用意して
オーダー明細印刷して
一件ずつ突き合わせ……
いつもはこんな感じでやっているよ
ふむふむ

2 フローの流れを考えよう

続いて、書き出した**実務の流れを元に、どのようなフローを作るのかを考えてみます**。順番を並べ替えたり、繰り返し処理が必要かどうかを検討したり、条件による分岐が必要かどうかを考えます。慣れないうちは、この作業が難しいかもしれません。実務でやっている作業を細かく思い浮かべて、繰り返しや条件判断をしているかどうかを考えてみましょう。

■ フロー

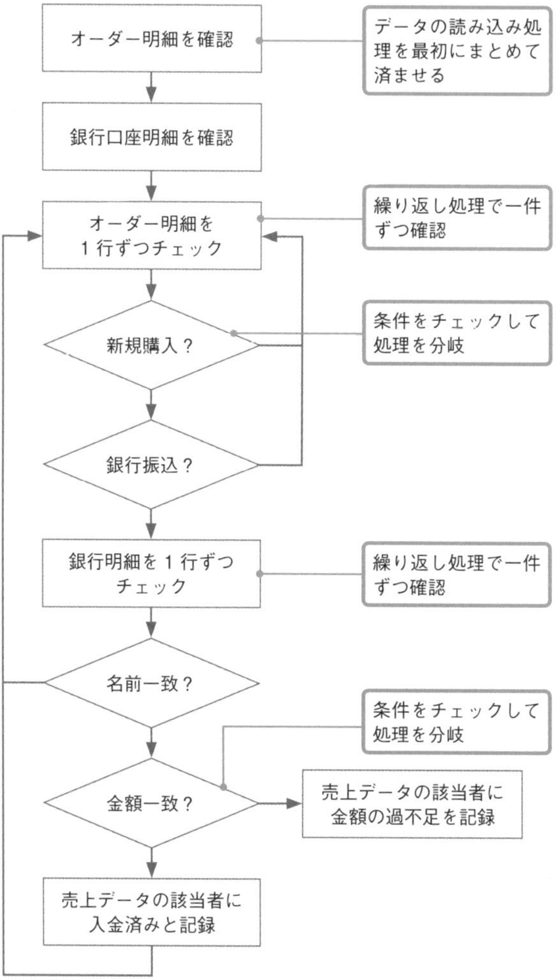

3 フローにアクションを当てはめていこう

フローの全体像がまとまったら、それぞれの項目にPower Automate for desktopのアクションを割り当てていきます。最初は、どのアクションを割り当てればいいかがわからないかもしれません。このため、Power Automate for desktopの画面でアクションの一覧を見ながら、やりたい操作を実現できそうなアクションにあたりを付けて配置していくといいでしょう。試行錯誤しながらやっているうちに、次第に「やりたいこと→アクション」が直感的に結びつくようになります。

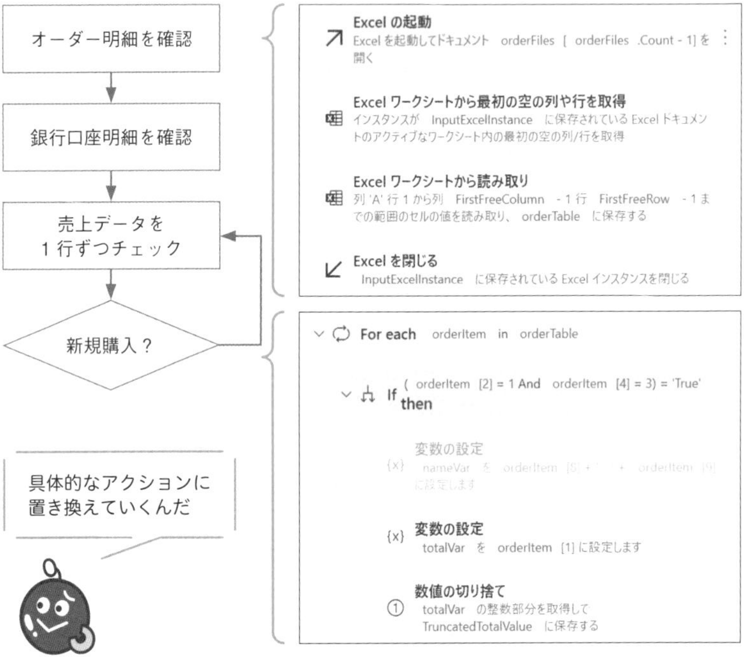

オーダー明細を確認
銀行口座明細を確認
売上データを
1行ずつチェック
新規購入？
具体的なアクションに
置き換えていくんだ
Excel の起動
Excel を起動してドキュメント orderFiles [orderFiles .Count - 1] を開く
Excel ワークシートから最初の空の列や行を取得
インスタンスが InputExcelInstance に保存されている Excel ドキュメントのアクティブなワークシート内の最初の空の列/行を取得
Excel ワークシートから読み取り
列 'A' 行 1 から列 FirstFreeColumn - 1 行 FirstFreeRow - 1 までの範囲のセルの値を読み取り、 orderTable に保存する
Excel を閉じる
InputExcelInstance に保存されている Excel インスタンスを閉じる
For each orderItem in orderTable
If (orderItem [2] = 1 And orderItem [4] = 3) = 'True' then
変数の設定
変数の設定
totalVar を orderItem [1] に設定します
数値の切り捨て
totalVar の整数部分を取得して TruncatedTotalValue に保存する

4 フロー全体を確認しよう

ここで作るフローの全体像を確認してみましょう。細かい部分はさておき、まずはパートごとに何をしているのかを確認しておけば十分です。基本的には、**ファイルを読み込んで→繰り返しチェック→条件によって値を置きかえ→結果を書き出し**という流れになっています。

特別なフォルダーを取得
フォルダー デスクトップ のパスを取得し、 DesktopFolderPath に保存する
フォルダー内のファイルを取得
'order*.xlsx' に一致するフォルダー DesktopFolderPath '\RPA' 内のファイルを取得し、 orderFiles に保存する
フォルダー内のファイルを取得
'MEISAI*.csv' に一致するフォルダー DesktopFolderPath '\RPA' 内のファイルを取得し、 meisaiFiles に保存する
CSV を読み取ります
ファイル meisaiFiles [meisaiFiles .Count - 1] から CSV テーブルを読み込みます
Excel の起動
Excel を起動してドキュメント orderFiles [orderFiles .Count - 1] を開く
Excel ワークシートから最初の空の列や行を取得
インスタンスが InputExcelInstance に保存されている Excel ドキュメントのアクティブなワークシート内の最初の空の列/行を取得
Excel ワークシートから読み取り
列 'A' 行 1 から列 FirstFreeColumn - 1 行 FirstFreeRow - 1 までの範囲のセルの値を読み取り、 orderTable に保存する
Excel を閉じる
InputExcelInstance に保存されている Excel インスタンスを閉じる
変数の設定
OrderRowNum を 0 に設定します
For each orderItem in orderTable
If (orderItem [2] = 1 And orderItem [4] = 3) = 'True' then
変数の設定
nameVar を orderItem [8] + ' ' + orderItem [9] に設定します
変数の設定
totalVar を orderItem [1] に設定します
数値の切り捨て
totalVar の整数部分を取得して TruncatedTotalValue に保存する
メッセージを表示
タイトルが '発見しました！' でメッセージが nameVar ' ' TruncatedTotalValue のメッセージ ボックスを表示し、応答を 2 秒間待機する
完成形はコレ
オーダー明細と銀行口座明細を開いてデータを読み込む
オーダー明細を一行ずつ処理。
新規購入かつ銀行振込の顧客を探す

For each meisaiItem in meisaiTable
If meisaiItem [2] 次を含む orderItem [8] 大文字小文字を区別 then
If meisaiItem [2] 次を含む orderItem [9] 大文字小文字を区別 then
Switch meisaiItem [4]
Case = TruncatedTotalValue
変数の設定
orderTable [OrderRowNum] ['対応状況ID'] を 6 に設定します
変数の設定
orderTable [OrderRowNum] ['対応状況'] を '入金済み' に設定します
テキストを置換する
meisaiItem [0] 内でテキスト '.' を '/' に置き換え、結果を PaymentDate に保存する
変数の設定
orderTable [OrderRowNum] ['入金日'] を PaymentDate に設定します
メッセージを表示
タイトルが '金額チェック' でメッセージが
nameVar
OrderRowNum
Case < TruncatedTotalValue
変数の設定
orderTable [OrderRowNum] ['対応状況'] を '金額不足' に設定します
テキストを置換する
meisaiItem [0] 内でテキスト '.' を '/' に置き換え、結果を PaymentDate に保存する
変数の設定
orderTable [OrderRowNum] ['入金日'] を PaymentDate に設定します
メッセージを表示
タイトルが '金額チェック' でメッセージが
nameVar
銀行口座明細を1行ずつ処理。
該当者から振込があるかを確認
振込金額が正しい場合は、オーダー明細に「入金済み」と記録する
振込金額が少ない場合は、オーダー明細に「金額不足」と記録する

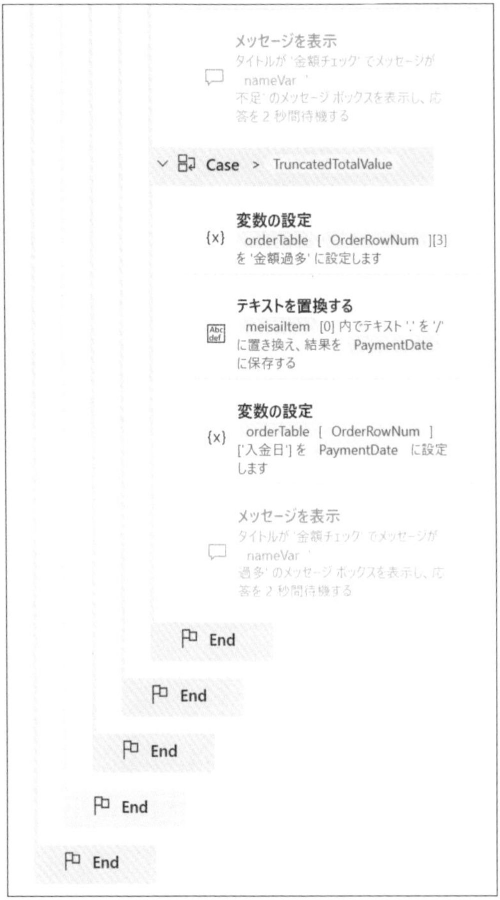
メッセージを表示
タイトルが '金額チェック' でメッセージが
nameVar '
不足' のメッセージ ボックスを表示し、応
答を 2 秒間待機する
Case > TruncatedTotalValue
変数の設定
orderTable [OrderRowNum][3]
を '金額過多' に設定します
テキストを置換する
meisaiItem [0] 内でテキスト '.' を '/'
に置き換え、結果を PaymentDate
に保存する
変数の設定
orderTable [OrderRowNum]
['入金日'] を PaymentDate に設定
します
メッセージを表示
タイトルが '金額チェック' でメッセージが
nameVar '
過多' のメッセージ ボックスを表示し、応
答を 2 秒間待機する
End
End
End
End
End

振込金額が多い場合は、オーダー明細に「金額過多」と記録する

できるかなあ

よくみると
基本アクションばかりだよ

41 変数を大きくする
変数 OrderRowNum を 1 大きくする
42 End
43 ファイル パス部分の取得
ルート パス、ディレクトリ、ファイル名、ファイル名 (拡張子なし)、拡張子のいずれかをファイルから取得する orderFiles [orderFiles .Count - 1]
44 現在の日時を取得します
現在の日時を取得して、 CurrentDateTime に保存します
45 変数の設定
timeStamp を CurrentDateTime .Year CurrentDateTime .Month CurrentDateTime .Day に設定します
46 CSV ファイルに書き込みます
CSV テーブル orderTable をファイル OutputFIleDirectory + '\' + timeStamp + '_checked_' + OutputFIleFileNameNoExtension + '.csv' に書き込みます
47 Excel の起動
空のドキュメントを使用して Excel を起動
48 Excel ワークシートに書き込み
Excel インスタンス OutputExcelInstance の列 'A' および行 1 のセルに値 orderTable を書き込み
49 Excel の保存
OutputExcelInstance に保存された Excel ドキュメントを OutputFIleDirectory + '\' + timeStamp + '_checked_' + OutputFIleFileNameNoExtension + OutputFIleFileExtension として保存

入金済みなどを記録したデータを CSV と Excel で書き出す

気が遠くなってきた……

すこしずつステップアップするから大丈夫！

5 段階的に作っていこう

ここでは、先に掲載したフローを頭から順番に作ることはしません。最初に骨組みとなる基本の処理を作り、その後で、躓きそうなポイントや知っておくと便利な技、実務でありがちな例外への対処方法などを追加していく方式で作業を進めます。**全16ステップで、段階的にパワーアップ**していくイメージとなります。

Step 1	CSVとExcelの読み込み
Step 2	支払い方法が銀行振込の顧客を見つける
Step 3	銀行振込かつ新規オーダーの顧客を見つける
Step 4	見つけた顧客を銀行口座明細から見つける
Step 5	名前と金額の両方があっているかを確認
Step 6	振込金額の過不足を判定する
Step 7	オーダー明細の内容を書き換えたいがうまくいかない！
Step 8	データテーブルの現在の行を取得する
Step 9	データテーブル上のデータを指定して書き換える
Step 10	更新したデータテーブルをCSVで保存する
Step 11	更新したデータテーブルをExcel形式で保存する
Step 12	他のパソコンでも動くようにする
Step 13	元データが更新されても動くようにする
Step 14	書き出すファイルの名前を自動的に付けよう
Step 15	姓名の間にスペースがなくても動くようにする
Step 16	エラーが発生した時に対応できるようにしよう

Step 1

CSVとExcelの読み込み

最初は何をすればいいの？

まずは必要なデータを読み込もう。

作業前の準備って感じだね。

オーダー明細と銀行口座明細を読み込む

最初のステップは、**データの読み込み**です。ロボットはデータが多くても忘れることはありませんので、最初に必要なデータをすべて読み込んでしまいます。読み込んだデータは、列と行で構成される表形式で格納される**データテーブル型の値**として変数に格納されます。

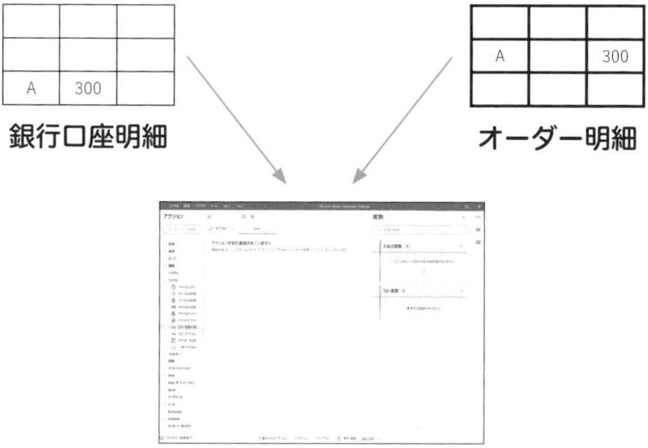

1 CSV（銀行口座明細）の読み込み

銀行口座の明細データなどは、CSV 形式で提供されるのが一般的です。CSV ファイルを読み込んで変数に格納しておきましょう。

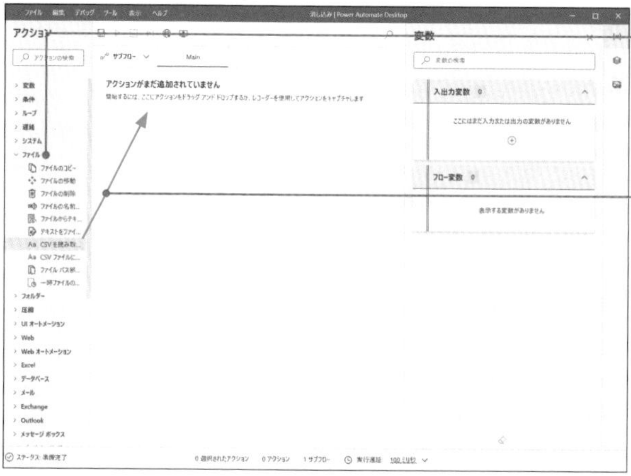

❶［ファイル］を開く

❷［CSV を読み取ります］をドラッグ

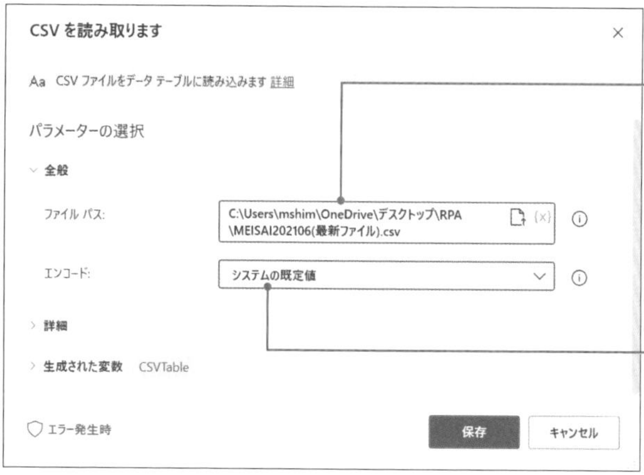

❸ここをクリックして、デスクトップの「RPA」フォルダーに保存したサンプルファイルから、「MEISAI202106（最新ファイル）.csv」を指定する

❹文字化けを防ぐために［システムの既定値］を選択

関連

Action 7 CSV を読み取ります➡ 106 ページ

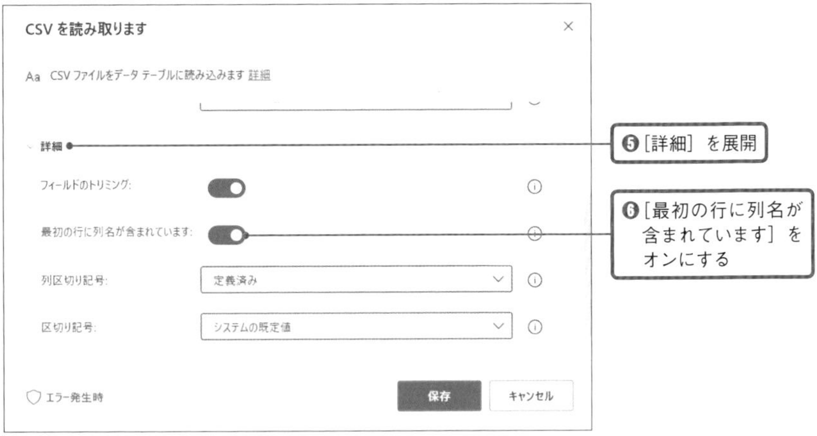
CSV を読み取ります
Aa CSV ファイルをデータ テーブルに読み込みます 詳細
詳細
フィールドのトリミング:
最初の行に列名が含まれています:
列区切り記号:
定義済み
区切り記号:
システムの既定値
エラー発生時
保存
キャンセル
❺[詳細] を展開
❻[最初の行に列名が含まれています] をオンにする

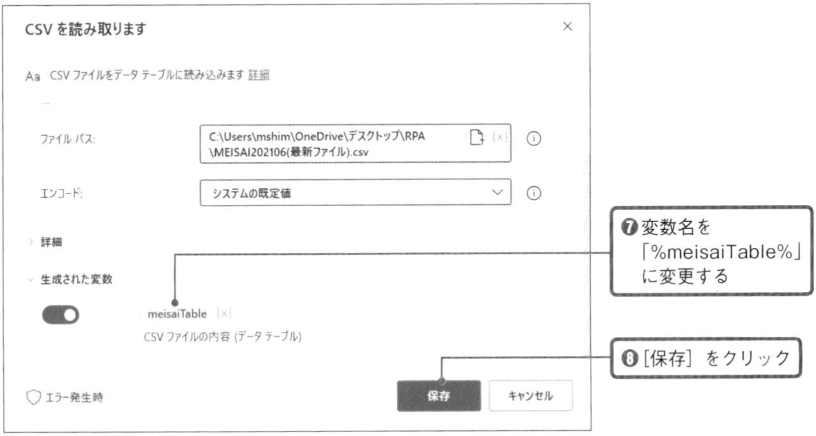
CSV を読み取ります
Aa CSV ファイルをデータ テーブルに読み込みます 詳細
ファイル パス:
C:\Users\mshim\OneDrive\デスクトップ\RPA
\MEISAI202106(最新ファイル).csv
エンコード:
システムの既定値
詳細
生成された変数
meisaiTable
CSV ファイルの内容 (データ テーブル)
エラー発生時
保存
キャンセル
❼変数名を「%meisaiTable%」に変更する
❽[保存] をクリック

2 Excel の起動（オーダー明細の読み込み）

続いて「オーダー明細」を読み込みます。これは、販売系の業務アプリや通販サイトの販売データなどから入手できる Excel データを想定しています。Excel データは、**「Excel の起動」→「範囲の認識」→「読み取り」という 3 つのステップで読み込み**ます。

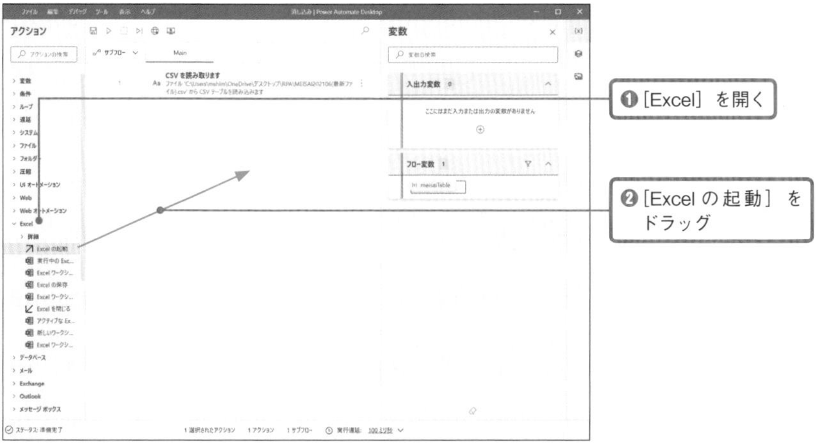

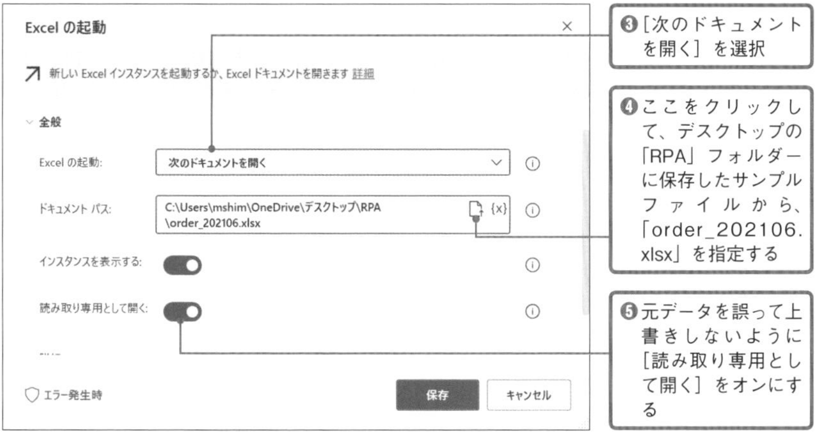

関連

Action 14 Excel の起動 ➡ 120 ページ

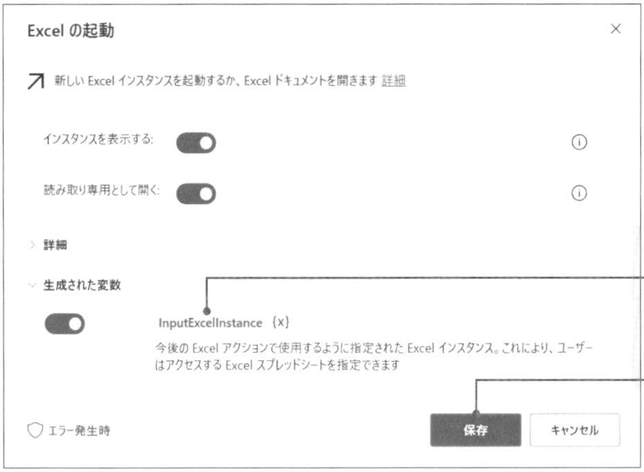

❻変数名を「%InputExcelInstance%」に変更する

❼［保存］をクリック

3 読み込む範囲を取得

範囲の認識では、ワークシート上のどの範囲にデータがあるのかを指定するために、**最初に登場する空白を探して、そのセルの列や行を取得**します。空白の手前までデータがあるので、空白の位置から「-1」することでデータの最後の列や行を判断します。

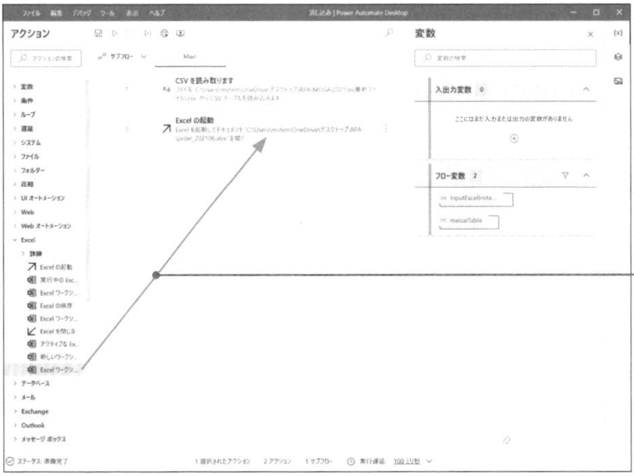

❶［Excel ワークシートから最初の空の列や行を取得］をドラッグ

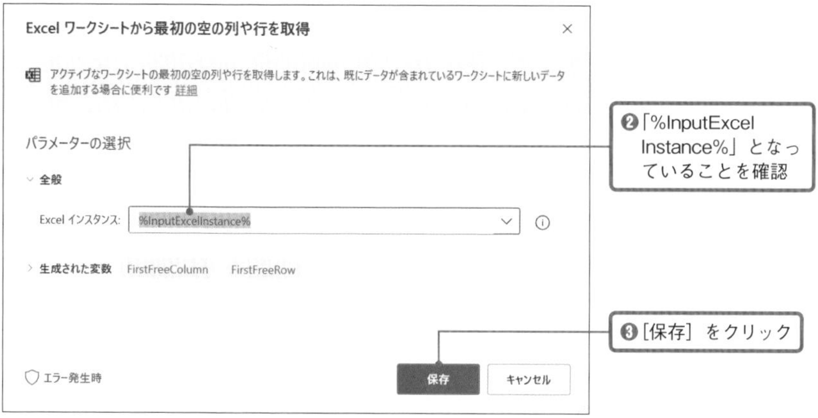

4 ワークシートの読み取り

開いたExcelデータから、**左上の先頭と右下の最終の位置を指定して、範囲のデータを取得**します。開始は「A」列の「1」行目ですが、最終はデータによって変わります。直前に**最初に登場する空白を取得しているので、そこから「-1」する**ことで最終を指定します。

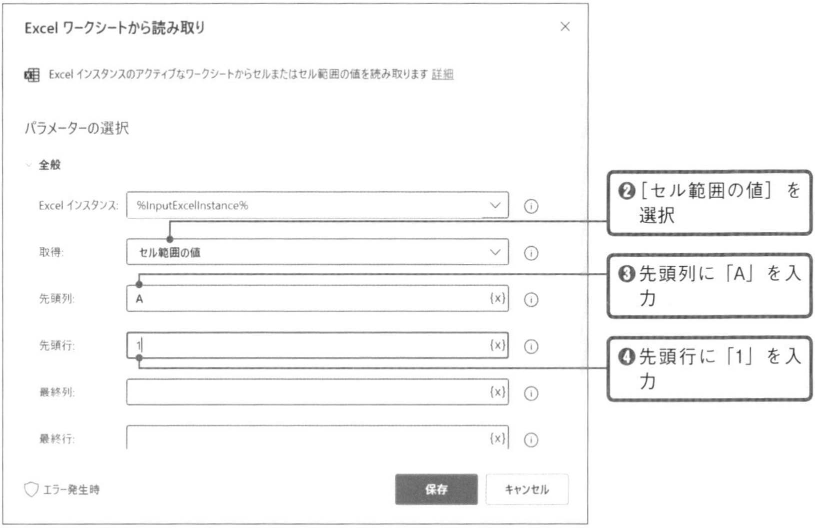

Memo 範囲指定の方法

実際の例で範囲指定の方法を見てみましょう。以下の例では、最初に登場する空白が列方向が「O（オー）」、行方向が「8」になります。この値から、それぞれ1を引くと、列方向が「N」、行方向が「7」になり、**表の左下（最終）を示す「N」列と「7」行を指定できます。**

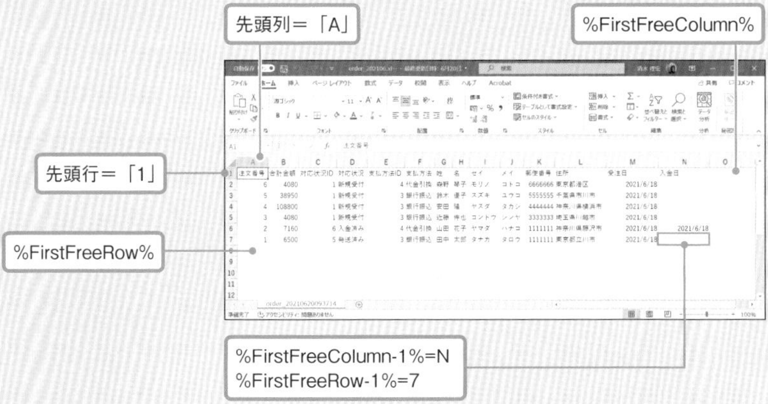

Excel ワークシートから読み取り
Excel インスタンスのアクティブなワークシートからセルまたはセル範囲の値を読み取ります 詳細
全般
Excel インスタンス: %InputExcelInstance%
取得: セル範囲の値
先頭列: A
先頭行: 1
最終列:
最終行:
変数の検索
名前
型
フロー変数 4
FirstFreeColumn 数値
FirstFreeRow
変数の選択
InputExcelInstance Excel インスタンス
meisaiTable Datatable
詳細
エラー発生時
選択
キャンセル
❺ [{x}] をクリック
❻ 変数の一覧から、[%FirstFree Column%] を選択

Excel ワークシートから読み取り
Excel インスタンスのアクティブなワークシートからセルまたはセル範囲の値を読み取ります 詳細
全般
Excel インスタンス: %InputExcelInstance%
取得: セル範囲の値
先頭列: A
先頭行: 1
最終列: %FirstFreeColumn-1%
最終行: %FirstFreeRow-1%
詳細
エラー発生時
保存
キャンセル
❼ [%FirstFreeColumn - 1%] に書き換える

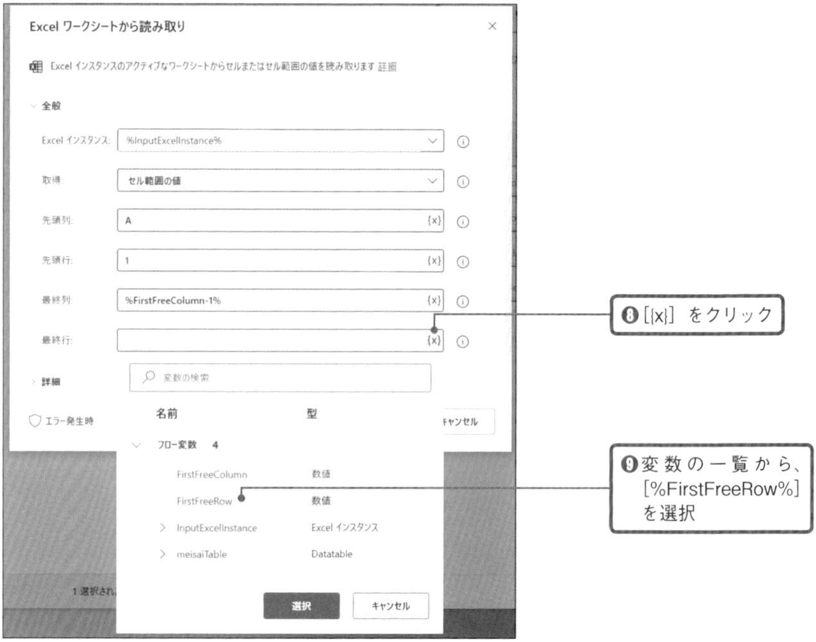
Excel ワークシートから読み取り
Excel インスタンスのアクティブなワークシートからセルまたはセル範囲の値を読み取ります 詳細
全般
Excel インスタンス:
%InputExcelInstance%
取得:
セル範囲の値
先頭列:
A
先頭行:
1
最終列:
%FirstFreeColumn-1%
最終行:
詳細
エラー発生時
変数の検索
名前
型
フロー変数 4
FirstFreeColumn
数値
FirstFreeRow
数値
InputExcelInstance
Excel インスタンス
meisaiTable
Datatable
選択
キャンセル
❽[{x}] をクリック
❾変数の一覧から、[%FirstFreeRow%] を選択

Excel ワークシートから読み取り
Excel インスタンスのアクティブなワークシートからセルまたはセル範囲の値を読み取ります 詳細
全般
Excel インスタンス:
%InputExcelInstance%
取得:
セル範囲の値
先頭列:
A
先頭行:
1
最終列:
%FirstFreeColumn-1%
最終行:
%FirstFreeRow-1%
詳細
エラー発生時
保存
キャンセル
❿[%FirstFreeRow - 1%] に書き換える

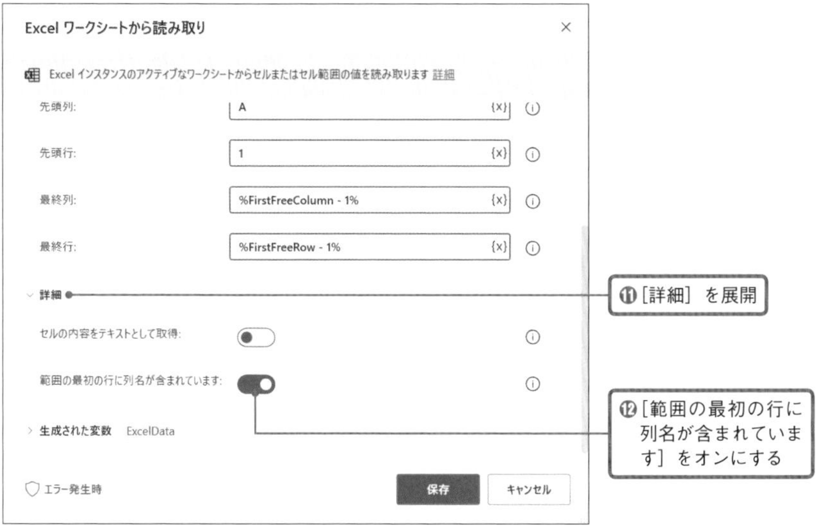
Excel ワークシートから読み取り
Excel インスタンスのアクティブなワークシートからセルまたはセル範囲の値を読み取ります 詳細
先頭列:
A
先頭行:
1
最終列:
%FirstFreeColumn - 1%
最終行:
%FirstFreeRow - 1%
詳細
セルの内容をテキストとして取得:
範囲の最初の行に列名が含まれています:
生成された変数
ExcelData
エラー発生時
保存
キャンセル
⑪[詳細] を展開
⑫[範囲の最初の行に列名が含まれています] をオンにする

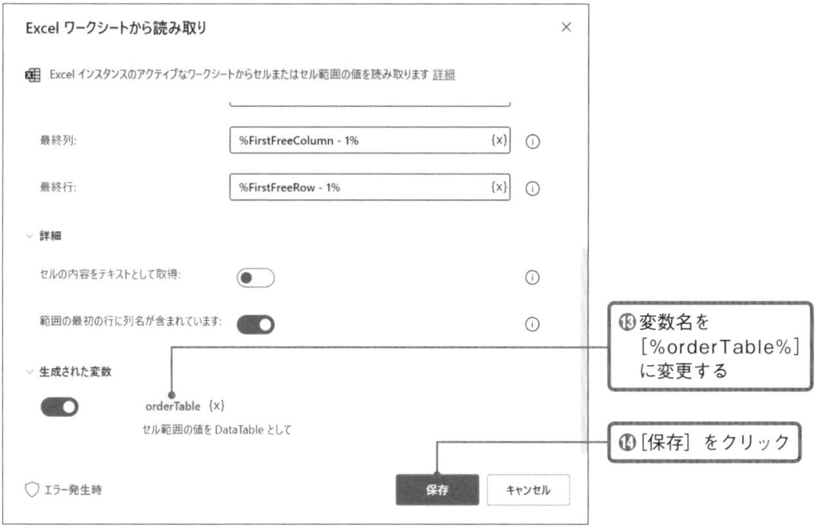
Excel ワークシートから読み取り
Excel インスタンスのアクティブなワークシートからセルまたはセル範囲の値を読み取ります 詳細
最終列:
%FirstFreeColumn - 1%
最終行:
%FirstFreeRow - 1%
詳細
セルの内容をテキストとして取得:
範囲の最初の行に列名が含まれています:
生成された変数
orderTable {x}
セル範囲の値を DataTable として
エラー発生時
保存
キャンセル
⑬変数名を[%orderTable%]に変更する
⑭[保存] をクリック

5 Excelを閉じる

開いたExcelは、そのままにした状態でRPAの作業を続行することもできます。Excelのデータを書き換えるときなどは便利ですが、**ここでは読み込んだ値を変数に格納して使いますので、Excelは閉じておきます。**

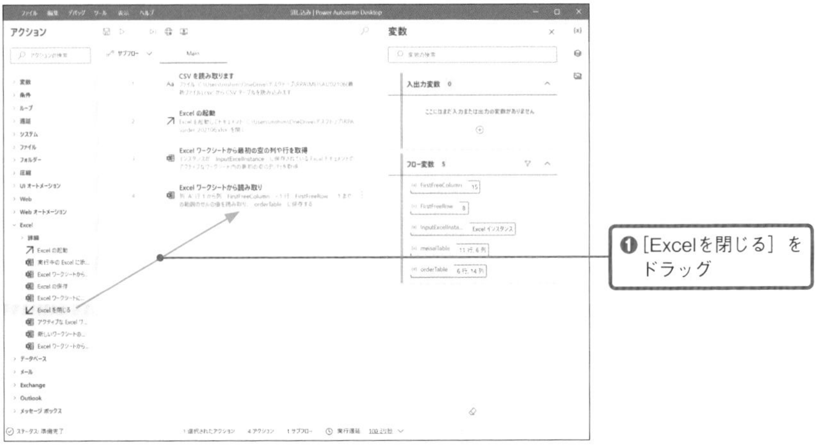

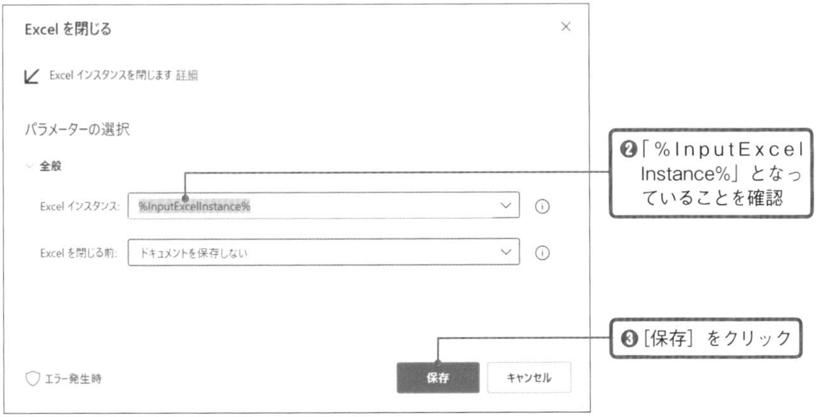

6 動作チェック

ここまででのフローを実行してみましょう。実行すると、Excel が起動し、しばらくすると自動的に閉じます。**変数パネルで以下のように「meisaiTable」と「orderTable」変数の中身を確認**してみましょう。CSV や Excel のデータが読み込まれているはずです。

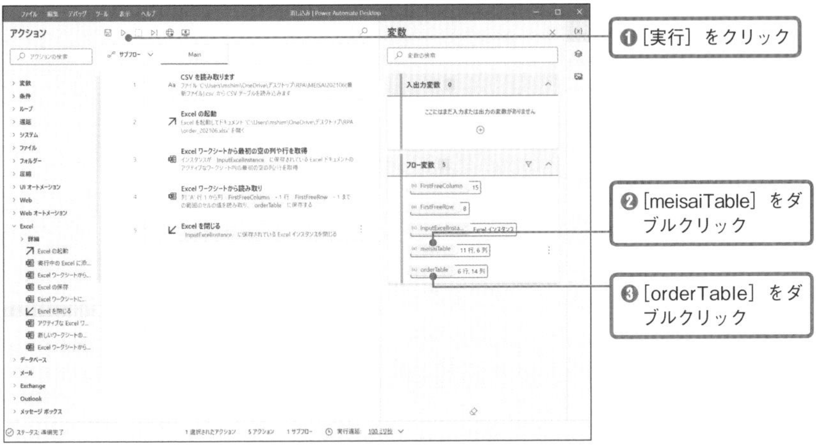
❶［実行］をクリック
❷［meisaiTable］をダブルクリック
❸［orderTable］をダブルクリック

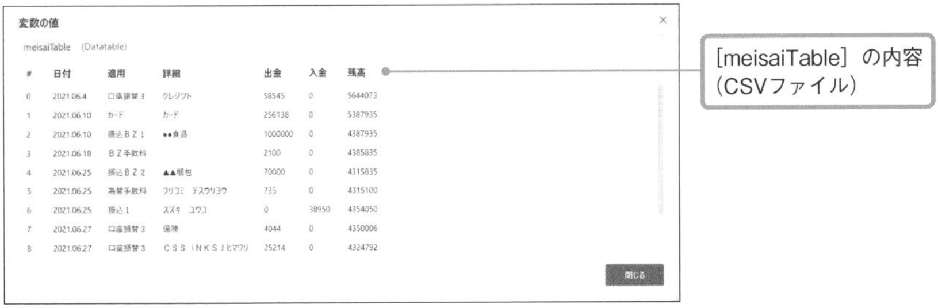
［meisaiTable］の内容（CSVファイル）

変数の値

meisaiTable (Datatable)

#	日付	適用	詳細	出金	入金	残高
0	2021.06.4	口座振替 3	クレジット	58545	0	5644073
1	2021.06.10	カード	カード	256138	0	5387935
2	2021.06.10	振込ＢＺ１	●●食品	1000000	0	4387935
3	2021.06.18	ＢＺ手数料		2100	0	4385835
4	2021.06.25	振込ＢＺ２	▲▲梱包	70000	0	4315835
5	2021.06.25	為替手数料	フリコミ　テスウリヨウ	735	0	4315100
6	2021.06.25	振込 1	スズキ　ユウコ	0	38950	4354050
7	2021.06.27	口座振替 3	保険	4044	0	4350006
8	2021.06.27	口座振替 3	ＣＳＳ（ＮＫＳＪヒマワリ	25214	0	4324792

閉じる

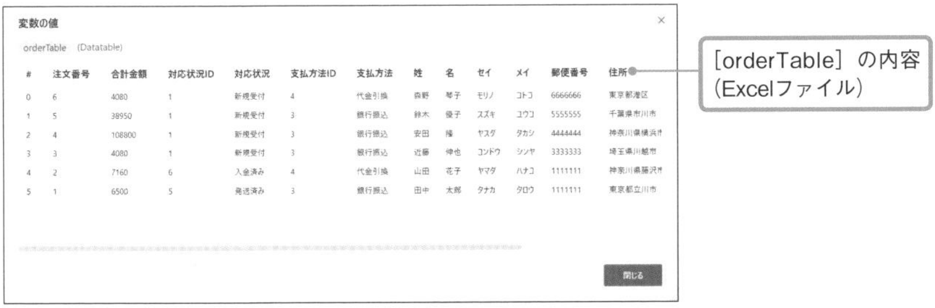
［orderTable］の内容（Excelファイル）

変数の値

orderTable (Datatable)

#	注文番号	合計金額	対応状況ID	対応状況	支払方法ID	支払方法	姓	名	セイ	メイ	郵便番号	住所
0	6	4080	1	新規受付	4	代金引換	森野	琴子	モリノ	コトコ	6666666	東京都港区
1	5	38950	1	新規受付	3	銀行振込	鈴木	優子	スズキ	ユウコ	5555555	千葉県市川市
2	4	108800	1	新規受付	3	銀行振込	安田	隆	ヤスダ	タカシ	4444444	神奈川県横浜市
3	3	4080	1	新規受付	3	銀行振込	近藤	伸也	コンドウ	シンヤ	3333333	埼玉県川越市
4	2	7160	6	入金済み	4	代金引換	山田	花子	ヤマダ	ハナコ	1111111	神奈川県藤沢市
5	1	6500	5	発送済み	3	銀行振込	田中	太郎	タナカ	タロウ	1111111	東京都立川市

閉じる

Step

2 支払い方法が銀行振込の顧客を見つける

実際の業務では最初に何をする？

オーダー表を１行ずつ調べるかな……。

RPAでも同じだよ。表を１行ずつ調べてみよう。

[For each] による繰り返し処理と [If] による条件判定

必要なデータを読み込んだら、そこに目的のデータがあるかどうかを探します。ここでは、**オーダー明細上で支払い方法が「銀行振込」となっている人**を探します。[For each] で繰り返しデータを処理し、[If] で条件に一致するデータを探します。

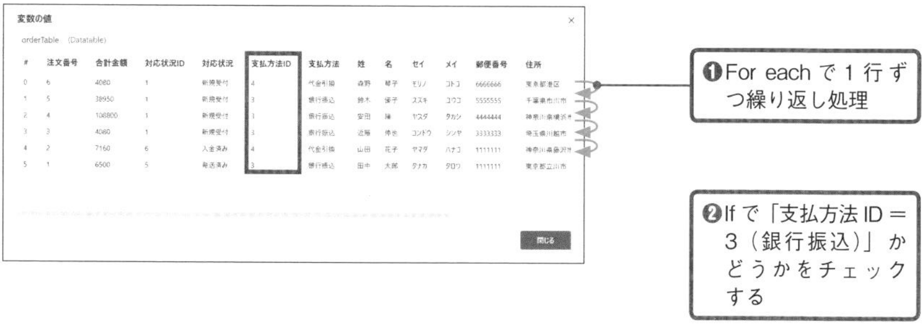

変数の値
orderTable (Datatable)
閉じる
❶For each で１行ずつ繰り返し処理
❷If で「支払方法ID＝3（銀行振込）」かどうかをチェックする

#	注文番号	合計金額	対応状況ID	対応状況	支払方法ID	支払方法	姓	名	セイ	メイ	郵便番号	住所
0	6	4080	1	新規受付	4	代金引換	森野	琴子	モリノ	コトコ	6666666	東京都港区
1	5	38950	1	新規受付	3	銀行振込	鈴木	優子	スズキ	ユウコ	5555555	千葉県市川市
2	4	108800	1	新規受付	3	銀行振込	安田	隆	ヤスダ	タカシ	4444444	神奈川県横浜市
3	3	4080	1	新規受付	3	銀行振込	近藤	伸也	コンドウ	シンヤ	3333333	埼玉県川越市
4	2	7160	6	入金済み	4	代金引換	山田	花子	ヤマダ	ハナコ	1111111	神奈川県藤沢市
5	1	6500	5	発送済み	3	銀行振込	田中	太郎	タナカ	タロウ	1111111	東京都立川市

関連

Action 2 If ➡ 96ページ

Action 3 For each ➡ 98ページ

1 ［For each］によるオーダー明細の繰り返し処理

オーダー明細には、誰がいつ何をどんな支払い方法で購入したかという情報が1行ずつ記載されています。実際の業務でも表をチェックするときに上から順番にデータを見ていくように、［For each］というアクションを使ってデータを1行ずつ繰り返し処理します。

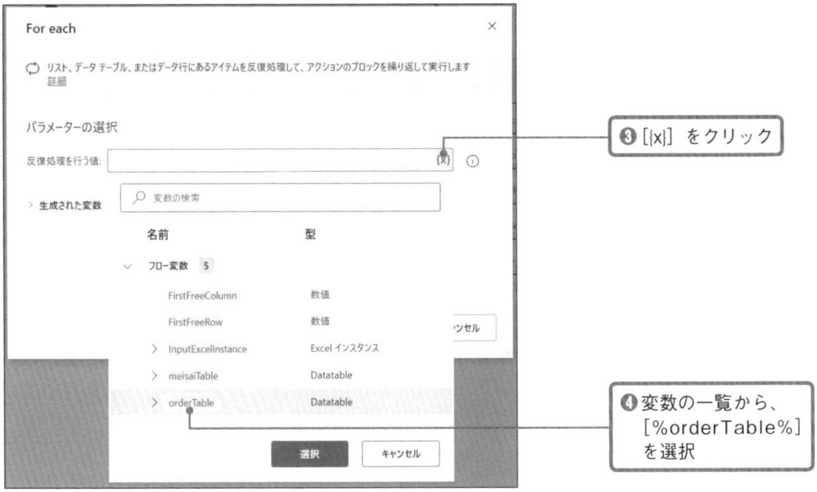

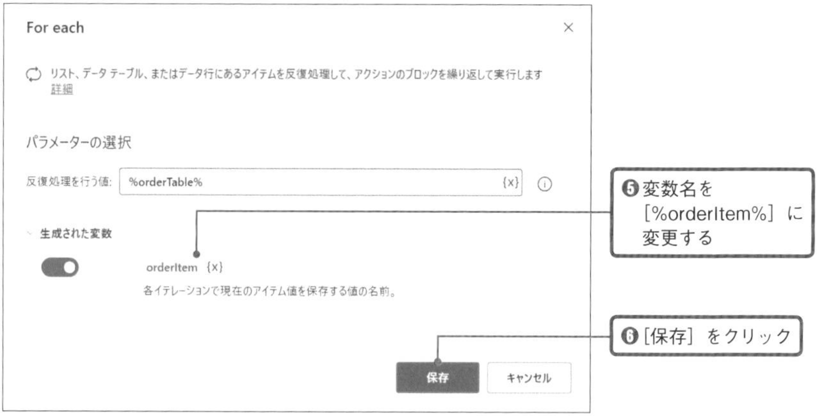

Memo ［For each］で各行のデータが順番に「%orderItem%」変数に入る

［For each］では、表形式のデータを１行ずつ読み込んで処理します。このとき、各行のデータが順番に生成された変数（ここでは%orderItem%）に格納され、１回目の処理で１行目のデータ、２回目の処理で２行目のデータというように値を入れ替えながら繰り返し処理されます。なお、データテーブルは縦横二次元のデータですが、%orderItem% には各行のデータが「6,4080,1, 新規受付……」のような１次元の配列で格納されます。

#	注文番号	合計金額	対応状況ID	対応状況	支払方法ID	支払方法	姓
0	6	4080	1	新規受付	4	代金引換	森野
1	5	38950	1	新規受付	3	銀行振込	鈴木
2	4	108800	1	新規受付	3	銀行振込	安田
3	3	4080	1	新規受付	3	銀行振込	近藤
4	2	7160	6	入金済み	4	代金引換	山田
5	1	6500	5	発送済み	3	銀行振込	田中

2 ［If］で「支払方法ID」を判定

［For each］で格納された各行の値を調べましょう。ここでは支払い方法が銀行振込の人を見つけたいので、**「支払方法ID」列の値が「3」になっている人を探します。**このような条件を指定して処理を分岐される場合は「If」アクションを使います。

orderTable

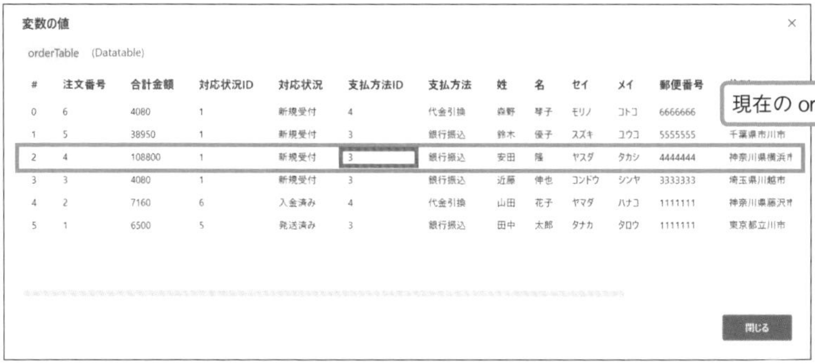

変数の値

orderTable (Datatable)

#	注文番号	合計金額	対応状況ID	対応状況	支払方法ID	支払方法	姓	名	セイ	メイ	郵便番号	
0	6	4080	1	新規受付	4	代金引換	森野	琴子	モリノ	コトコ	6666666	
1	5	38950	1	新規受付	3	銀行振込	鈴木	優子	スズキ	ユウコ	5555555	千葉県市川市
2	4	108800	1	新規受付	3	銀行振込	安田	隆	ヤスダ	タカシ	4444444	神奈川県横浜市
3	3	4080	1	新規受付	3	銀行振込	近藤	伸也	コンドウ	シンヤ	3333333	埼玉県川越市
4	2	7160	6	入金済み	4	代金引換	山田	花子	ヤマダ	ハナコ	1111111	神奈川県藤沢市
5	1	6500	5	発送済み	3	銀行振込	田中	太郎	タナカ	タロウ	1111111	東京都立川市

閉じる

現在の orderItem

支払い方法 ID=3 →銀行振込

アクション
変数
❶［条件］を開く
❷［If］を［For each］の中にドラッグ

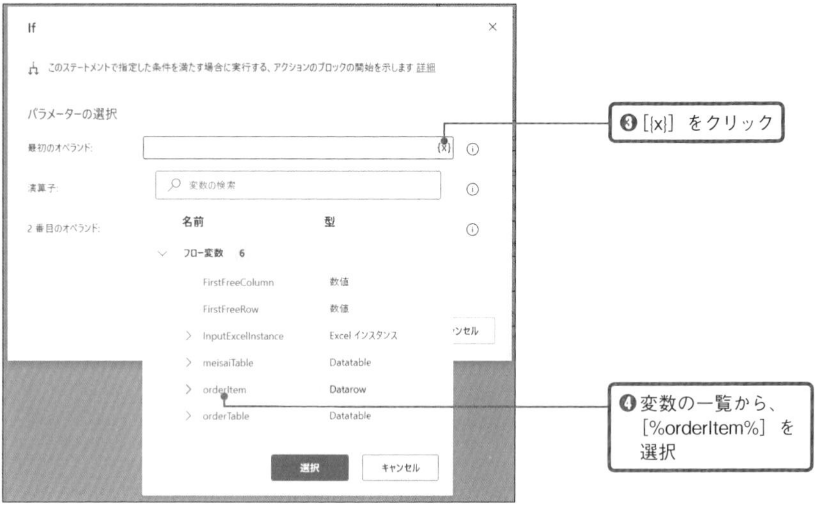
If
このステートメントで指定した条件を満たす場合に実行する、アクションのブロックの開始を示します 詳細
パラメーターの選択
最初のオペランド:
演算子:
2 番目のオペランド:
変数の検索
名前
型
フロー変数 6
FirstFreeColumn
数値
FirstFreeRow
数値
InputExcelInstance
Excel インスタンス
meisaiTable
Datatable
orderItem
Datarow
orderTable
Datatable
選択
キャンセル
❸[{x}] をクリック
❹変数の一覧から、[%orderItem%] を選択

If
このステートメントで指定した条件を満たす場合に実行する、アクションのブロックの開始を示します 詳細
パラメーターの選択
最初のオペランド:
%orderItem[4]%
演算子:
と等しい (=)
2 番目のオペランド:
保存
キャンセル
❺[%orderItem[4]%] に変更

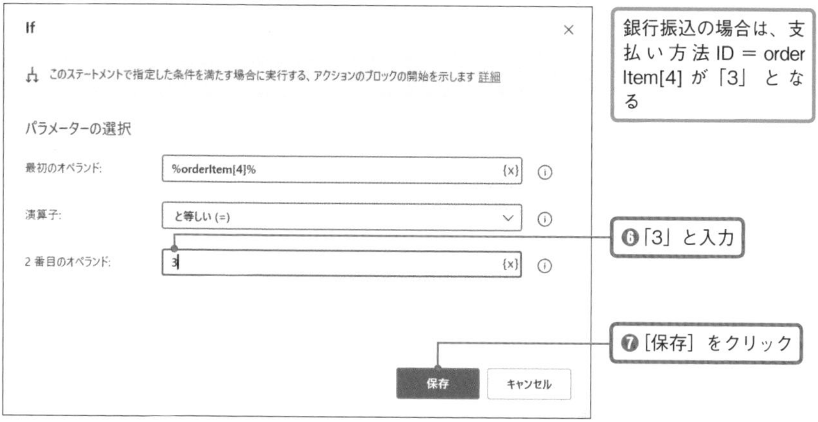

Memo 1 次配列の変数（%orderItem%）の値を指定する方法

「%orderItem%」には「5,38950,1, 新規受付……」のように複数の値が配列として格納されています。このような**配列から目的の値を取り出すときは、「0」から数えた番号を指定**します。「支払方法 ID」は「4」なので「%orderItem[4]%」のように「[]」で番号を括って指定します。

0 から数えた列番号で値を取り出せる

	0	1	2	3	4	5	6…
#	注文番号	合計金額	対応状況ID	対応状況	支払方法ID	支払方法	姓
0	6	4080	1	新規受付	4	代金引換	森野
1	5	38950	1	新規受付	3	銀行振込	鈴木
2	4	108800	1	新規受付	3	銀行振込	安田
3	3	4080	1	新規受付	3	銀行振込	近藤

現在の orderItem

orderItem[4]= 現在の orderItem 配列の 4 列目の値 =3

3 条件が合っていたときの処理1　名前を取得

「If」では指定した**条件が合っていた場合とそうでない場合で処理を分岐**できます。ここでは、「支払方法ID」が「3」の場合のみ「セイ」に記載されている姓のデータを新しい変数「%nameVar%」に格納します。これで銀行振込を選んだのが誰なのかがわかります。

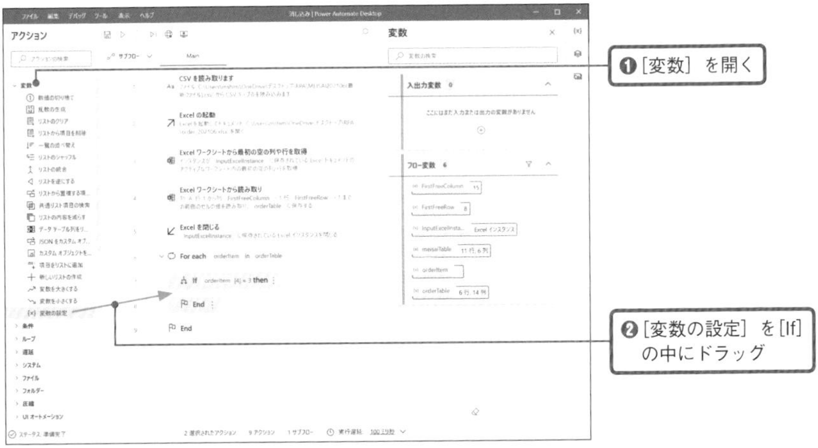

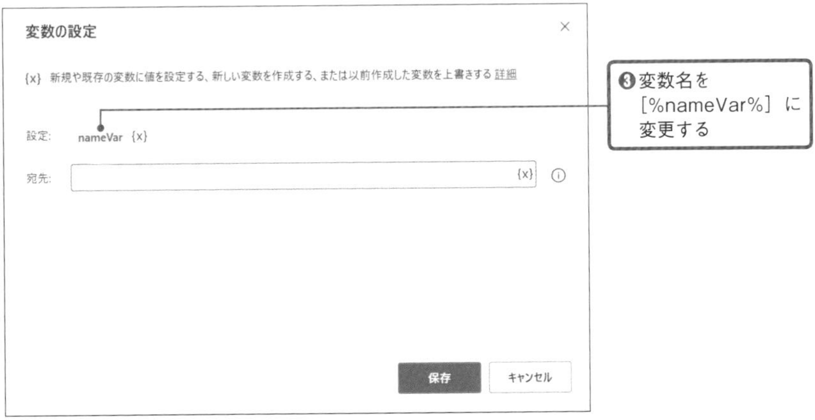

関連

Action 1 変数の設定➡98ページ

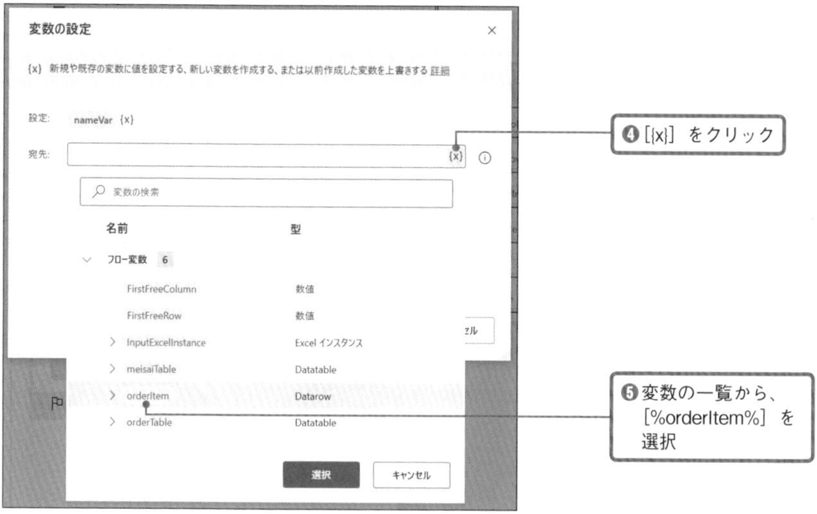

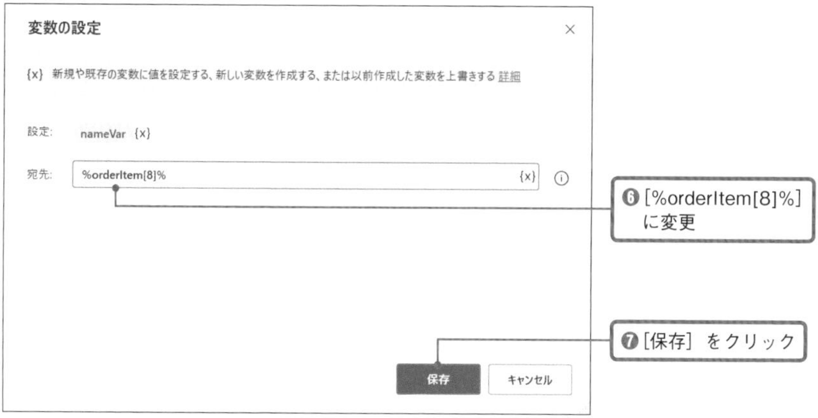

memo 「セイ」の値の指定方法

「セイ」の値は、0から数えて8列目のデータとなります。このため、「%orderItem[8]%」で取り出すことができます。

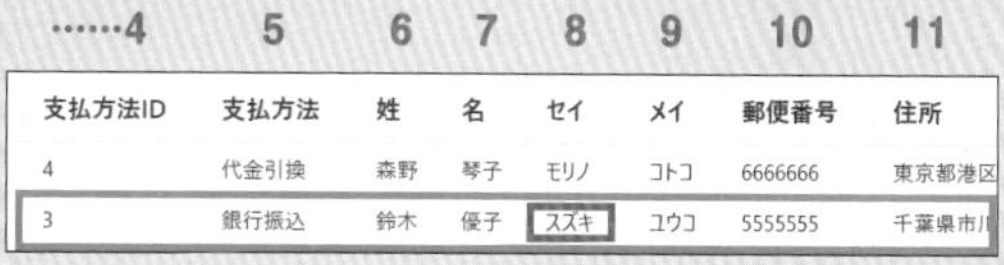

4 条件が合っていたときの処理２　金額を取得

銀行口座明細に振込があるかどうかを確認するには、**名前だけでなく金額の情報も必要**です。名前と同様に %orderItem[1]% を指定して合計金額の情報を取得しましょう。合計金額のデータは「%totalVar%」という変数に格納します。

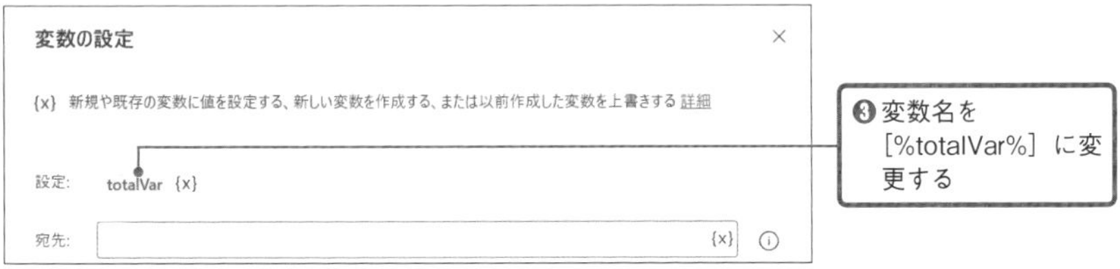

Memo 面倒でも変数名を変えるクセを付けよう

Power Automate for desktop では変数が自動的に生成されるため、あまり意識しなくてもフローを作成できます。ただし、フローが長くなると、「newVar1」「newVar2」のように**同じような名前の変数が大量に生成されてしまいます**。別のアクションで値を比べたり演算したりするときに、どの値が格納されているのかがわかりにくいので、面倒でも**変数にはわかりやすい名前を設定する**ことを強くおすすめします。

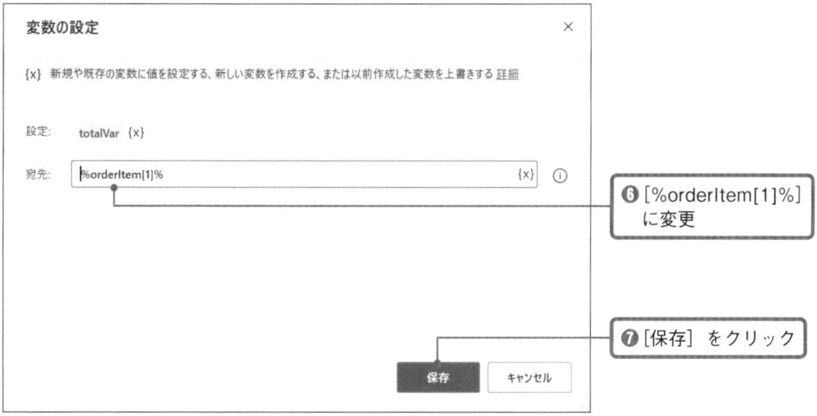

%orderItem[1]%= 合計金額

5 動作確認用メッセージボックスの追加

フローが想定通りに動いているかを確認するには、**途中で変数の値などを確認しながら実行するのが近道**です。そこで利用したいのが［メッセージを表示］アクションです。ダイアログボックスで処理中の変数の値を確認してみましょう。

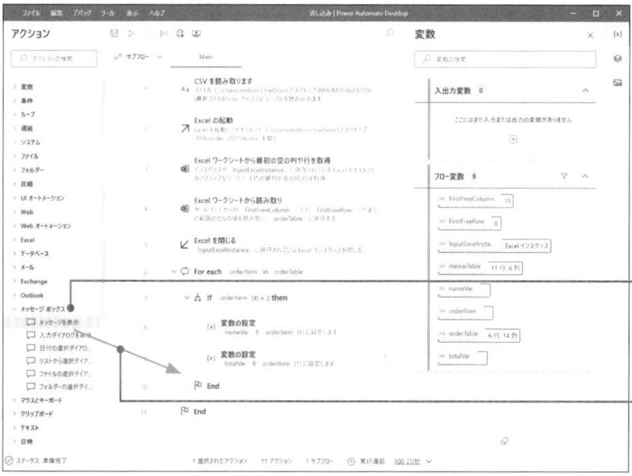

❶［メッセージボックス］を開く

❷［メッセージを表示］を［End］の上にドラッグ

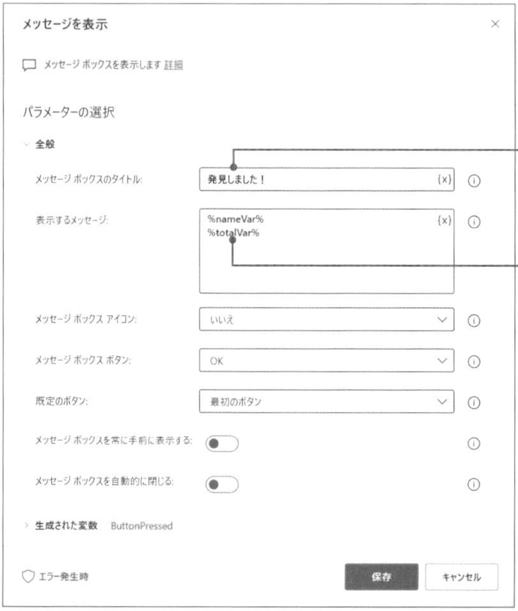

❸［メッセージボックスのタイトル］に「発見しました！」と入力

❹［表示するメッセージ］に
%nameVar%
%totalVar%
と入力

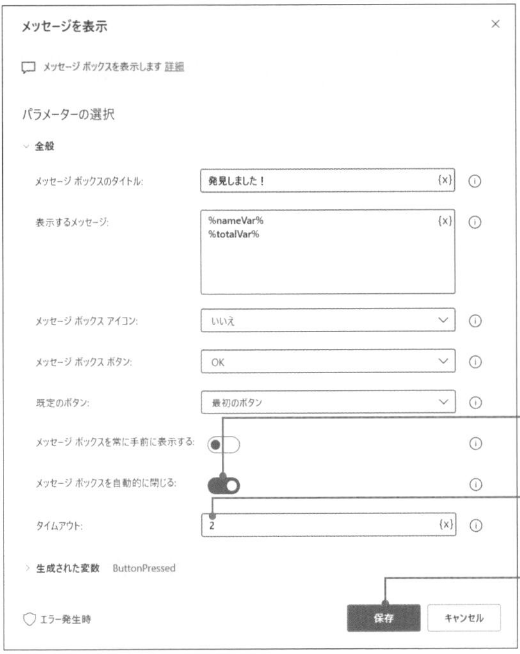

❺［メッセージボックスを自動的に閉じる］をオンにする

❻［タイムアウト］を「2」に設定する

❼メッセージ内容を再チェックしてから、［保存］をクリック

設定時に［表示するメッセージ］がクリアされてしまうことがあるので、保存前に内容を再チェック！

関連

Action 16 メッセージを表示➡ 126 ページ

memo メッセージボックスを活用しよう

メッセージボックスは、最初のうちは頻繁に設置することをおすすめします。変数を生成したり、演算したりする度に設置し、値を確認することで、フロー内でどのような処理が行われているのかがわかり、想定外の動作の原因追及にも役立ちます。ただし、自動的に閉じないとクリックするまでフローが停止したままになるので、一定時間で自動的に閉じるようにすると便利です。

6 動作チェック

ここまでのフローを実行して動作を確認してみましょう。今回のサンプルでは、**「銀行振込」を選択している4人の情報がダイアログボックスで表示される**はずです。実行後に変数パネルで「%orderTable%」を開いて、名前や金額が合っているかを確認してみましょう。

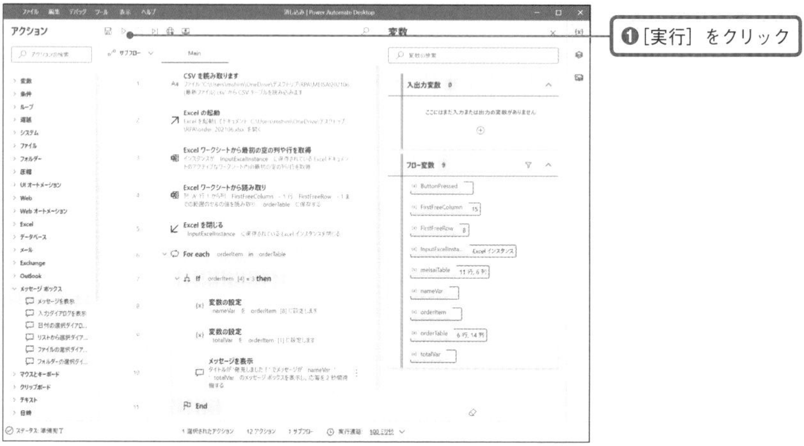

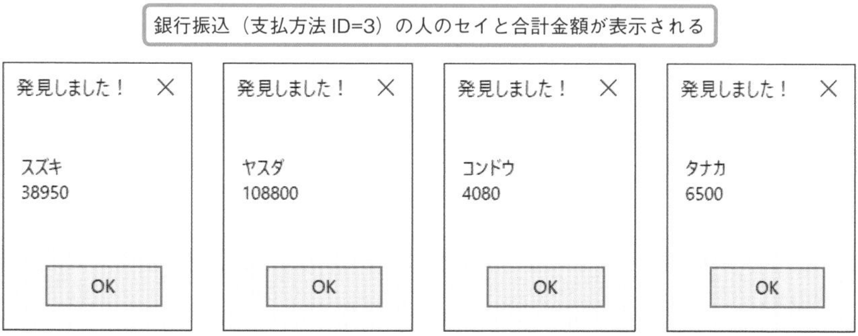

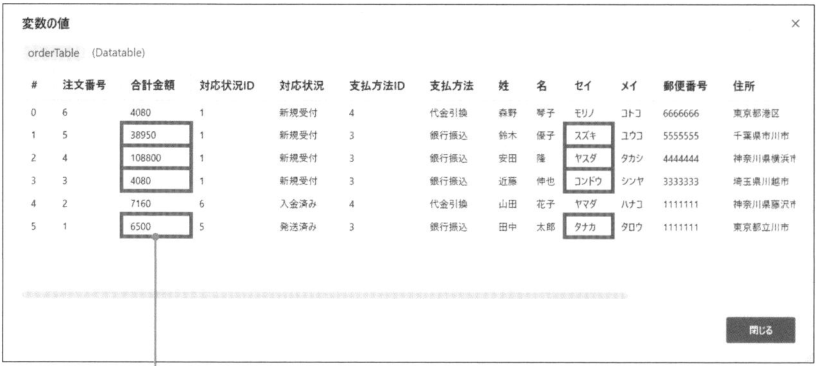

変数の値

orderTable (Datatable)

#	注文番号	合計金額	対応状況ID	対応状況	支払方法ID	支払方法	姓	名	セイ	メイ	郵便番号	住所
0	6	4080	1	新規受付	4	代金引換	森野	琴子	モリノ	コトコ	6666666	東京都港区
1	5	38950	1	新規受付	3	銀行振込	鈴木	優子	スズキ	ユウコ	5555555	千葉県市川市
2	4	108800	1	新規受付	3	銀行振込	安田	隆	ヤスダ	タカシ	4444444	神奈川県横浜市
3	3	4080	1	新規受付	3	銀行振込	近藤	伸也	コンドウ	シンヤ	3333333	埼玉県川越市
4	2	7160	6	入金済み	4	代金引換	山田	花子	ヤマダ	ハナコ	1111111	神奈川県藤沢市
5	1	6500	5	発送済み	3	銀行振込	田中	太郎	タナカ	タロウ	1111111	東京都立川市

閉じる

発見されたデータテーブル上のデータ

Step

3 銀行振込かつ新規オーダーの顧客を見つける

同じ銀行振込の人でも支払い済みの人もいるよ。

そうだね。未払い＝新規オーダーの人だけに絞り込もう。

OK ！

[If] での複数条件の判定

オーダー明細をよく見ると、同じ「銀行振込」でも、「新規受付」の人だけでなく、支払い済み（発送済み）の人も一緒になっています。完了している人はチェックする必要ないので、[If] の条件として「銀行振込」かつ「新規受付」という 2 つの条件を設定しましょう。

合計金額	対応状況ID	対応状況	支払方法ID	支払方法	姓	名	セイ	メイ
4080	1	新規受付	4	代金引換	森野	琴子	モリノ	コトコ
38950	1	新規受付	3	銀行振込	鈴木	優子	スズキ	ユウコ
108800	1	新規受付	3	銀行振込	安田	隆	ヤスダ	タカシ
4080	1	新規受付	3	銀行振込	近藤	伸也	コンドウ	シンヤ
7160	6	入金済み	4	代金引換	山田	花子	ヤマダ	ハナコ
6500	5	発送済み	3	銀行振込	田中	太郎	タナカ	タロウ

必要なのはコッチ
2 つの条件を両方
満たす人を見つけ
るよ

関連

Action 2　If ➡ 96 ページ

1 ［AND］による複数条件判定

［If］で複数の条件を判定したいときは、**［最初のオペランド］に「AND」（または OR）を使って複数の式を設定**します。ここでは、複数の式が成立する場合（True と等しい）のみ指定した処理を実行させます。

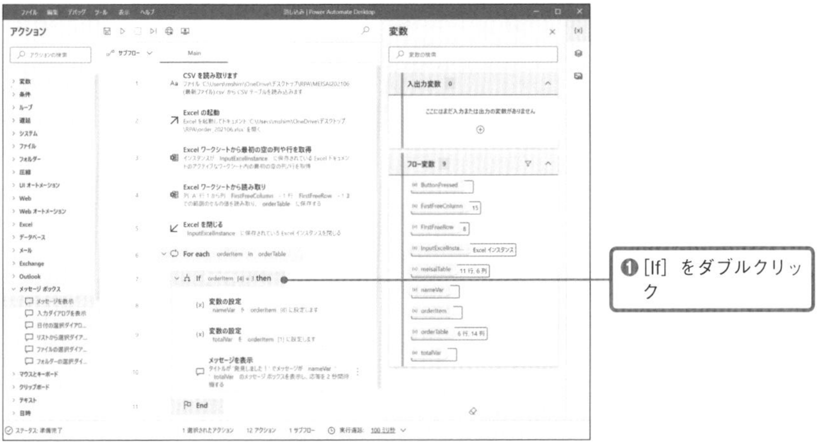

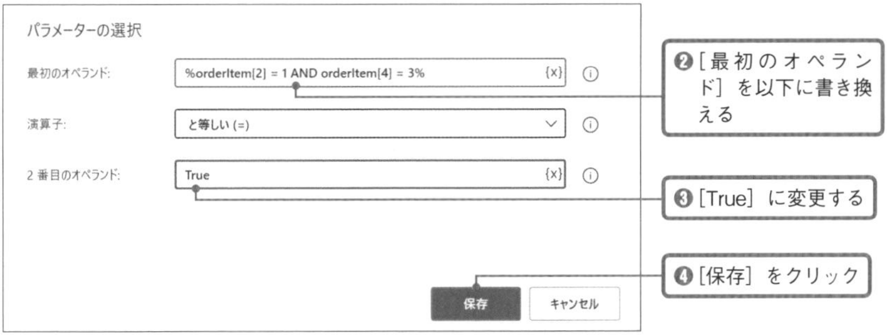

■ 最初のオペランド

%orderItem[4]%

↓

%orderItem[2] = 1 AND orderItem[4] = 3%

対応状況 ID=1　かつ　支払方法 ID=3

2 姓と名の間をスペースで区切る

条件が合っていた場合の処理を記述します。先ほどは名前の取得時に「セイ」のみ取得しましたが、「メイ」も取得して、「セイ　メイ」のように間をスペースで区切っておきましょう。銀行口座明細上の名前表記と合わせることで探しやすくします。

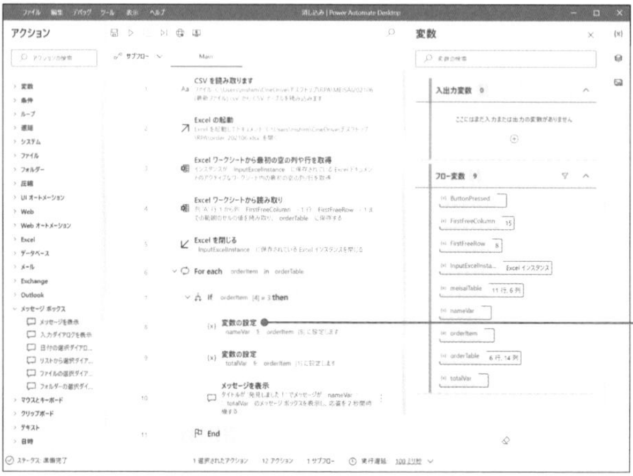

❶[If] の下の［変数の設定］(nameVar)をダブルクリック

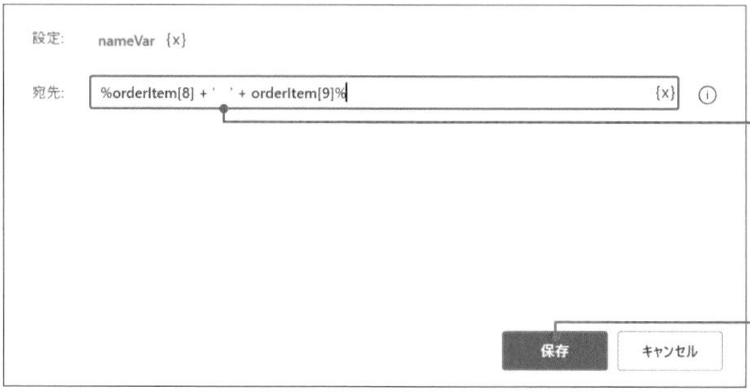

❷［宛先］を以下に書き換える

❸［保存］をクリック

■ 宛先

%orderItem[8] + '　' + orderItem[9]%

セイ　全角スペース　メイ

全角スペースを「'」(シングルクオーテーション)で囲む

(例) スズキ　ユウコ

3 合計金額の小数点以下を切り捨てる

CSV ファイルから数値データを読み取る際に「3980.00」のように小数点以下が表示されてしまう場合があるため、これを避けるために**［数値の切り捨て］を使って整数部分のみを取り出し**ましょう。なお、この処理は必須ではありません。

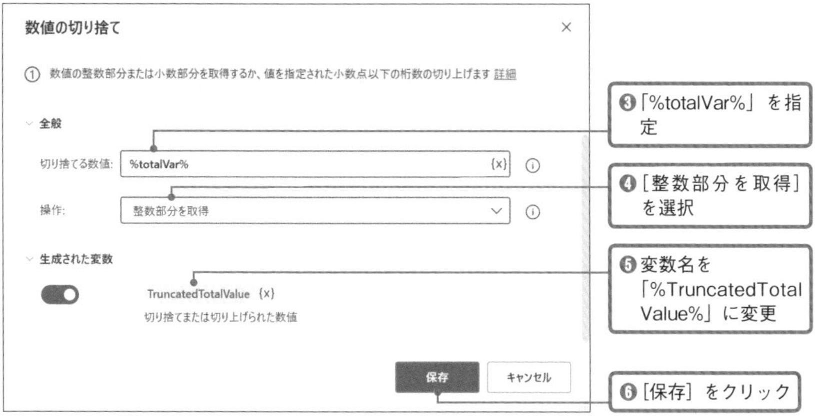

4 メッセージを変更

確認用のメッセージを変更しましょう。名前の下に表示する金額のデータを「%TruncatedTotalValue%」に変更して整数部分のみの金額データを表示します。

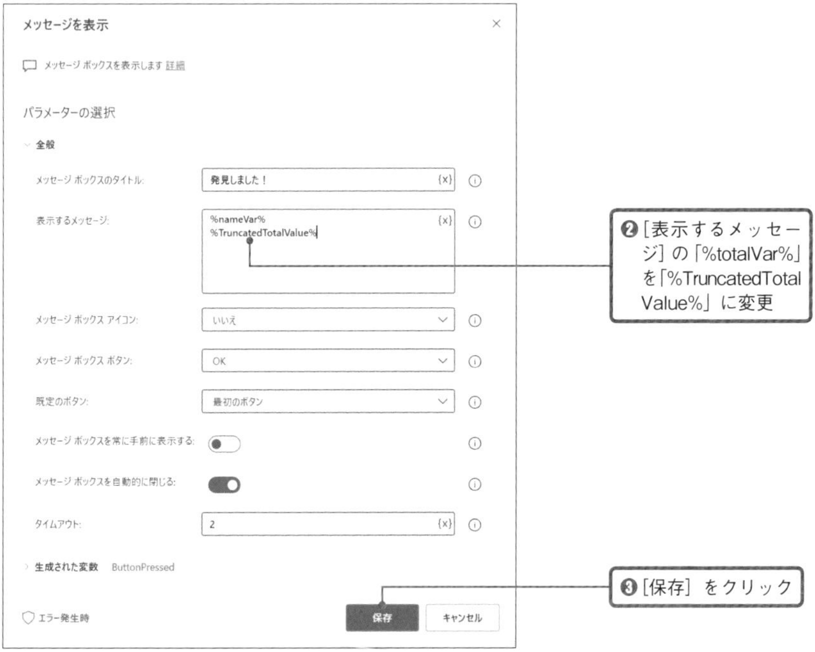

5 動作チェック

ここまでの動作を確認してみましょう。フローを実行すると、今度は3人の名前と金額が表示されます。**同じ銀行振込でも「新規受付」以外の人が表示されない**ようになりました。

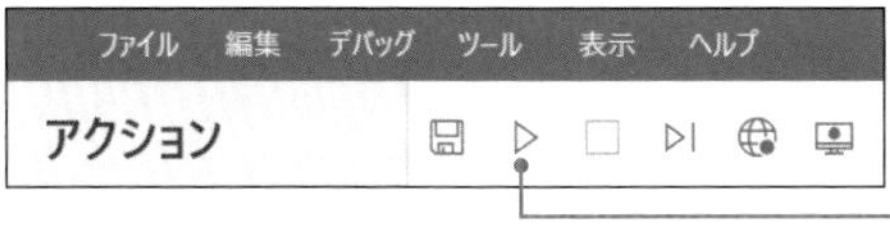

❶［実行］をクリック

新規受付（対応状況 ID=1）かつ銀行振込（支払方法 ID=3）の人の「セイ　メイ」と合計金額が表示される

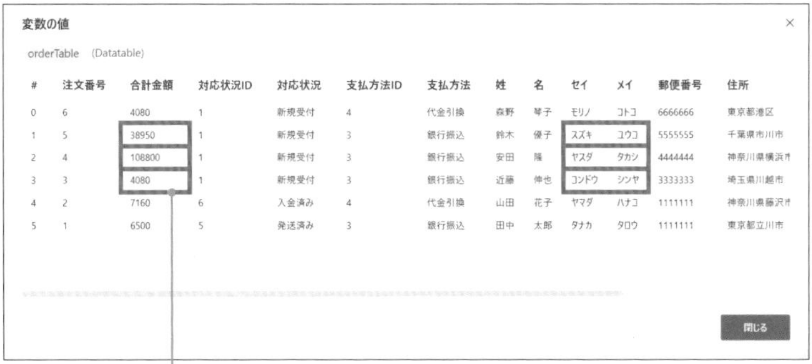

変数の値

orderTable (Datatable)

#	注文番号	合計金額	対応状況ID	対応状況	支払方法ID	支払方法	姓	名	セイ	メイ	郵便番号	住所
0	6	4080	1	新規受付	4	代金引換	森野	琴子	モリノ	コトコ	6666666	東京都港区
1	5	38950	1	新規受付	3	銀行振込	鈴木	優子	スズキ	ユウコ	5555555	千葉県市川市
2	4	108800	1	新規受付	3	銀行振込	安田	隆	ヤスダ	タカシ	4444444	神奈川県横浜市
3	3	4080	1	新規受付	3	銀行振込	近藤	伸也	コンドウ	シンヤ	3333333	埼玉県川越市
4	2	7160	6	入金済み	4	代金引換	山田	花子	ヤマダ	ハナコ	1111111	神奈川県藤沢市
5	1	6500	5	発送済み	3	銀行振込	田中	太郎	タナカ	タロウ	1111111	東京都立川市

閉じる

発見されたデータテーブル上のデータ

Step

4 見つけた顧客を銀行口座明細から見つける

3人見つかったね。今度のはその人の振込があるかを調べよう。

銀行口座明細をひとつずつ調べればいいのかな？

そういうこと！

[For each] の多重化

オーダー明細から目的の人の名前を見つけ出せました。今度は、その人の名前が銀行口座明細にあるかどうかを調べます。[For each] でオーダー明細を1行ずつ調べていますが、**その中にさらに [For each] を使って銀行口座明細を1行ずつ調べます。**二重ループは処理に時間がかかるので非効率的ですが、ロボットなら時間がかかっても着実に処理できます。

こっちでオーダー明細を
繰り返しチェック！
さらにその中で銀行口座明細を
繰り返しチェック！

For each の中で For each を実行できる

1 確認用メッセージを無効化

最初に確認用のメッセージを無効化します。動作チェックには便利ですが、**常に表示されると面倒なので、チェックが終わったら無効化**しておきましょう。削除してもかまいませんが、後でまた使うかもしれないので無効化が無難です。

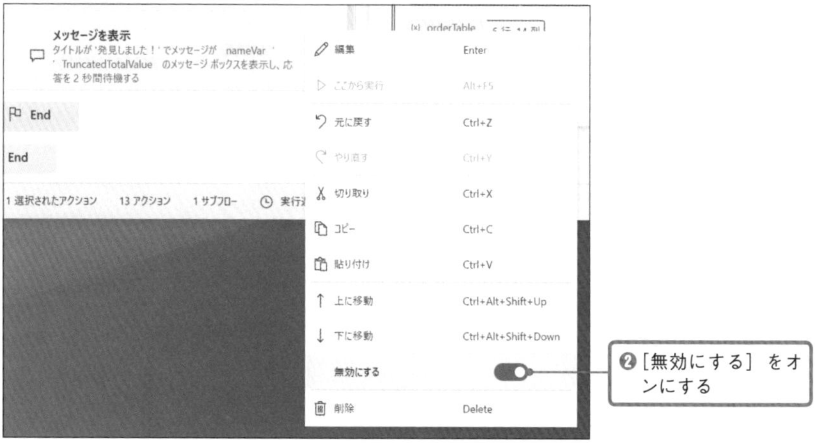

2 [For each] の中にさらに [For each] を配置

ここでは「オーダー明細を1行ずつチェック→発見→銀行明細を1行ずつチェック」という流れで処理したいので、銀行明細繰り返し処理用の［For each］を多重化して配置します。つまり、［For each］**での繰り返し処理中に、さらに別の繰り返し処理を実行**します。

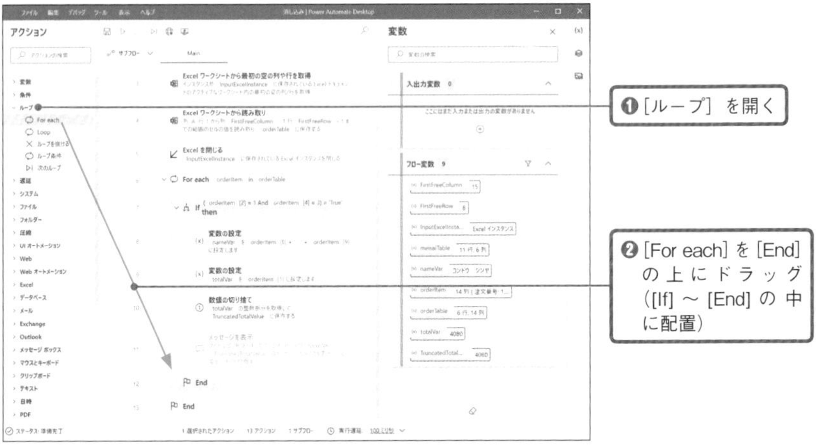

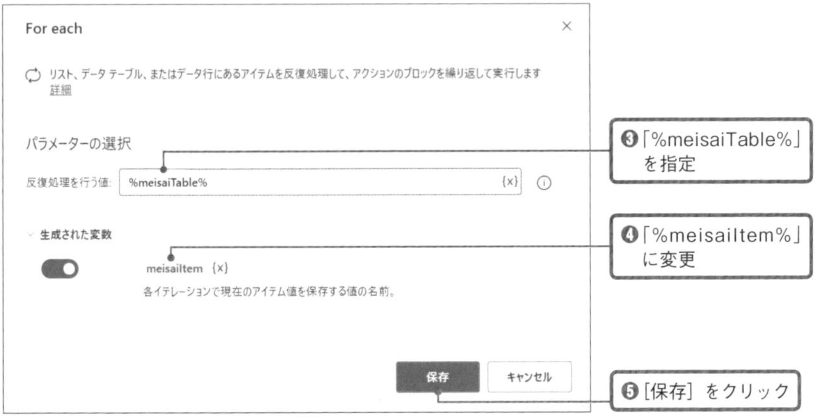

関連

Action 3 For each ➡ 98ページ

3 [If] で銀行口座明細に氏名があるかをチェック

[For each] で銀行口座明細を1行ずつ取り出して、その中に [If] を配置して、銀行振込を選択した人の氏名があるかどうかを確認します。**銀行口座明細に同じ氏名が見つかれば、その人からの振込があったことが確認できます。**

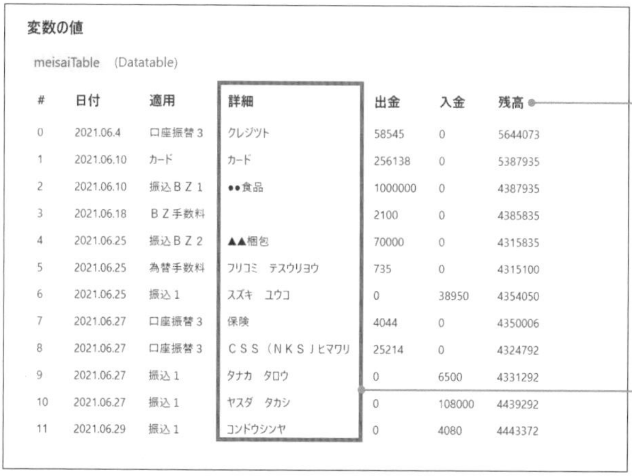

変数の値

meisaiTable (Datatable)

#	日付	適用	詳細	出金	入金	残高
0	2021.06.4	口座振替 3	クレジツト	58545	0	5644073
1	2021.06.10	カード	カード	256138	0	5387935
2	2021.06.10	振込ＢＺ１	●●食品	1000000	0	4387935
3	2021.06.18	ＢＺ手数料		2100	0	4385835
4	2021.06.25	振込ＢＺ２	▲▲梱包	70000	0	4315835
5	2021.06.25	為替手数料	フリコミ　テスウリヨウ	735	0	4315100
6	2021.06.25	振込 1	スズキ　ユウコ	0	38950	4354050
7	2021.06.27	口座振替 3	保険	4044	0	4350006
8	2021.06.27	口座振替 3	ＣＳＳ（ＮＫＳＪヒマワリ	25214	0	4324792
9	2021.06.27	振込 1	タナカ　タロウ	0	6500	4331292
10	2021.06.27	振込 1	ヤスダ　タカシ	0	108000	4439292
11	2021.06.29	振込 1	コンドウシンヤ	0	4080	4443372

銀行口座明細（meisai Table）
オーダー明細から見つけた銀行振込の人の氏名がこの列にあるかをチェックする

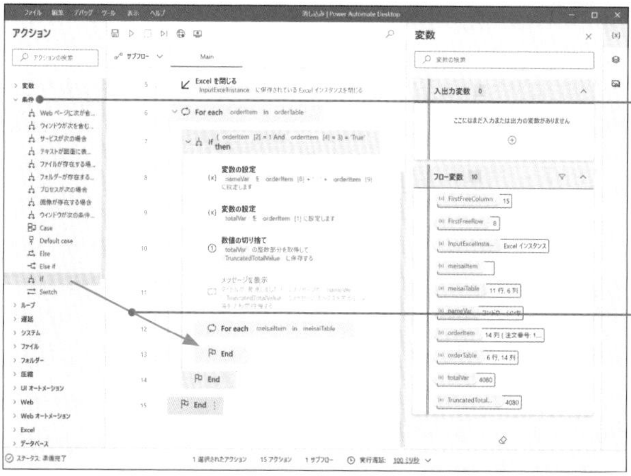

アクション
変数
For each
End
❶［条件］を開く
❷［If］を直前に追加した［For each］の中にドラッグ

関連

Action 2 If ➡ 96 ページ

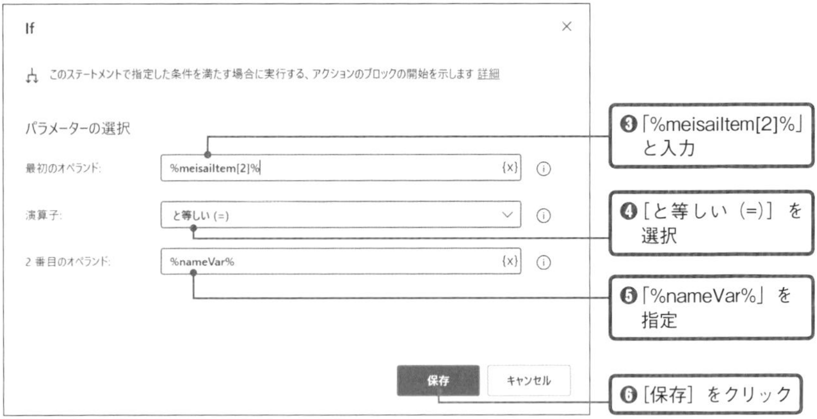

■ 最初のオペランド

For each の現在の行の 3 列目の値

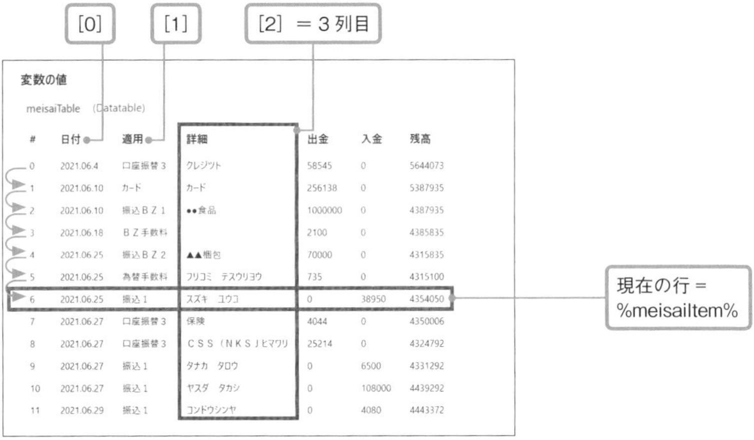

#	日付	適用	詳細	出金	入金	残高
0	2021.06.4	口座振替 3	クレジット	58545	0	5644073
1	2021.06.10	カード	カード	256138	0	5387935
2	2021.06.10	振込ＢＺ１	●●食品	1000000	0	4387935
3	2021.06.18	ＢＺ手数料		2100	0	4385835
4	2021.06.25	振込ＢＺ２	▲▲梱包	70000	0	4315835
5	2021.06.25	為替手数料	フリコミ　テスウリヨウ	735	0	4315100
6	2021.06.25	振込 1	スズキ　ユウコ	0	38950	4354050
7	2021.06.27	口座振替 3	保険	4044	0	4350006
8	2021.06.27	口座振替 3	ＣＳＳ（ＮＫＳ）ヒマワリ	25214	0	4324792
9	2021.06.27	振込 1	タナカ　タロウ	0	6500	4331292
10	2021.06.27	振込 1	ヤスダ　タカシ	0	108000	4439292
11	2021.06.29	振込 1	コンドウシンヤ	0	4080	4443372

■ 2 番目のオペランド

%nameVar% の中身（＝オーダー明細から見つけた銀行振込の人の名前）

%orderItem[8] + '　' + orderItem[9]%

（例）スズキ　ユウコ

4 動作チェック用メッセージボックス配置

動作チェック用のメッセージを新たに配置します。[If] ～ [End] の間に「%meisaiItem[4]%」（銀行口座明細の詳細欄）と「%meisaiItem[4]%」（銀行口座明細の入金欄）のデータを表示して、実行結果を確認できるようにしましょう。

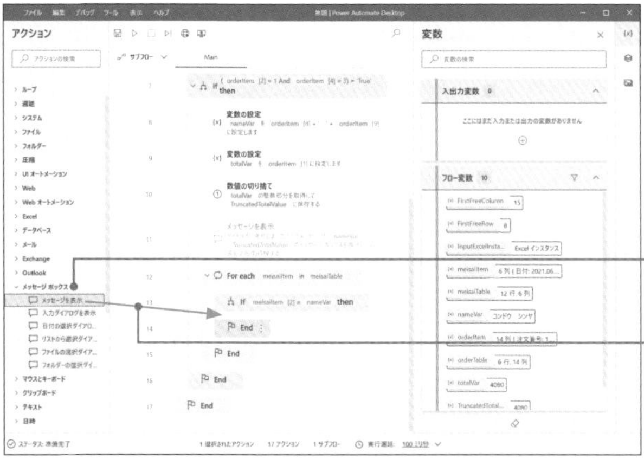

❶[メッセージボックス] を開く

❷[メッセージを表示] を直前で追加した [If] [End] の間にドラッグ

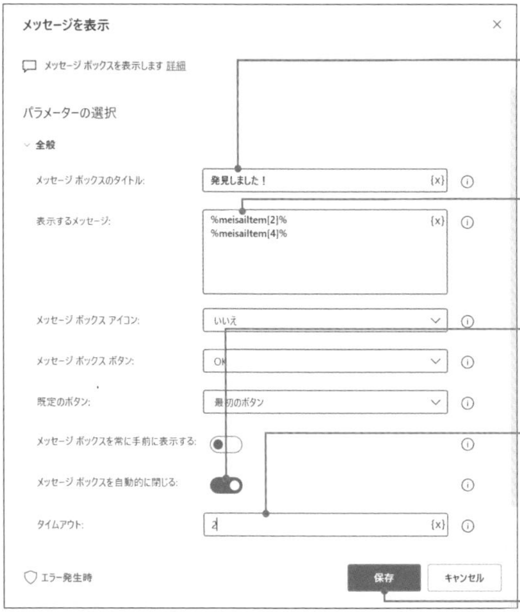

❸[メッセージボックスのタイトル] に「発見しました！」と入力

❹[表示するメッセージ] に「%meisaiItem[2]%」と「%meisaiItem[4]%」を入力

❺[メッセージボックスを自動的に閉じる] をオンにする

❻[タイムアウト] を「2」に設定

❼メッセージ内容を再チェックしてから、[保存] をクリック

5 動作チェック

作成したフローを実行して確認してみましょう。ここでは2人のデータが発見されるはずです。オーダー明細では3人が銀行振込を選択していますが、銀行口座明細上で振込を確認できたのは2人です。1人検出されないのは名前が違うからです。これはStep 15で対応します。

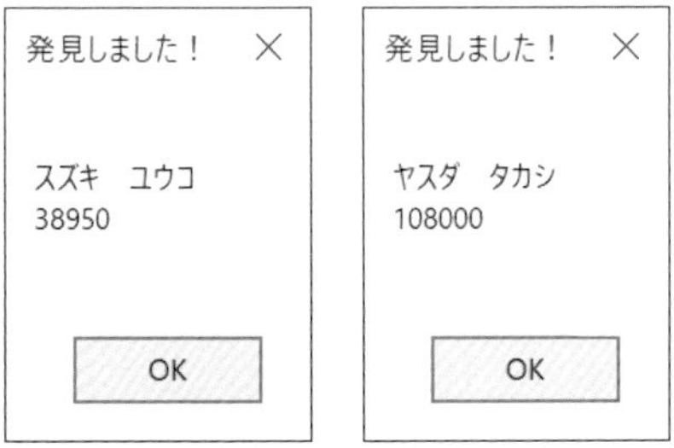

オーダー明細上の新規受付（対応状況ID=1）かつ銀行振込（支払方法ID=3）の人のうち、銀行明細に一致する氏名がある人が表示される

変数の値 ×

orderTable (Datatable)

#	注文番号	合計金額	対応状況ID	対応状況	支払方法ID	支払方法	姓	名	セイ	メイ	郵便番号	住所
0	6	4080	1	新規受付	4	代金引換	森野	琴子	モリノ	コトコ	6666666	東京都港区
1	5	38950	1	新規受付	3	銀行振込	鈴木	優子	スズキ	ユウコ	5555555	千葉県市川市
2	4	108800	1	新規受付	3	銀行振込	安田	隆	ヤスダ	タカシ	4444444	神奈川県横浜市
3	3	4080	1	新規受付	3	銀行振込	近藤	伸也	コンドウ	シンヤ	3333333	埼玉県川越市
4	2	7160	6	入金済み	4	代金引換	山田	花子	ヤマダ	ハナコ	1111111	神奈川県藤沢市
5	1	6500	5	発送済み	3	銀行振込	田中	太郎	タナカ	タロウ	1111111	東京都立川市

新規受付かつ
銀行振込の人が

変数の値

meisaiTable (Datatable)

#	日付	適用	詳細	出金	入金	残高
0	2021.06.4	口座振替３	クレジツト	58545	0	5644073
1	2021.06.10	カード	カード	256138	0	5387935
2	2021.06.10	振込ＢＺ１	●●食品	1000000	0	4387935
3	2021.06.18	ＢＺ手数料		2100	0	4385835
4	2021.06.25	振込ＢＺ２	▲▲梱包	70000	0	4315835
5	2021.06.25	為替手数料	フリコミ　テスウリヨウ	735	0	4315100
6	2021.06.25	振込１	スズキ　ユウコ	0	38950	4354050
7	2021.06.27	口座振替３	保険	4044	0	4350006
8	2021.06.27	口座振替３	ＣＳＳ（ＮＫＳＪヒマワリ	25214	0	4324792
9	2021.06.27	振込１	タナカ　タロウ	0	6500	4331292
10	2021.06.27	振込１	ヤスダ　タカシ	0	108000	4439292
11	2021.06.29	振込１	コンドウシンヤ	0	4080	4443372

銀行口座に
あるかどうか

条件に一致しているはずだが姓名の間に
スペースがないため発見されない　→Step15 で対処

Step

5 名前と金額の両方があっているかを確認

スズキさんとヤスダさんの振込発見！

ところで購入額と振込額は合ってる？

どうだろう……。

[If] による名前と金額のチェック

オーダー明細の名前が銀行口座明細にあったとしても安心してはいけません。肝心の金額が合っていないと、実務では意味がありません。**銀行口座明細上の入金額が、オーダー明細上の合計金額と同じかどうか**を［If］でチェックしてみましょう。

変数の値

meisaiTable (Datatable)

#	日付	適用	詳細	出金	入金	残高
0	2021.06.4	口座振替３	ｸﾚｼﾞｯﾄ	58545	0	5644073
1	2021.06.10	ｶｰﾄﾞ	ｶｰﾄﾞ	256138	0	5387935
2	2021.06.10	振込ＢＺ１	●●食品	1000000	0	4387935
3	2021.06.18	ＢＺ手数料		2100	0	4385835
4	2021.06.25	振込ＢＺ２	▲▲梱包	70000	0	4315835
5	2021.06.25	為替手数料	ﾌﾘｺﾐ ﾃｽｳﾘﾖｳ	735	0	4315100
6	2021.06.25	振込１	ｽｽﾞｷ ﾕｳｺ	0	38950	4354050
7	2021.06.27	口座振替３	保険	4044	0	4350006
8	2021.06.27	口座振替３	ＣＳＳ（ＮＫＳＪﾋﾏﾜﾘ	25214	0	4324792
9	2021.06.27	振込１	ﾀﾅｶ ﾀﾛｳ	0	6500	4331292
10	2021.06.27	振込１	ﾔｽﾀﾞ ﾀｶｼ	0	108000	4439292
11	2021.06.29	振込１	ｺﾝﾄﾞｳｼﾝﾔ	0	4080	4443372

金額があってない
と困るよね

1 ANDを使って金額もチェックする

［If］を使って2つの条件をチェックする方法はStep3で紹介しました。ここでも同じ方法を使って、**名前と金額の両方が一致するかどうかを確認**しましょう。

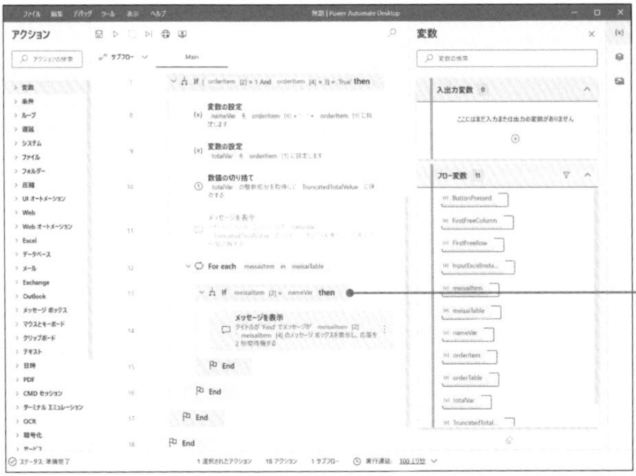

❶最も内側にある［If］をダブルクリック

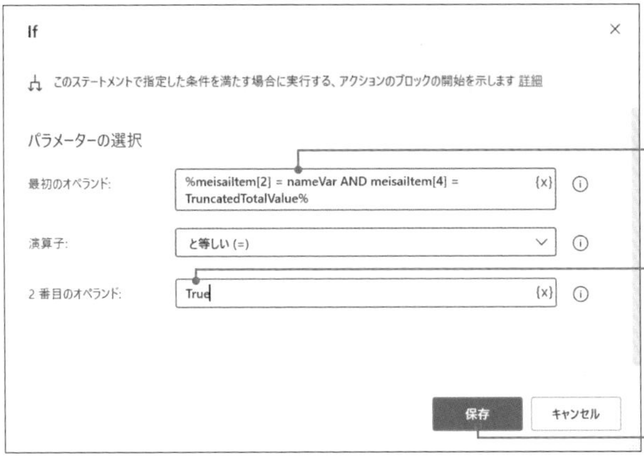

❷式を以下に書き換える

❸「True」に書き換える

❹［保存］をクリック

■ この式が成立する場合に「True」になる

%meisaiItem[2] = nameVar AND meisaiItem[4] = TruncatedTotalValue%

名前が一致　かつ　金額が一致

2 動作チェック

名前だけでなく、**金額も合っているかどうかをチェックできるか**試してみましょう。実行すると、ここでは１人（スズキ　ユウコさん）だけが表示されるはずです。振込額が間違っている「ヤスダ　タカシ」さんは除外されてしまいました。

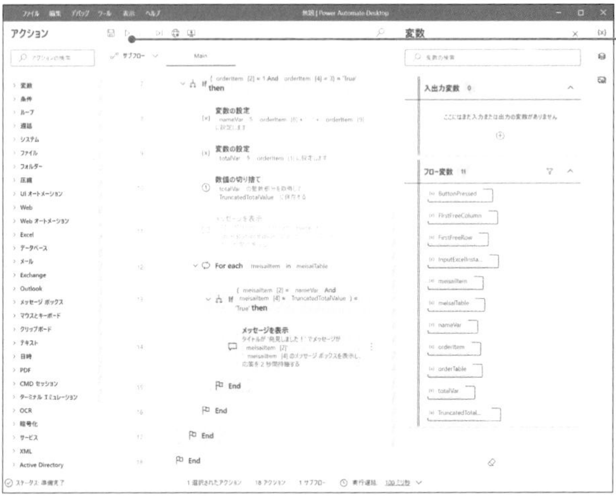

❶［実行］をクリック

オーダー明細の氏名と金額が銀行明細の氏名と金額と一致する人だけが表示される

変数の値

orderTable (Datatable)

#	注文番号	合計金額	対応状況ID	対応状況	支払方法ID	支払方法	姓	名	セイ	メイ	郵便番号	住所
0	6	4080	1	新規受付	4	代金引換	森野	琴子	モリノ	コトコ	6666666	東京都港区
1	5	38950	1	新規受付	3	銀行振込	鈴木	優子	スズキ	ユウコ	5555555	千葉県市川市
2	4	108800	1	新規受付	3	銀行振込	安田	隆	ヤスダ	タカシ	4444444	神奈川県横浜市
3	3	4080	1	新規受付	3	銀行振込	近藤	伸也	コンドウ	シンヤ	3333333	埼玉県川越市
4	2	7160	6	入金済み	4	代金引換	山田	花子	ヤマダ	ハナコ	1111111	神奈川県藤沢市
5	1	6500	5	発送済み	3	銀行振込	田中	太郎	タナカ	タロウ	1111111	東京都立川市

オーダー明細の氏名と金額が

変数の値

meisaiTable (Datatable)

#	日付	適用	詳細	出金	入金	残高
0	2021.06.4	口座振替３	クレジツト	58545	0	5644073
1	2021.06.10	カ-ド	カ-ド	256138	0	5387935
2	2021.06.10	振込ＢＺ１	●●食品	1000000	0	4387935
3	2021.06.18	ＢＺ手数料		2100	0	4385835
4	2021.06.25	振込ＢＺ２	▲▲梱包	70000	0	4315835
5	2021.06.25	為替手数料	フリコミ　テスウリヨウ	735	0	4315100
6	2021.06.25	振込１	スズキ　ユウコ	0	38950	4354050
7	2021.06.27	口座振替３	保険	4044	0	4350006
8	2021.06.27	口座振替３	ＣＳＳ（ＮＫＳＪヒマワリ	25214	0	4324792
9	2021.06.27	振込１	タナカ　タロウ	0	6500	4331292
10	2021.06.27	振込１	ヤスダ　タカシ	0	108000	4439292
11	2021.06.29	振込１	コンドウシンヤ	0	4080	4443372

銀行口座にある氏名と金額と一致するかどうか

金額が合っていないため表示されない
→ Step6 で対処

Step

6 振込金額の過不足を判定する

「金額が合わない」ってどういう状況かわかる？

正しい金額よりも少ないか、多いときかな？

そうだね。両方対応できるように改良しよう。

[Switch] [Case] による条件分岐

複数のケースで処理を分岐させたいときは、[Switch] [Case] を使うと便利です。[Switch] **で金額をチェックして、**[Case] **で「等しいとき」「少ないとき」「多いとき」で処理を分岐**させることができます。分岐のパターンがある程度決まっているときに使います。

この金額のときは
どっちに行けばいいかな
ここで誘導しているよ
少ない人
同じ人
多い人

金額をチェックして、処理を分岐させられる

1 ［If］の条件を名前チェックだけに戻す

先ほど、せっかく［If］を名前と金額の両方をチェックできるように変更しましたが、ここで元に戻します。［If］では名前だけをチェックして、金額のチェックは［Switch］［Case］にまかせます。

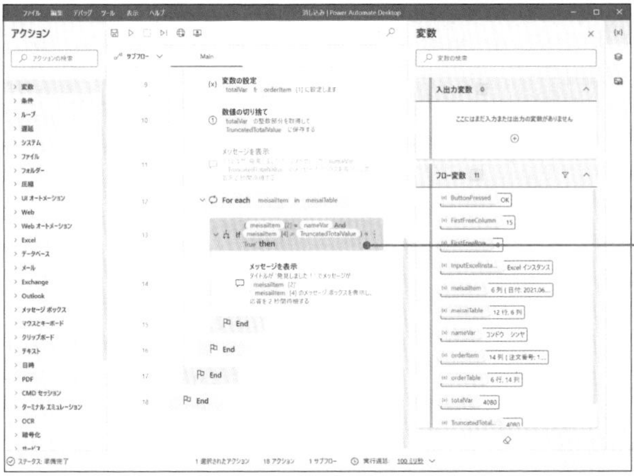

2 動作チェック用メッセージを無効化

先ほど配置した**動作チェック用のメッセージボックスを無効化**します。ここではチェックせず、後で［Case］の中でチェックします。

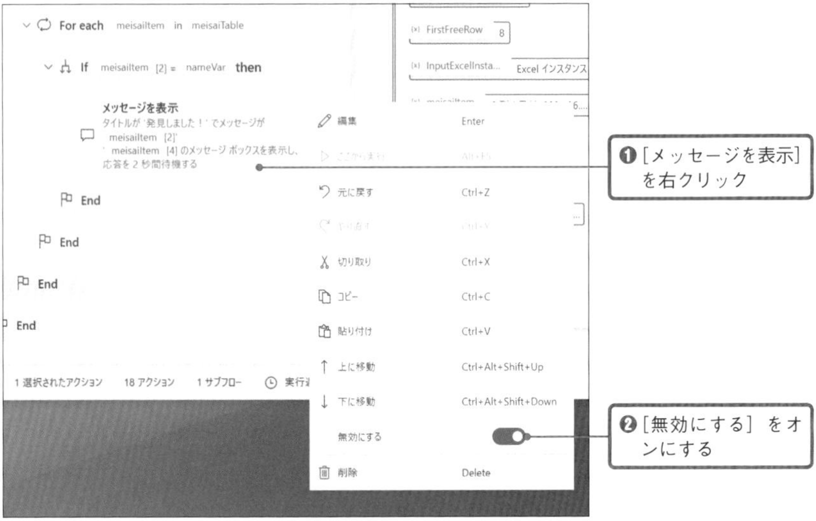

Memo 高速実行のコツ

フローをなるべく高速に実行するには、余計なアクションをなるべく配置しないようにするのが肝心です。［メッセージを表示］は、フローを作る段階では便利ですが、完成した**フローを実際に業務で使う場合は最低限のものだけを残して無効化、または削除**しておきましょう。また、フローをフローデザイナーから実行すると、実行中のアクションをハイライトしたり、変数の値をリアルタイムに表示したりと、余計な処理に時間がかかります。実務で利用するときは、フローデザイナーの画面下にある遅延の幅を小さくするといいでしょう。また、フローコンソールから実行することでも高速に実行できます。

3 ［Switch］で金額の値によって条件分岐

銀行口座明細上の入金欄の値をチェックして処理を分岐させます。［Switch］を配置して、チェックしたい値として、「%meisaiItem[4]%」（入金額）を指定します。

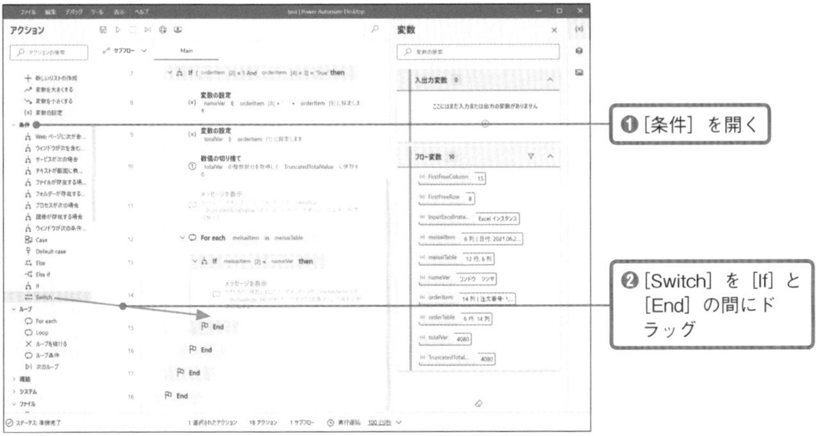
アクション
変数
For each
End
Switch
❶［条件］を開く
❷［Switch］を［If］と［End］の間にドラッグ

Switch
式の値に基づいて、実行を switch 本体の別の部分にディスパッチします 詳細
パラメーターの選択
チェックする値:
%meisaiItem[4]%
{x}
保存
キャンセル
❸［%meisaiItem[4]%］を入力
%meisaiItem[4]% は銀行明細の［入金］列の数値
❹［保存］をクリック

4 [Case]（1）で金額が等しいときの処理を記述

ひとつめの［Case］を配置して、条件として［と等しい（=）］を設定します。銀行口座明細上の入金欄の金額と、オーダー明細上の合計金額があっている場合は、メッセージボックスで氏名と「一致」という文字列を表示します。

❶［Case］を［Switch］と［End］の間にドラッグ

Case
条件が満たされた場合、その特定の case に関連付けられたアクションのブロックを実行する式 詳細
パラメーターの選択
演算子:
と等しい (=)
比較する値:
%TruncatedTotalValue%
保存
キャンセル
❷［と等しい（=）］を選択
❸［%TruncatedTotalValue%］を選択
%TruncatedTotalValue% はオーダー明細の合計金額の整数部分
❹［保存］をクリック

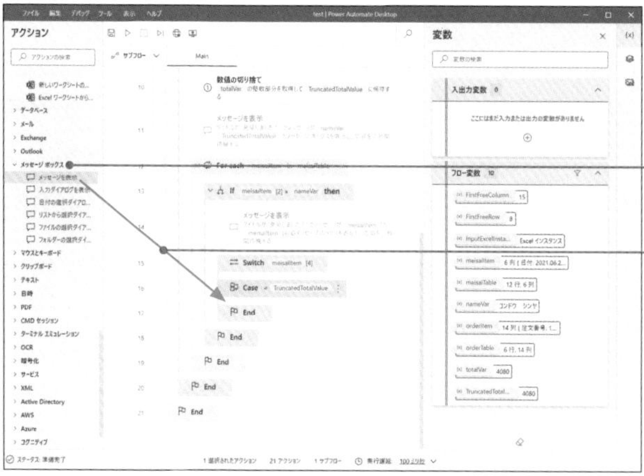

❺［メッセージボックス］を開く

❻［メッセージを表示］を［Case］と［End］の間にドラッグ

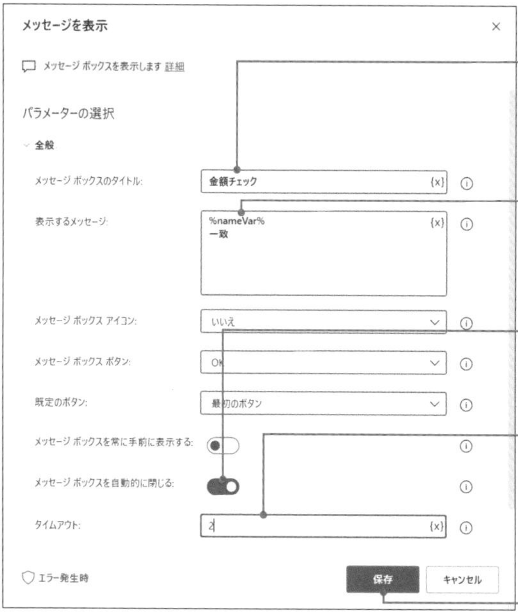

❼［メッセージボックスのタイトル］に「金額チェック」と入力

❽［表示するメッセージ］に「%nameVar%」と「一致」を入力

❾［メッセージボックスを自動的に閉じる］をオンにする

❿［タイムアウト］を「2」に設定

⓫メッセージ内容を再チェックしてから、［保存］をクリック

5 ［Case］（2）で金額が少ないときの処理を記述

ふたつめの［Case］を配置して、条件として［より小さい（<)］を設定します。銀行口座明細上の入金欄の金額が、オーダー明細上の合計金額よりも少ない場合は、メッセージボックスで氏名と「不足」という文字列を表示します。

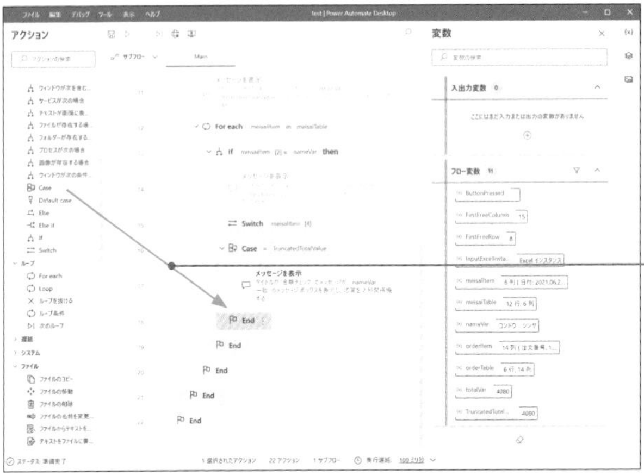

❶［Case］を［メッセージを表示］の下にドラッグ

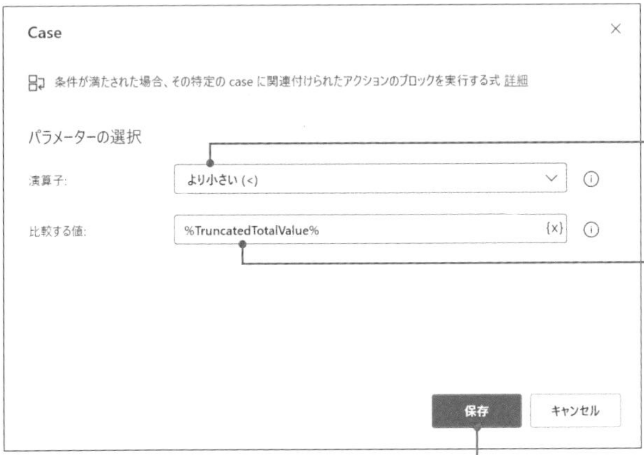

❷［より小さい（<)］を選択

❸［%TruncatedTotalValue%］を選択

%TruncatedTotalValue% はオーダー明細の合計金額の整数部分

❹［保存］をクリック

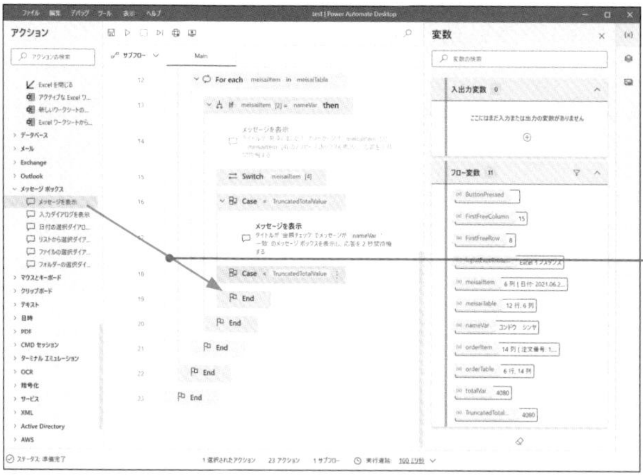

❺［メッセージを表示］を［Case］と［End］の間にドラッグ

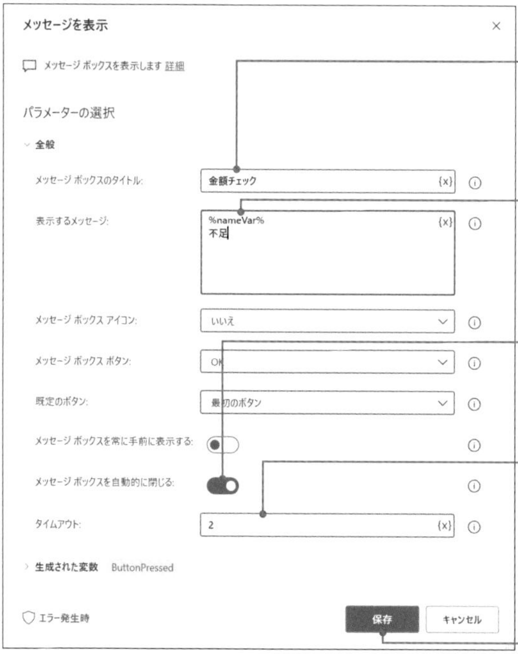

❻［メッセージボックスのタイトル］に「金額チェック」と入力

❼［表示するメッセージ］に「%nameVar%」と「不足」を入力

❽［メッセージボックスを自動的に閉じる］をオンにする

❾［タイムアウト］を「2」に設定

❿メッセージ内容を再チェックしてから、［保存］をクリック

6 ［Case］（3）で金額が多いときの処理を記述

3つめの［Case］を配置して、条件として［より大きい（>）］を設定します。銀行口座明細上の入金欄の金額が、オーダー明細上の合計金額よりも多い場合は、メッセージボックスで氏名と「過多」という文字列を表示します。

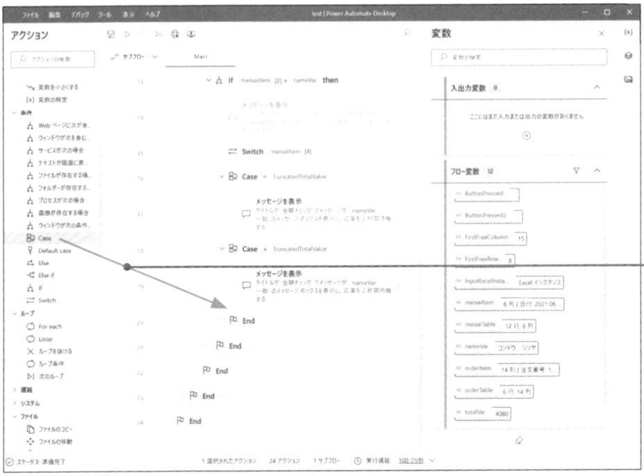

❶［Case］を［メッセージを表示］の下にドラッグ

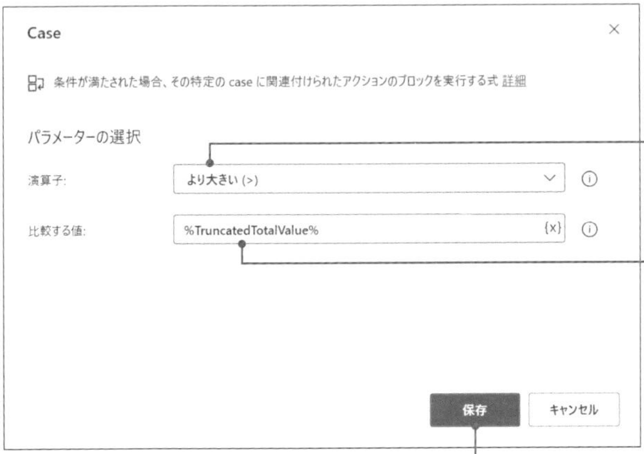

❷［より大きい（>）］を選択

❸［%TruncatedTotalValue%］を選択

%TruncatedTotalValue% はオーダー明細の合計金額の整数部分

❹［保存］をクリック

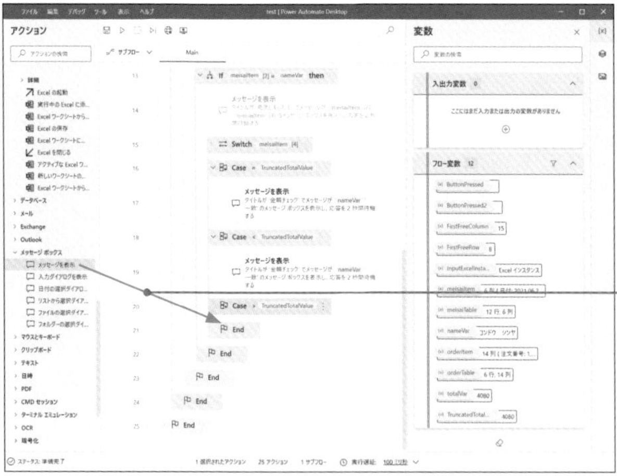

❺[メッセージを表示]を[Case]と[End]の間にドラッグ

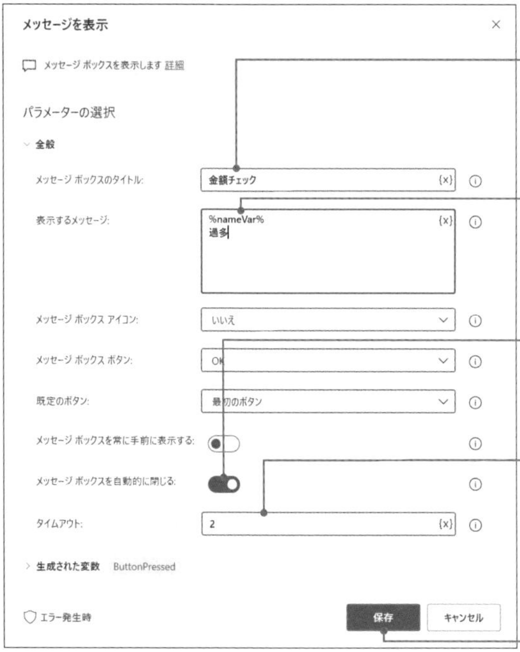

❻[メッセージボックスのタイトル]に「金額チェック」と入力

❼[表示するメッセージ]に「%nameVar%」と「過多」を入力

❽[メッセージボックスを自動的に閉じる]をオンにする

❾[タイムアウト]を「2」に設定

❿メッセージ内容を再チェックしてから、[保存]をクリック

7 動作チェック

金額がきちんと判定されるかをチェックしてみましょう。先ほどは金額が一致する「スズキ　ユウコ」さんのみ表示されましたが、今回は「ヤスダ　タカシ」さんが「不足」として表示されるはずです。

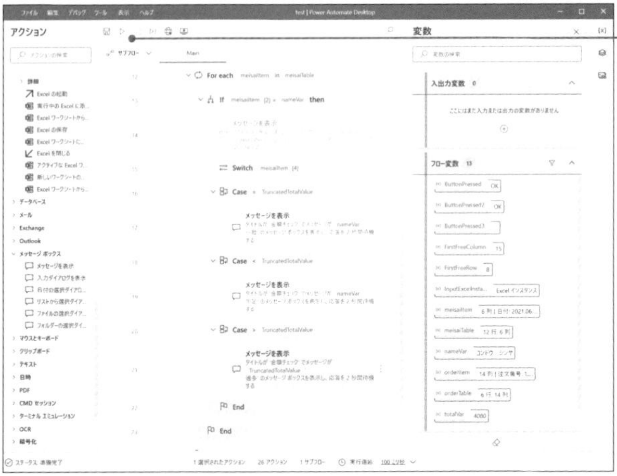

❶［実行］をクリック

金額が一致するか、不足するか、過多かによって表示されるメッセージが変わるようになった

Step

7 オーダー明細の内容を書き換えたいがうまくいかない！

入金確認できた人は「入金済み」に書き換えたいんだけど……。

どのデータを書き換えるかを意識しないとダメだよ。

どういうこと？

データの更新

ここまでで、銀行口座明細に振込があった人を見つけることができました。**ただ見つけるだけでは業務として不十分なので、見つかったことをオーダー明細に記録しておく**必要があります。このとき、ポイントになるのは、どのデータ（変数）を書き換えるかです。まずは、よくある間違いの例を見てみましょう。

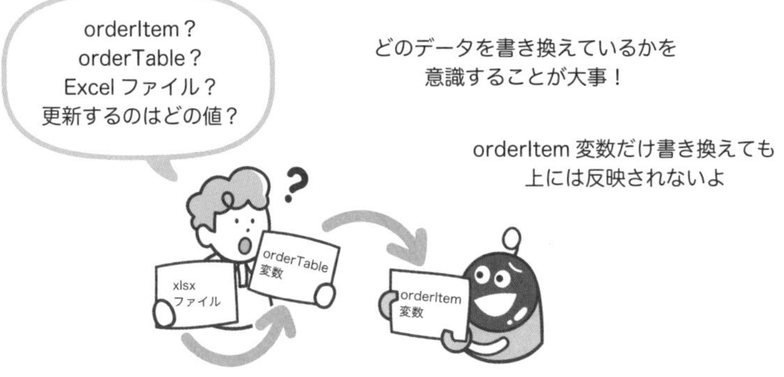
orderItem？
orderTable？
Excel ファイル？
更新するのはどの値？
どのデータを書き換えているかを
意識することが大事！
orderItem 変数だけ書き換えても
上には反映されないよ
xlsx
ファイル
orderTable
変数
orderItem
変数

どの値を書き換えるかが重要

1 更新したい場所を確認する

更新したい場所を確認しましょう。**書き換えたい場所は、オーダー明細の「対応状況」列**です。振込を確認できた場合に、該当する注文のデータを「入金済み」に書き換えます。

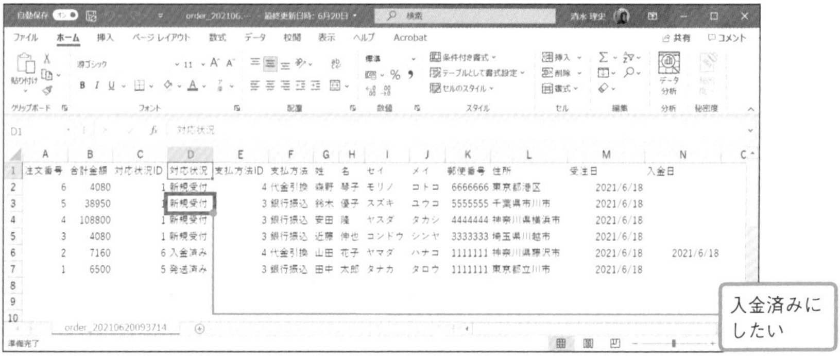

Memo Excelの値を直接変更するには

Excelで開いたファイルのデータを直接書き換えたいときは、**[Excelワークシートに書き込み]アクション**を使います。[Excelを開く]で書き換えたいファイルを開いてから、書き込みたい値、および書き込み先のセルを指定して書き換えます。ただし、読み込み元のファイルを直接書き換えるのは、**データを間違って更新してしまった場合などに対応できないためおすすめできません**。本書のように、データテーブル上のデータを書き換えてから、新しいファイルとして書き出す方が安全です。

2 確認用メッセージを無効にする

前のレッスンの動作確認用に設定した**確認用のメッセージを無効**にしておきましょう。3つの［Case］の中にある［メッセージを表示］をすべて無効化します。

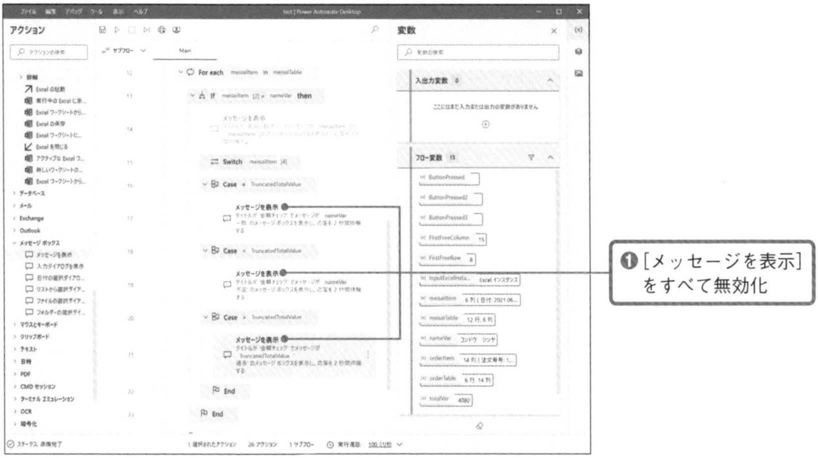

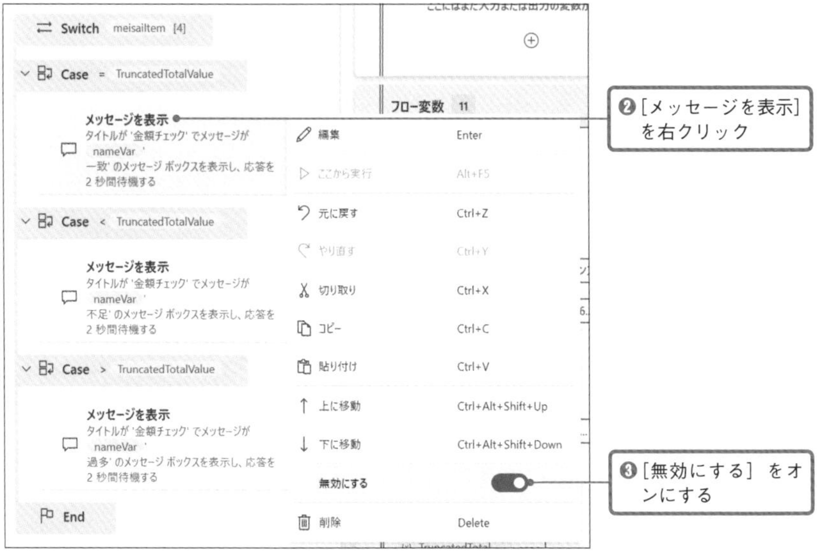

3 [対応状況 ID]を「6」に[対応状況]を「入金済み」にする

3つの[Case]の中にある[変数の設定]で、[対応状況 ID]を「6」に、[対応状況]を「入金済み」に変更しましょう。書き換える先として、「orderItem」が指定されている点に注目です。

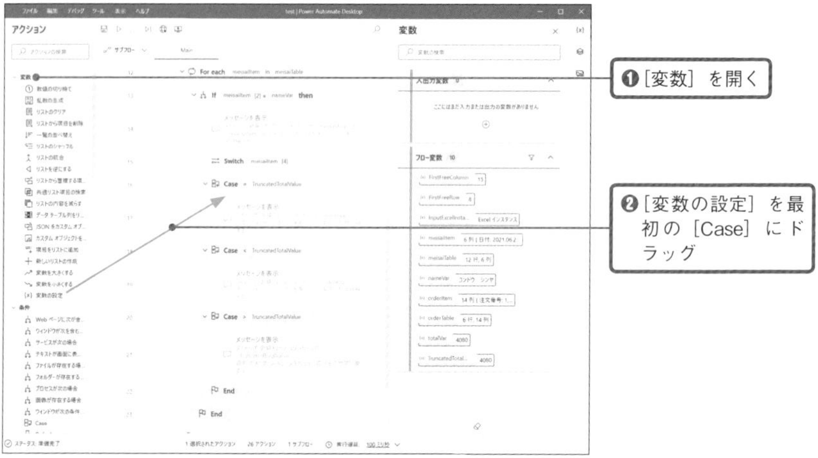

アクション
変数
❶[変数]を開く
❷[変数の設定]を最初の[Case]にドラッグ

変数の設定
{x} 新規や既存の変数に値を設定する、新しい変数を作成する、または以前作成した変数を上書きする 詳細
設定: orderItem[2] {x}
宛先: 6
保存
キャンセル
❸[%orderItem[2]%]に設定
❹「6」を入力
ここでは、元データの対応状態 ID「6」が「入金済み」を示すと想定
❺[保存]をクリック

関連

Action 1 変数の設定➡92ページ

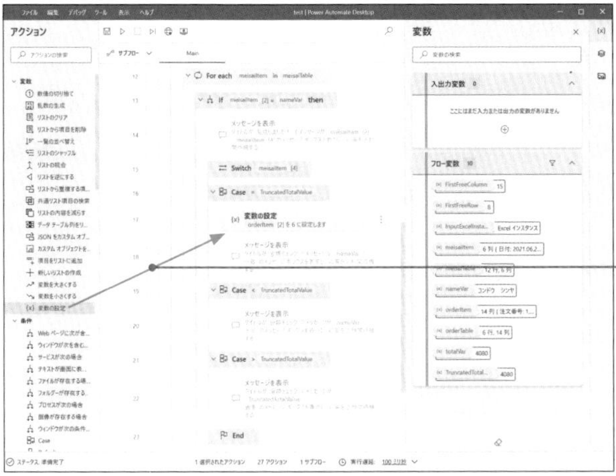

❻[変数の設定] をさらにその下にドラッグして追加

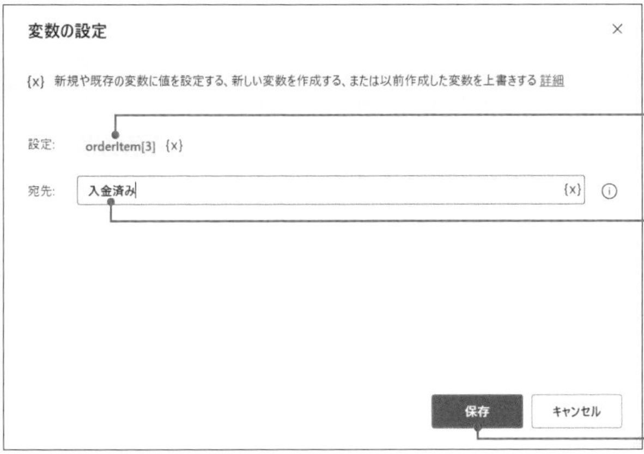

❼[%orderItem[3]%]に設定

❽「入金済み」を入力

❾[保存] をクリック

4 動作チェック

実行後、「orderTable」をダブルクリックしてデータテーブルを開いてみましょう。［変数の設定］で書き換えた値はどうなっていますか？ **「入金済み」にしたいのに書き換わっていません。**

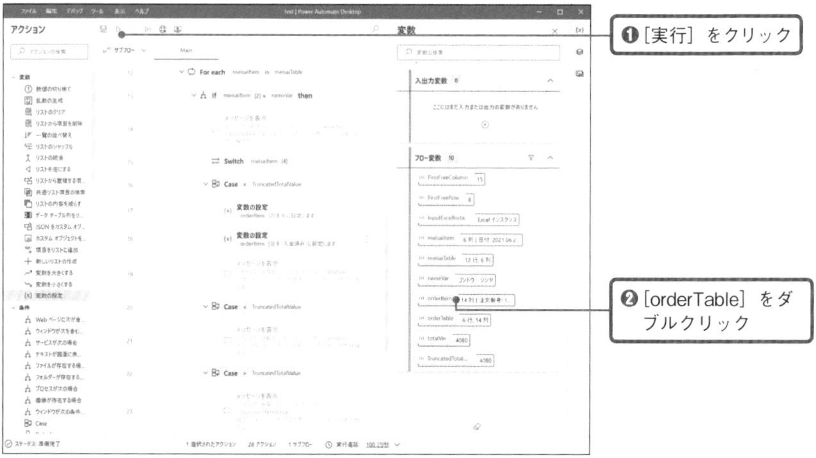
❶［実行］をクリック
❷［orderTable］をダブルクリック

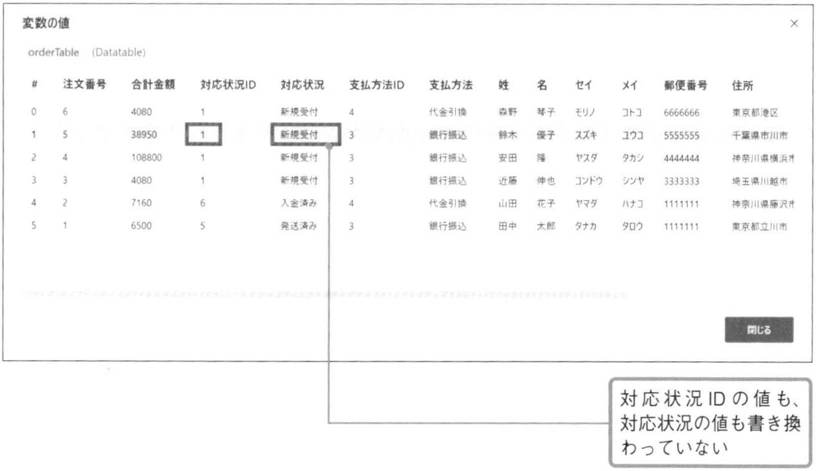
変数の値
orderTable (Datatable)
閉じる
対応状況IDの値も、対応状況の値も書き換わっていない

#	注文番号	合計金額	対応状況ID	対応状況	支払方法ID	支払方法	姓	名	セイ	メイ	郵便番号	住所
0	6	4080	1	新規受付	4	代金引換	森野	琴子	モリノ	コトコ	6666666	東京都港区
1	5	38950	1	新規受付	3	銀行振込	鈴木	優子	スズキ	ユウコ	5555555	千葉県市川市
2	4	108800	1	新規受付	3	銀行振込	安田	隆	ヤスダ	タカシ	4444444	神奈川県横浜市
3	3	4080	1	新規受付	3	銀行振込	近藤	伸也	コンドウ	シンヤ	3333333	埼玉県川越市
4	2	7160	6	入金済み	4	代金引換	山田	花子	ヤマダ	ハナコ	1111111	神奈川県藤沢市
5	1	6500	5	発送済み	3	銀行振込	田中	太郎	タナカ	タロウ	1111111	東京都立川市

5 なぜデータテーブルが更新されなかったか？

［変数の設定］で書き換えた変数は「%orderItem%」です。この変数は、**元となるExcelファイルから一時的に読み出したデータテーブルを［For each］で読み出した各行の値**です。このため、「%orderItem%」の値を書き換えても、元のデータテーブル（%orderTable%）の値は変更されません。

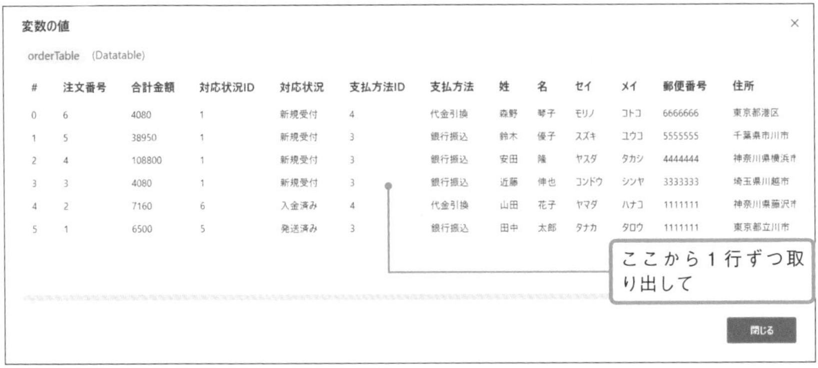
変数の値
orderTable (Datatable)
ここから1行ずつ取り出して
閉じる

#	注文番号	合計金額	対応状況ID	対応状況	支払方法ID	支払方法	姓	名	セイ	メイ	郵便番号	住所
0	6	4080	1	新規受付	4	代金引換	森野	琴子	モリノ	コトコ	6666666	東京都港区
1	5	38950	1	新規受付	3	銀行振込	鈴木	優子	スズキ	ユウコ	5555555	千葉県市川市
2	4	108800	1	新規受付	3	銀行振込	安田	隆	ヤスダ	タカシ	4444444	神奈川県横浜市
3	3	4080	1	新規受付	3	銀行振込	近藤	伸也	コンドウ	シンヤ	3333333	埼玉県川越市
4	2	7160	6	入金済み	4	代金引換	山田	花子	ヤマダ	ハナコ	1111111	神奈川県藤沢市
5	1	6500	5	発送済み	3	銀行振込	田中	太郎	タナカ	タロウ	1111111	東京都立川市

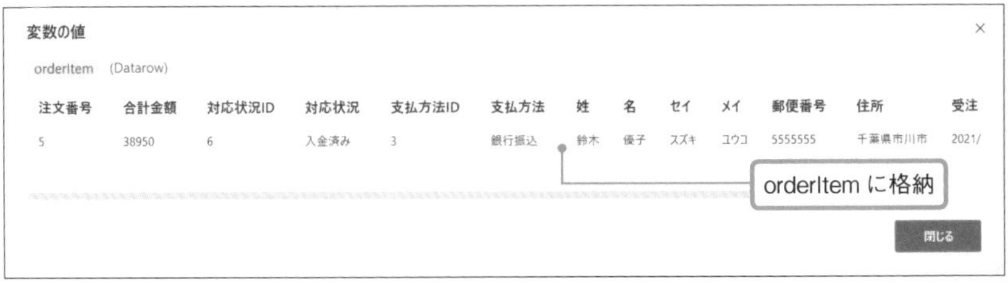
変数の値
orderItem (Datarow)
orderItem に格納
閉じる

注文番号	合計金額	対応状況ID	対応状況	支払方法ID	支払方法	姓	名	セイ	メイ	郵便番号	住所	受注
5	38950	6	入金済み	3	銀行振込	鈴木	優子	スズキ	ユウコ	5555555	千葉県市川市	2021/

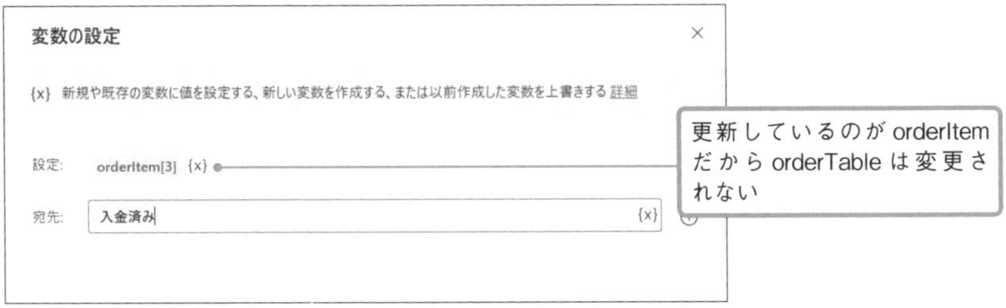
変数の設定
{x} 新規や既存の変数に値を設定する、新しい変数を作成する、または以前作成した変数を上書きする 詳細
設定: orderItem[3] {x}
宛先: 入金済み {x}
更新しているのがorderItemだからorderTableは変更されない

Step

8 データテーブルの現在の行を取得する

じゃあ書き換える変数を orderTable に変えればいいね。

%orderTable% は縦横 2 次元のデータだから工夫が必要だよ。

どういうこと？？？

カウンターの利用

データテーブル（%orderTable%）は縦横で構成された 2 次元の表データなので、**特定の値を書き換えるには「行」と「列」を指定する**必要があります。「列」は %orderItem% と同じ数字ですが、行は［For each］で繰り返し入れ替わります。このため、書き換えるときは、**現在処理している行番号**を知る必要があります。

orderItem (Datarow)

注文番号	合計金額	対応状況ID	対応状況	支払方法ID
5	38950	6	入金済み	3

orderItem は [列]　で値を指定

orderTable (Datatable)

#	注文番号	合計金額	対応状況ID	対応状況	支払方法ID
0	6	4080	1	新規受付	4
1	5	38950	1	新規受付	3
2	4	108800	1	新規受付	3
3	3	4080	1	新規受付	3
4	2	7160	6	入金済み	4
5	1	6500	5	発送済み	3

orderTable は [行][列]　で値を指定

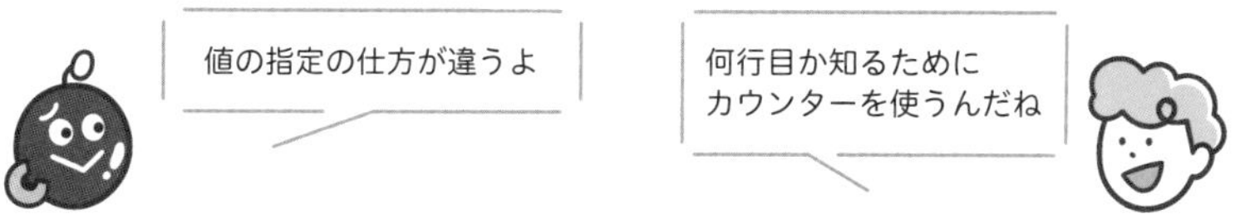
値の指定の仕方が違うよ
何行目か知るために
カウンターを使うんだね

1 カウンターでデータテーブルの現在行を把握する

［For each］では表を上から順番に1行ずつ読み込みます。このため、1行目を処理しているときは「0」、2行目のときは「1」というように、**0から始めてループするごとに1ずつ値が増える変数を新たに設置**すれば、この変数の値から現在処理している行がわかります。こうした変数をカウンターと呼びます。

❶一番上までスクロール
❷［Excelを閉じる］の下に［変数の設定］をドラッグ
カウンターの初期化は1回だけ実行するので［For each］～［End］の外に配置する

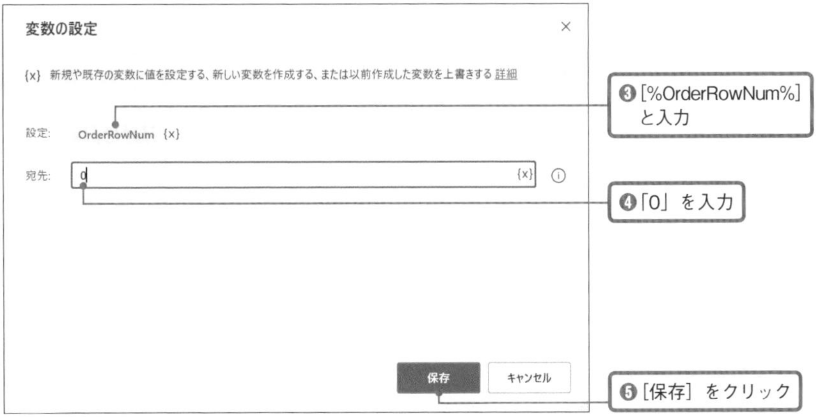
変数の設定
{x} 新規や既存の変数に値を設定する、新しい変数を作成する、または以前作成した変数を上書きする 詳細
設定: OrderRowNum {x}
宛先: 0
保存
キャンセル
❸［%OrderRowNum%］と入力
❹「0」を入力
❺［保存］をクリック

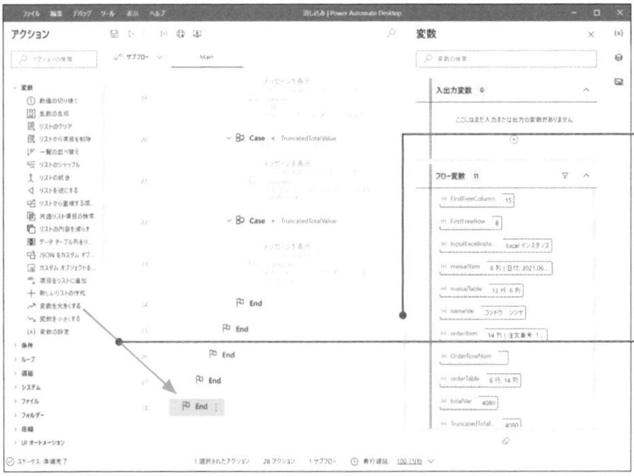

❻一番下までスクロール

❼最後の［End］の上に［変数を大きくする］をドラッグ

+1する処理は繰り返し必要なので、［For each］～［End］の中でカウンターを＋1する

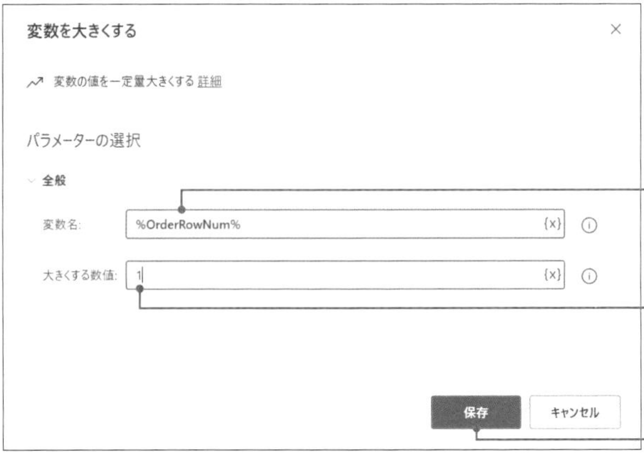

❽［%OrderRowNum%］を選択

❾［大きくする数値］に「1」を入力

❿［保存］をクリック

■ %OrderRowNum%の値

初期化＝ 0
For each ～
　1回目のループ＝ 0 ＝ 1行目
　2回目のループ＝ 0+1=1 ＝ 2行目
　3回目のループ＝ 1+1=2 ＝ 3行目
～ End

現在処理しているのが、データテーブルの何行目かわかるんだね

2 確認用メッセージボックスを有効化する

確認用のメッセージボックスを有効化して、**現在、何行目を処理しているかメッセージで確認**できるようにしてみましょう。表示する内容にカウンターの変数を追記します。

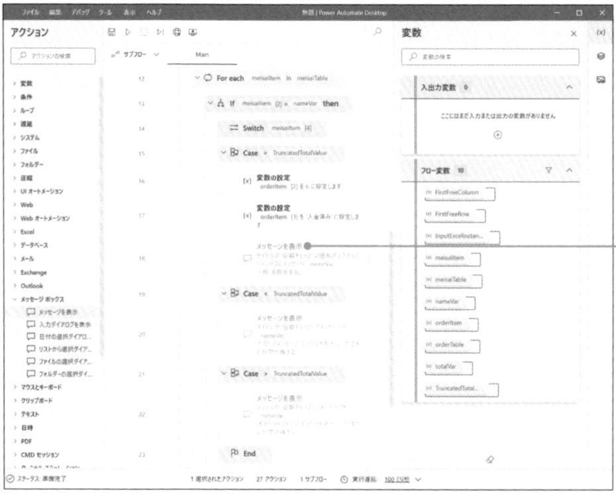

最初の［Case］の［メッセージを表示］を有効化する

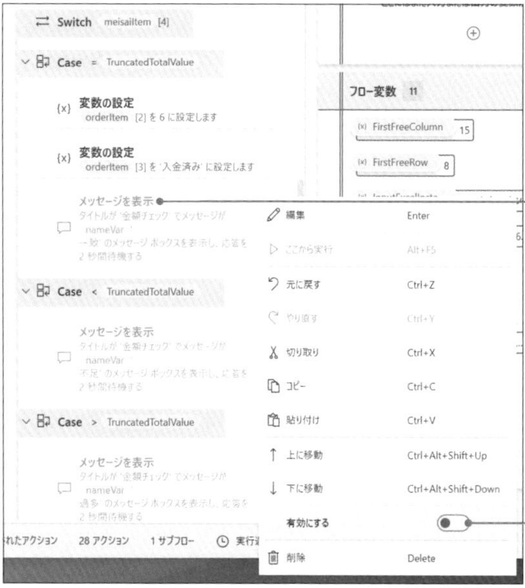

❶［メッセージを表示］を右クリック

❷［有効にする］をオンにする

%nameVar%
一致
%OrderRowNum + 1% 行目を処理中

+1することで人間の数え方（1から数える）と合わせる

変数の値

orderTable (Datatable)

#	注文番号	合計金額	対応状況ID	対応状況	支払方法ID	支払方法	姓	名	セイ	メイ	郵便番号	住所
0	6	4080	1	新規受付	4	代金引換	森野	琴子	モリノ	コトコ	6666666	東京都港区
1	5	38950	1	新規受付	3	銀行振込	鈴木	優子	スズキ	ユウコ	5555555	千葉県市川市
2	4	108800	1	新規受付	3	銀行振込	安田	隆	ヤスダ	タカシ	4444444	神奈川県横浜市
3	3	4080	1	新規受付	3	銀行振込	近藤	伸也	コンドウ	シンヤ	3333333	埼玉県川越市
4	2	7160	6	入金済み	4	代金引換	山田	花子	ヤマダ	ハナコ	1111111	神奈川県藤沢市
5	1	6500	5	発送済み	3	銀行振込	田中	太郎	タナカ	タロウ	1111111	東京都立川市

閉じる

内部的には0から数える

3 動作チェック

実行して動作を確認してみましょう。内部的にカウンターの値が0からスタートし、1行処理するごとに+1されていきます。**振込を確認できると、その人の名前と金額のチェックに加えて、現在処理している行番号が表示**されます。

❶[実行]をクリック

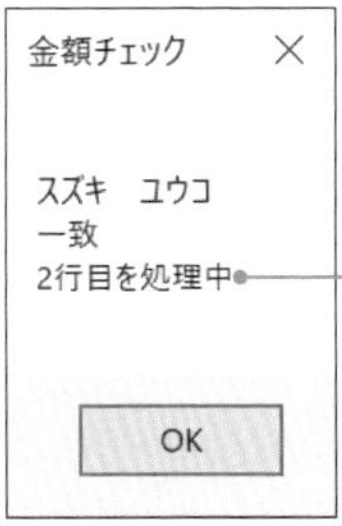

現在処理されている行数が表示される

これでデータテーブルの値を書き換えるときに必要な行番号が取得できたよ

変数の値

orderTable　(Datatable)

#	注文番号	合計金額	対応状況ID	対応状況	支払方法ID	支払方法	姓	名	セイ	メイ	郵便番号	住所
0	6	4080	1	新規受付	4	代金引換	森野	琴子	モリノ	コトコ	6666666	東京都港区
1	5	38950	1	新規受付	3	銀行振込	鈴木	優子	スズキ	ユウコ	5555555	千葉県市川市
2	4	108800	1	新規受付	3	銀行振込	安田	隆	ヤスダ	タカシ	4444444	神奈川県横浜
3	3	4080	1	新規受付	3	銀行振込	近藤	伸也	コンドウ	シンヤ	3333333	埼玉県川越市
4	2	7160	6	入金済み	4	代金引換	山田	花子	ヤマダ	ハナコ	1111111	神奈川県藤沢
5	1	6500	5	発送済み	3	銀行振込	田中	太郎	タナカ	タロウ	1111111	東京都立川市

1＋1で2行目と表示される

Step

9 データテーブル上のデータを指定して書き換える

現在の行がわかったね。

それを使ってデータテーブルを書き換えるよ。

まかせて！

データテーブルの更新

データテーブルの行と列を指定して値を書き換えてみましょう。表形式のデータは「%orderTable[行][列]%」として値を特定できます。カウンター（%OrderRowNum%）の値は［For each］が現在処理している行番号と一致するので、［行］の部分に指定します。［列］の値は %orderItem% で指定したときと同じです。

列は前と同じだから、
行の指定を追加すれば
いいんだね

orderTable (Datatable)

#	注文番号	合計金額	対応状況ID	対応状況	支払方法ID
0	6	4080	1	新規受付	4
1	5	38950	1	新規受付	3
2	4	108800	1	新規受付	3
3	3	4080	1	新規受付	3
4	2	7160	6	入金済み	4
5	1	6500	5	発送済み	3

orderTable は [行][列] で値を指定

そうそう！　カウンターの
値を行番号として使うよ

1 変数を置き換える

［Case］の中で書き換えている［変数の設定］で、**変数を変更**します。現在は「%orderItem[2]%」が指定されているはずなので、これを「%orderTable[OrderRowNum]['対応状況ID']%」に変更します。「列」は「2」の列番号でも、「'対応状況ID'」という列見出しのどちらでも指定できます。

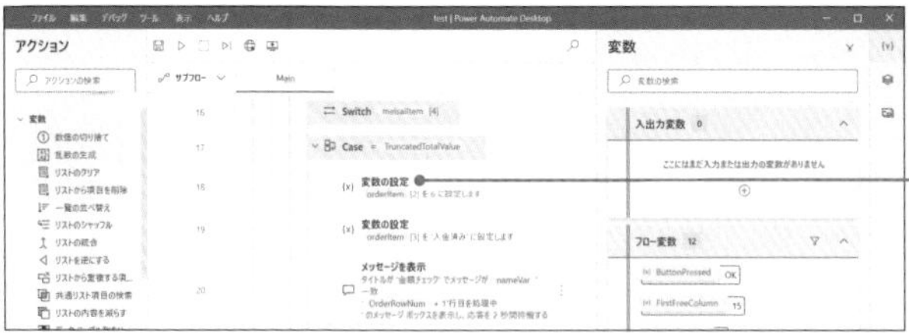

❶［Case］の中にある最初の［変数の設定］をダブルクリック

❷変数（［設定］の値）を以下に書き換える

❸［保存］をクリック

OrderRowNum（カウンター）の値を行番号として使う

%orderItem[2]%

↓

%orderTable[OrderRowNum]['対応状況ID']%

列は「'（シングルクオーテーション）」で囲った列見出しでも指定できる。列番号（2）でもいい

❹［Case］の中にある2番目の［変数の設定］をダブルクリック

❺変数を以下に書き換える

❻［保存］をクリック

%orderItem[3]%

↓

%orderTable[OrderRowNum][' 対応状況 ']%

2 入金日も記入する

ついでに**オーダー明細に入金日も記入**しておきましょう。銀行口座明細（meisaiTable）の「日付」のデータを取り出して、オーダー明細の「入金日」列に記入します。

■ 銀行口座明細

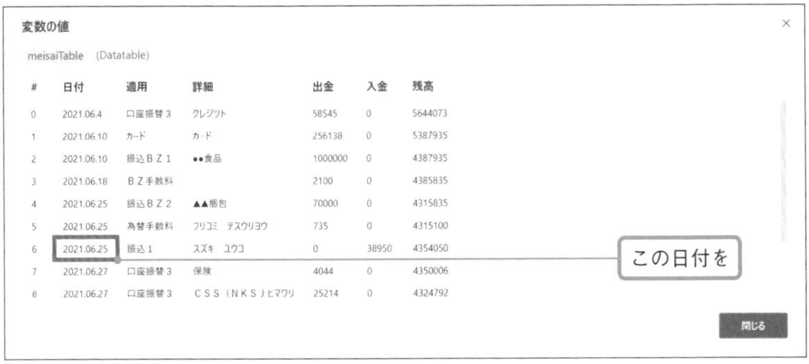

■ オーダー明細

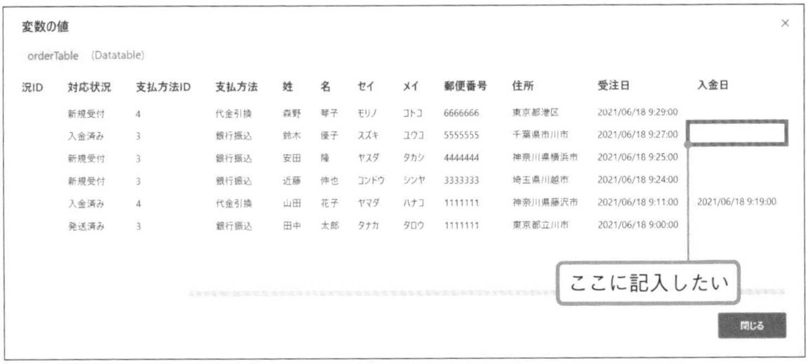

3 日付の書式を変換する

よく見ると銀行口座明細の日付の書式は「2021.06.25」で、オーダー明細は「2021/06/25」となっています。記入前に**区切り記号の「.」を「/」に置き換えて**おきましょう。

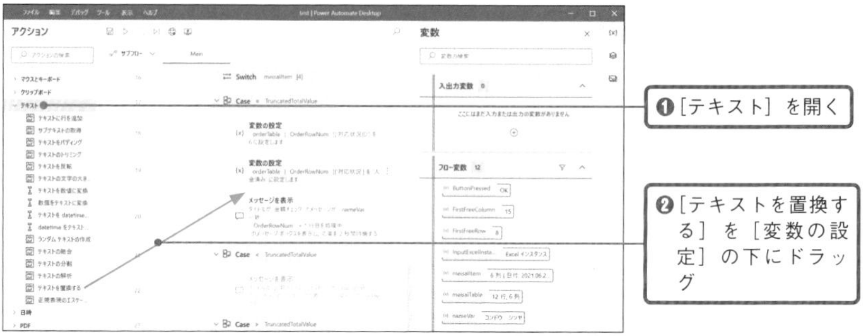

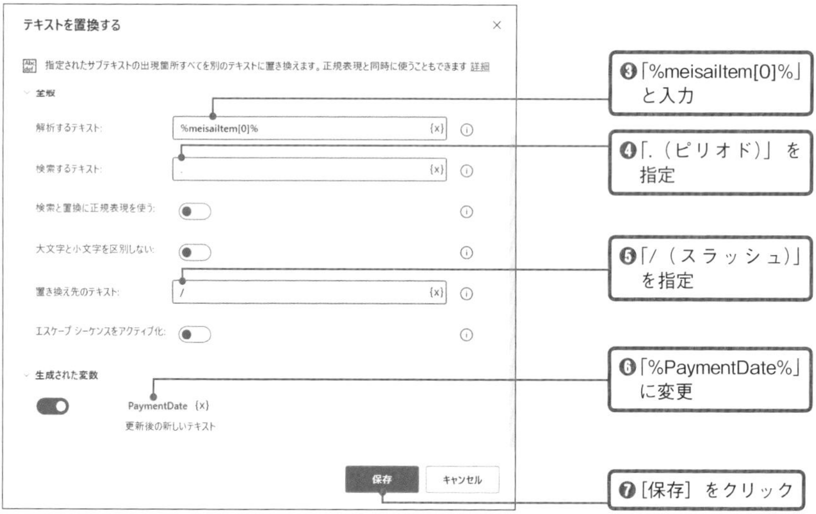

銀行口座明細の日付書式 → オーダー明細の日付書式

2021.06.25 → 2021/06/25

4 変換した日付をデータテーブルに書き込む

変換した日付（%PlaymentDate%）の値をデータテーブルに書き込みましょう。「orderTable[OrderRowNum][' 入金日 ']」と指定することで、現在処理している行の「入金日」列のデータを書き換えられます。

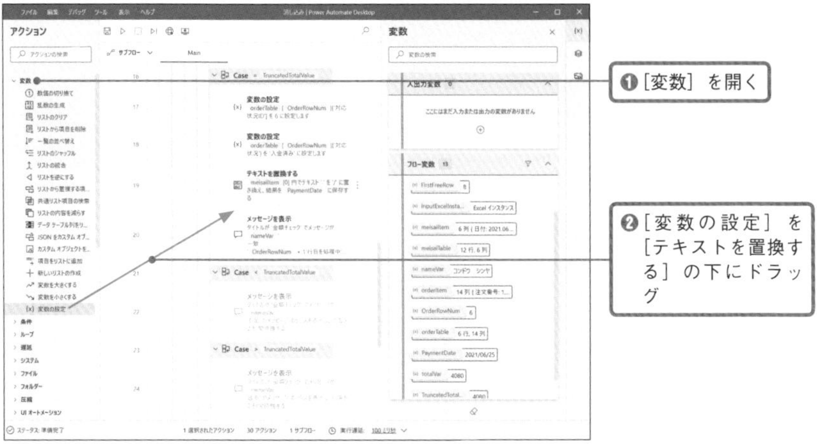
アクション
変数
❶［変数］を開く
❷［変数の設定］を［テキストを置換する］の下にドラッグ

変数の設定
{x} 新規や既存の変数に値を設定する、新しい変数を作成する、または以前作成した変数を上書きする 詳細
設定: orderTable[OrderRowNum]['入金日'] {x}
宛先: %PaymentDate%
保存
キャンセル
❸「%orderTable[OrderRowNum][' 入金日 ']%」と入力
❹「%PaymentDate%」を指定
❺［保存］をクリック

関連

Action 1 変数の設定➡ 92 ページ

5 動作確認用メッセージボックスの無効化

何行目を処理しているかを確認するために設置した動作確認用の［**メッセージを表示**］を**無効化**しておきます。

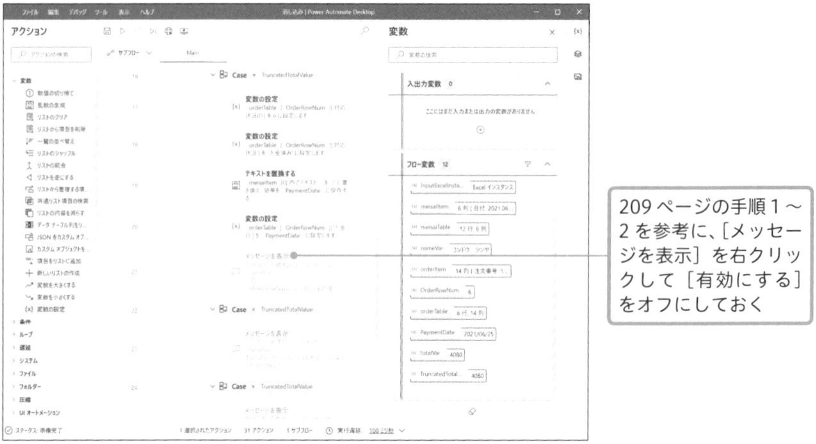
209ページの手順1～2を参考に、［メッセージを表示］を右クリックして［有効にする］をオフにしておく

6 アクションのコピー&貼り付け

同じ処理は最初の［Case］だけでなく、2番目、3番目の［Case］にも必要になります。1つめの［Case］に配置した **［テキストを置換する］と［変数の設定］の2つのアクションを選択し、［コピー］と［貼り付け］** で、それぞれの［Case］の中に複製しましょう。

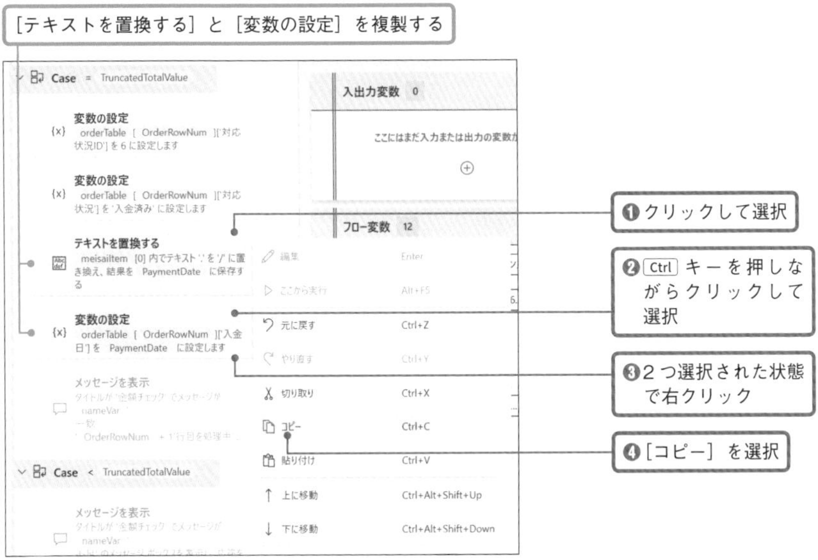
［テキストを置換する］と［変数の設定］を複製する
❶クリックして選択
❷ Ctrl キーを押しながらクリックして選択
❸2つ選択された状態で右クリック
❹［コピー］を選択

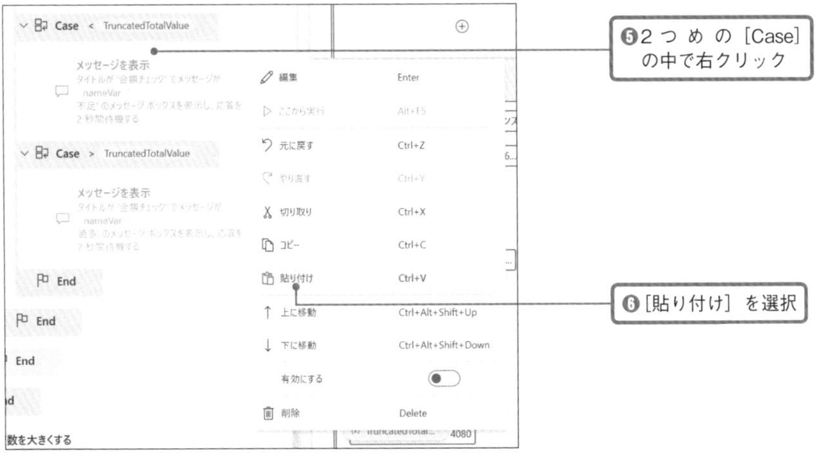
❺2つめの［Case］の中で右クリック
❻［貼り付け］を選択

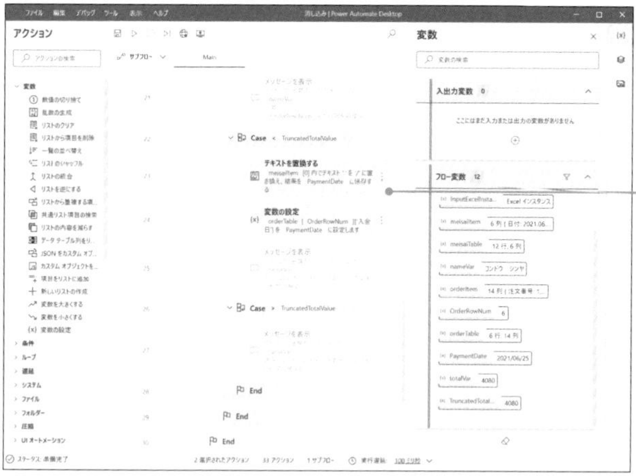

2つのアクションが複製された

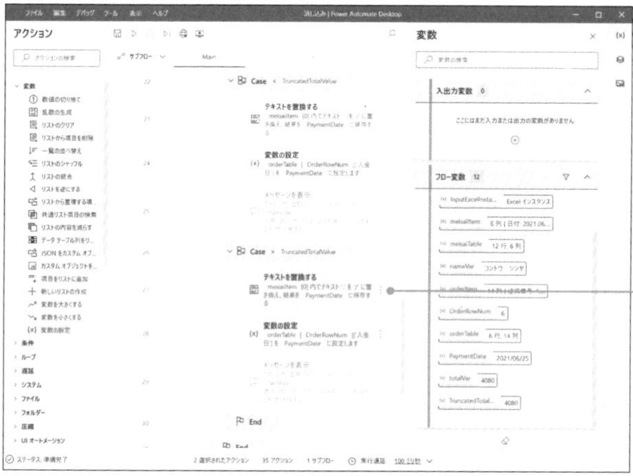

同様に3つめの[Case]の中にも複製しておく

7 状態の変更

2番目の［Case］は金額が不足しているとき、3番目は金額が多いときのための処理となります。データテーブルの［**対応状況］欄は、「入金済み」ではなく、「金額不足」や「金額過多」と記入**しましょう。なお、ここでは［対応状況ID］の変更は省略しています。余裕があれば一緒に書き換えてみましょう。

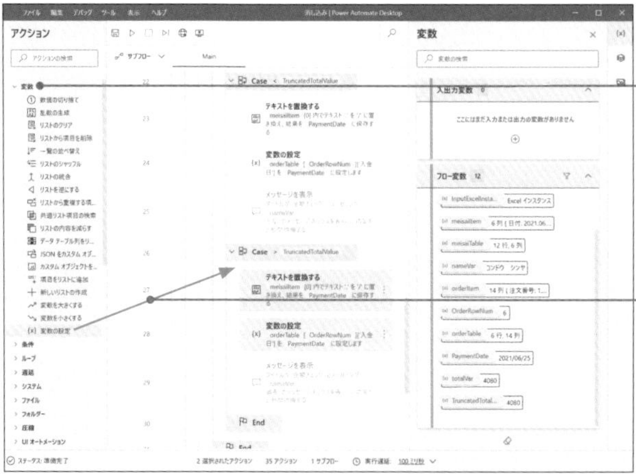

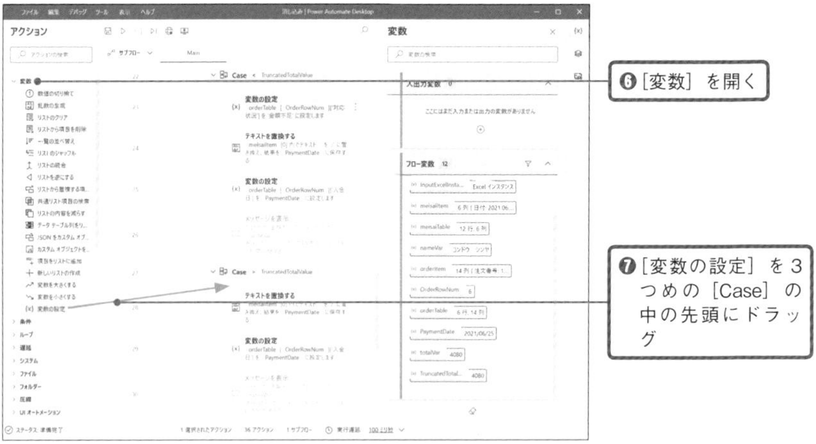

2つめと何か微妙に違うね

よくわかったね！　こっちは見出しではなく列番号を指定してみたけど、実際はどちらかに統一した方がわかりやすいよ

8 動作チェック

実行して動作を確認してみましょう。実行後、データテーブル(%orderTable%)を開くと、**対応状況に「入金済み」や「金額不足」と記入され、「入金日」にも日付が記入**されていることが確認できます。

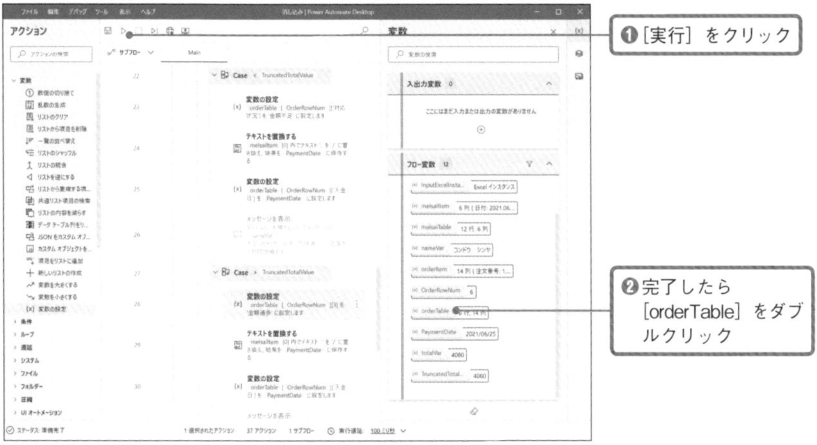
❶[実行]をクリック
❷完了したら[orderTable]をダブルクリック

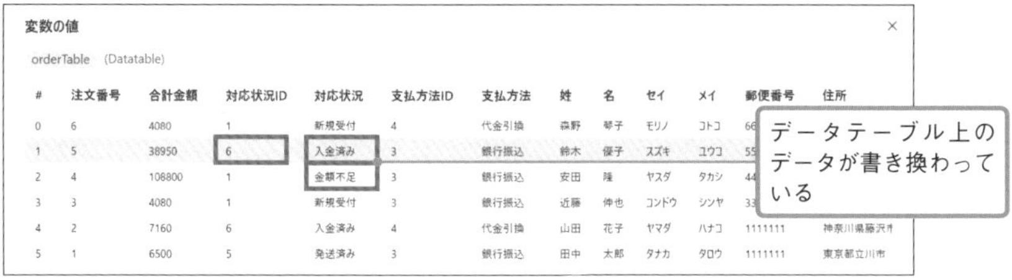
データテーブル上のデータが書き換わっている

変数の値

orderTable (Datatable)

#	注文番号	合計金額	対応状況ID	対応状況	支払方法ID	支払方法	姓	名	セイ	メイ	郵便番号	住所
0	6	4080	1	新規受付	4	代金引換	森野	琴子	モリノ	コトコ	66	
1	5	38950	6	入金済み	3	銀行振込	鈴木	優子	スズキ	ユウコ	55	
2	4	108800	1	金額不足	3	銀行振込	安田	隆	ヤスダ	タカシ	44	
3	3	4080	1	新規受付	3	銀行振込	近藤	伸也	コンドウ	シンヤ	33	
4	2	7160	6	入金済み	4	代金引換	山田	花子	ヤマダ	ハナコ	1111111	神奈川県藤沢市
5	1	6500	5	発送済み	3	銀行振込	田中	太郎	タナカ	タロウ	1111111	東京都立川市

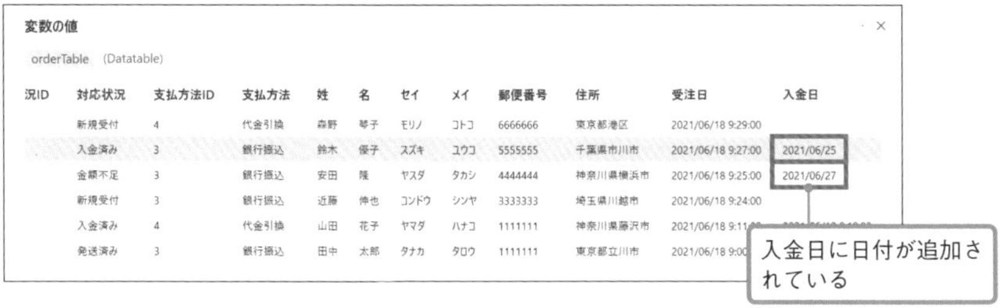
入金日に日付が追加されている

変数の値

orderTable (Datatable)

況ID	対応状況	支払方法ID	支払方法	姓	名	セイ	メイ	郵便番号	住所	受注日	入金日
	新規受付	4	代金引換	森野	琴子	モリノ	コトコ	6666666	東京都港区	2021/06/18 9:29:00	
	入金済み	3	銀行振込	鈴木	優子	スズキ	ユウコ	5555555	千葉県市川市	2021/06/18 9:27:00	2021/06/25
	金額不足	3	銀行振込	安田	隆	ヤスダ	タカシ	4444444	神奈川県横浜市	2021/06/18 9:25:00	2021/06/27
	新規受付	3	銀行振込	近藤	伸也	コンドウ	シンヤ	3333333	埼玉県川越市	2021/06/18 9:24:00	
	入金済み	4	代金引換	山田	花子	ヤマダ	ハナコ	1111111	神奈川県藤沢市	2021/06/18 9:11	
	発送済み	3	銀行振込	田中	太郎	タナカ	タロウ	1111111	東京都立川市	2021/06/18 9:00	

Step

10 更新したデータテーブルをCSVで保存する

これで完了？

そのままだとデータが消えちゃうよ。

そっか、保存しないとだね。

CSVへの書き出し

書き換えたデータテーブルの値は、Power Automate for desktopの変数に読み込まれた一時的な値です。このため、終了すると値も消えてしまいます。保存しておくためには、**データテーブルの値をCSVなどのファイルに書き出す**必要があります。

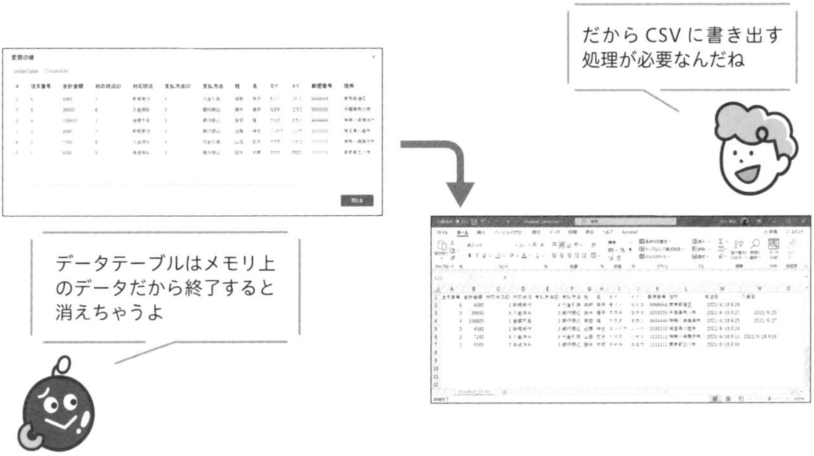
だからCSVに書き出す
処理が必要なんだね
データテーブルはメモリ上
のデータだから終了すると
消えちゃうよ

1 [CSV ファイルに書き込みます] で保存する

データテーブルの**データを書き出す方法としては、CSV を使うのが最も簡単**です。[CSV ファイルに書き込みます] アクションを配置して、書き出したいデータ（%orderTable%）と保存先を指定しましょう。書き出すときに **[列名を含めます] を忘れずにオン**にしましょう。

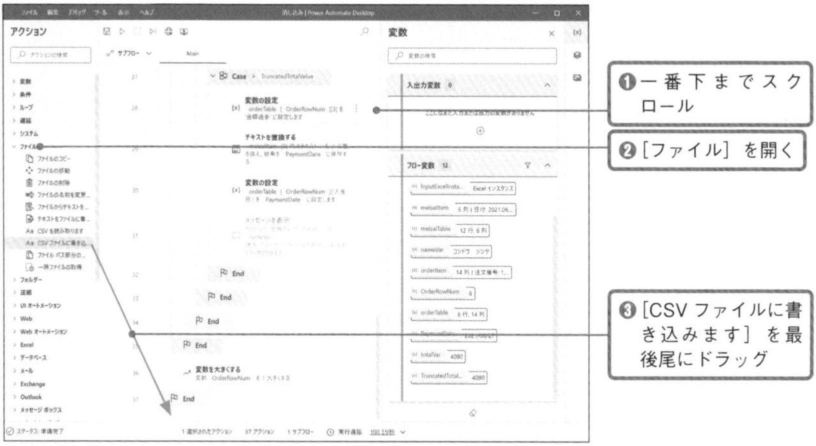

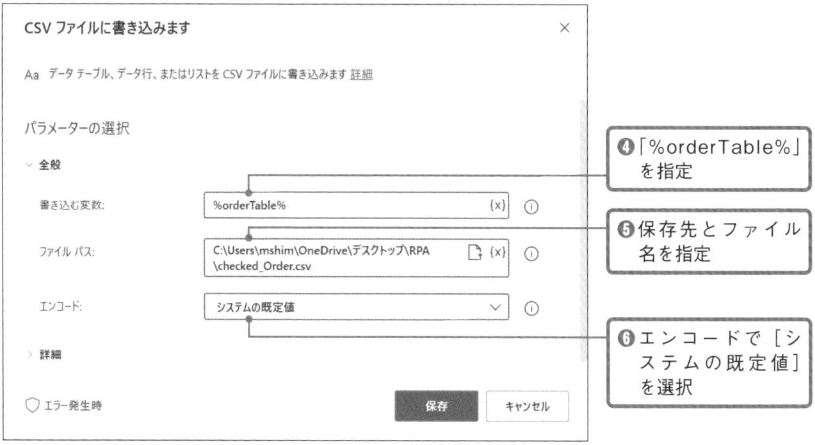

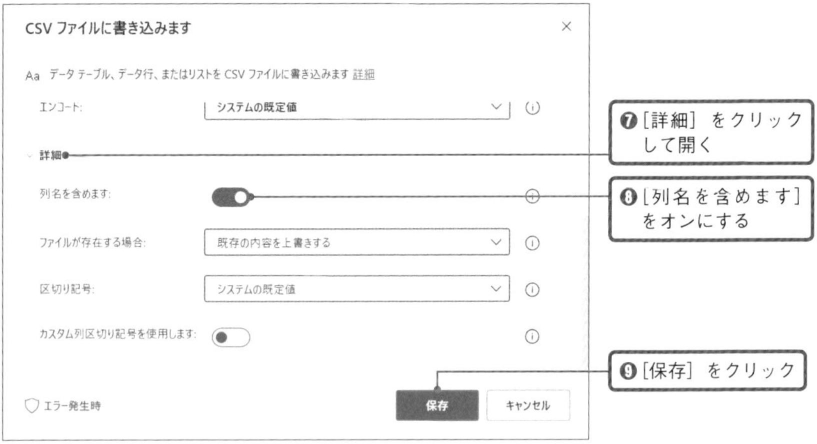
CSV ファイルに書き込みます
Aa データ テーブル、データ行、またはリストを CSV ファイルに書き込みます 詳細
エンコード:
システムの既定値
詳細
列名を含めます:
ファイルが存在する場合:
既存の内容を上書きする
区切り記号:
システムの既定値
カスタム列区切り記号を使用します:
エラー発生時
保存
キャンセル
❼［詳細］をクリックして開く
❽［列名を含めます］をオンにする
❾［保存］をクリック

2 動作チェック

フローを実行すると、**指定したフォルダーにCSVファイルが作成**されます。開くと、対応状況や入金日など、書き換えられたデータを確認できるはずです。元データ（order_202106.xlsx）と比べてみましょう。

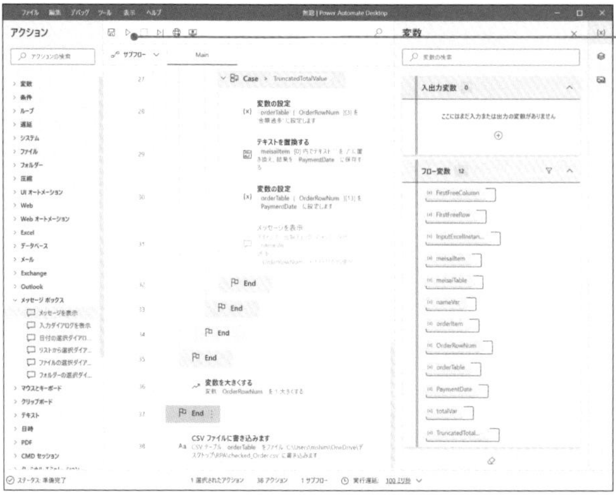

❶［実行］をクリック

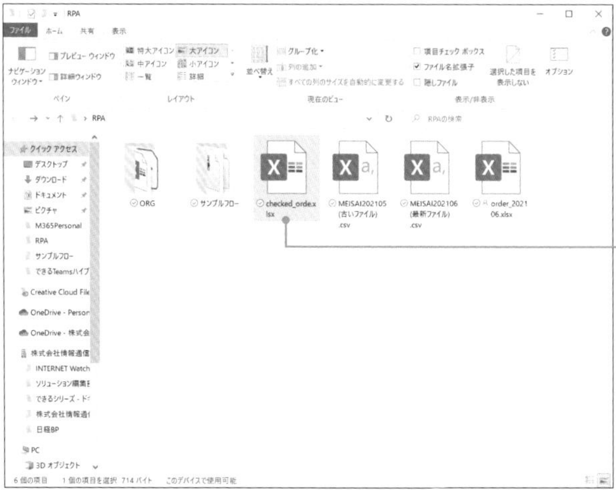

指定したフォルダーに「checked_Order.csv」が作成される

order_202106.xlsx

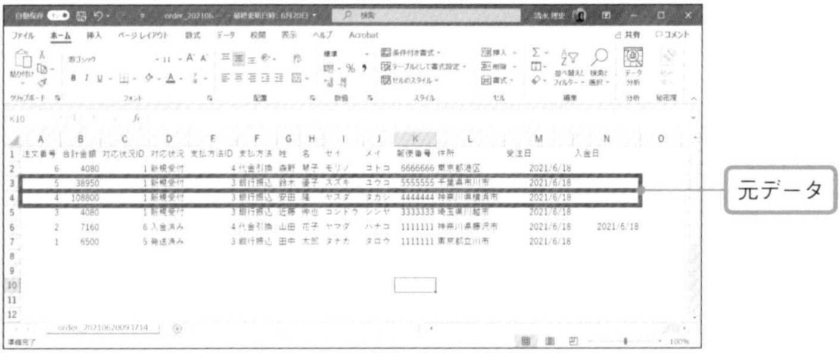
元データ

注文番号	合計金額	対応状況ID	対応状況	支払方法ID	支払方法	姓	名	セイ	メイ	郵便番号	住所	受注日	入金日
6	4080	1	新規受付	4	代金引換	森野	琴子	モリノ	コトコ	6666666	東京都港区	2021/6/18	
5	38950	1	新規受付	3	銀行振込	鈴木	優子	スズキ	ユウコ	5555555	千葉県市川市	2021/6/18	
4	108800	1	新規受付	3	銀行振込	安田	隆	ヤスダ	タカシ	4444444	神奈川県横浜市	2021/6/18	
3	4080	1	新規受付	3	銀行振込	近藤	伸也	コンドウ	シンヤ	3333333	埼玉県川越市	2021/6/18	
2	7160	6	入金済み	4	代金引換	山田	花子	ヤマダ	ハナコ	1111111	神奈川県藤沢市	2021/6/18	2021/6/18
1	6500	5	発送済み	3	銀行振込	田中	太郎	タナカ	タロウ	1111111	東京都立川市	2021/6/18	

checked_Order.csv

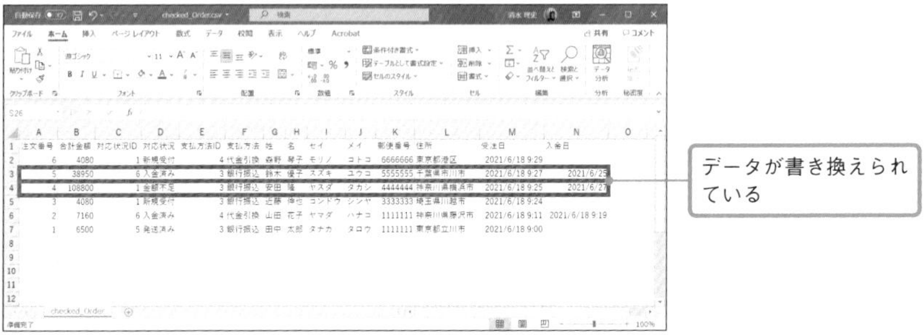
データが書き換えられている

注文番号	合計金額	対応状況ID	対応状況	支払方法ID	支払方法	姓	名	セイ	メイ	郵便番号	住所	受注日	入金日
6	4080	1	新規受付	4	代金引換	森野	琴子	モリノ	コトコ	6666666	東京都港区	2021/6/18 9:29	
5	38950	6	入金済み	3	銀行振込	鈴木	優子	スズキ	ユウコ	5555555	千葉県市川市	2021/6/18 9:27	2021/6/25
4	108800	1	金額不足	3	銀行振込	安田	隆	ヤスダ	タカシ	4444444	神奈川県横浜市	2021/6/18 9:25	2021/6/27
3	4080	1	新規受付	3	銀行振込	近藤	伸也	コンドウ	シンヤ	3333333	埼玉県川越市	2021/6/18 9:24	
2	7160	6	入金済み	4	代金引換	山田	花子	ヤマダ	ハナコ	1111111	神奈川県藤沢市	2021/6/18 9:11	2021/6/18 9:19
1	6500	5	発送済み	3	銀行振込	田中	太郎	タナカ	タロウ	1111111	東京都立川市	2021/6/18 9:00	

Step 11

更新したデータテーブルを Excel 形式で保存する

CSV ファイルなのかぁ……。

やっぱり元と同じ Excel がいい？

そうだね、そのほうがありがたい！

Excel ファイルへの書き出し

データテーブルのデータは **CSV だけでなく、Excel 形式でも保存**できます。ただし、Excel 形式にする場合、Excel の起動やワークシートへの書き込み、保存など、複数のアクションを利用する必要があります。

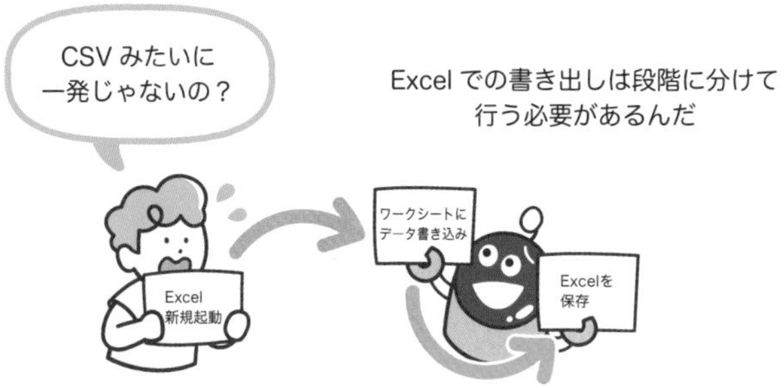
CSV みたいに
一発じゃないの？
Excel での書き出しは段階に分けて
行う必要があるんだ
Excel
新規起動
ワークシートに
データ書き込み
Excelを
保存

Excel 形式で保存するには、複数のアクションが必要になる

1 起動→ワークシート書き込み→保存

まずは Excel を起動します。[空のドキュメントを使用] を指定して新しいファイルを開きます。元データがある場合でも、新しいファイルとして保存した方が、元データを間違って書き換える心配がないのでおすすめです。起動したら、[Excel ワークシートに書き込み] で範囲を指定してデータテーブルを書き込み、最後に [Excel の保存] を実行します。

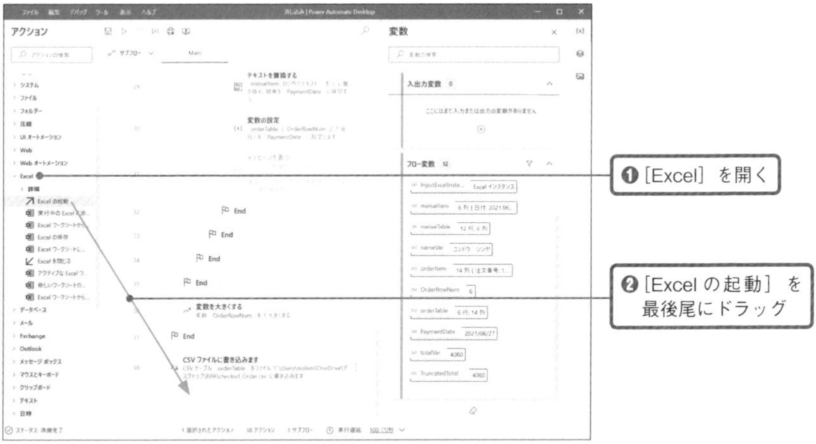

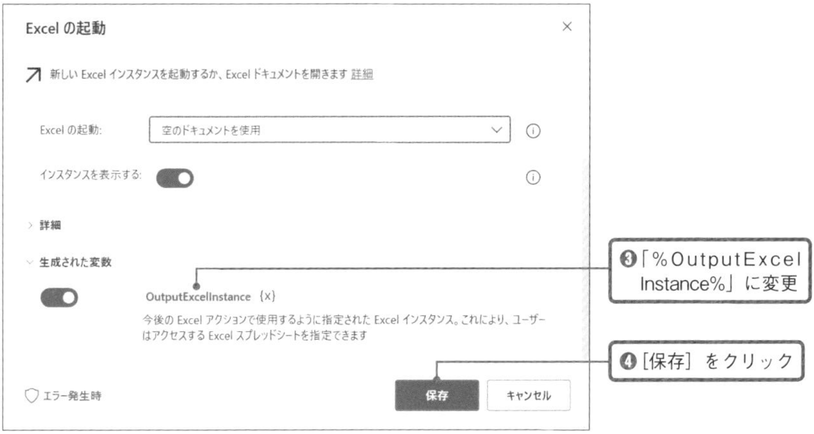

関連

Action 14 Excel の起動➡ 120 ページ

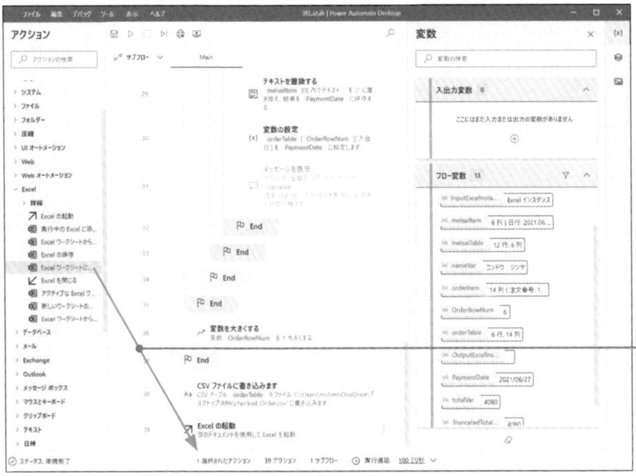

❺［Excel ワークシートに書き込み］を最後尾にドラッグ

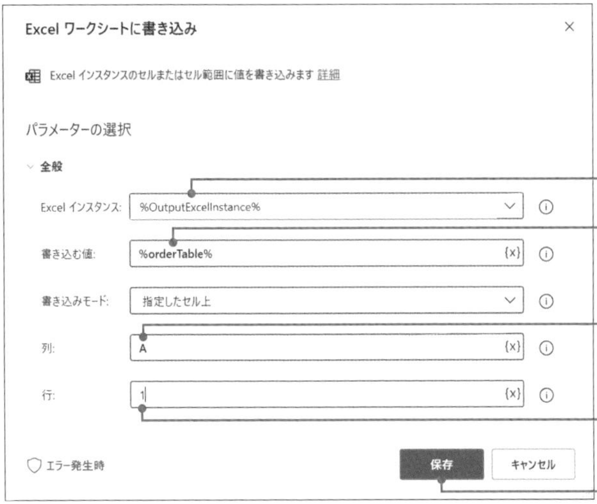

❻「%OutputExcelInstance%」を指定

❼「%orderTable%」を指定

❽「A」を指定

❾「1」を指定

❿［保存］をクリック

データを貼り付ける起点（左上）となるセルを指定するよ

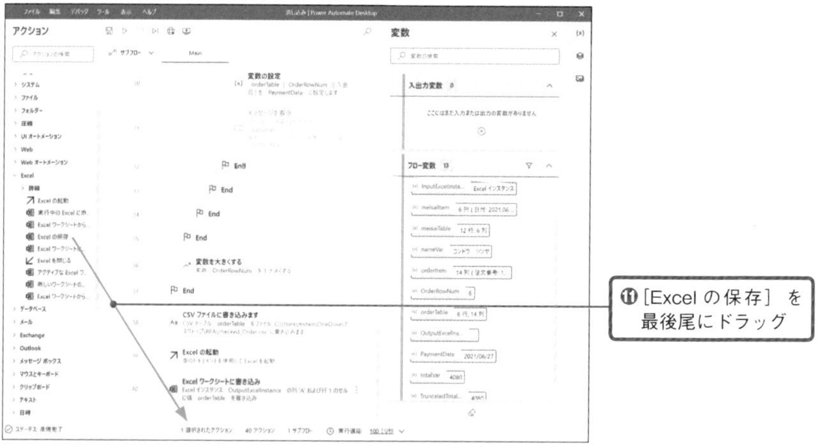

アクション
変数
入出力変数
フロー変数
Excel の保存
⑪［Excel の保存］を最後尾にドラッグ

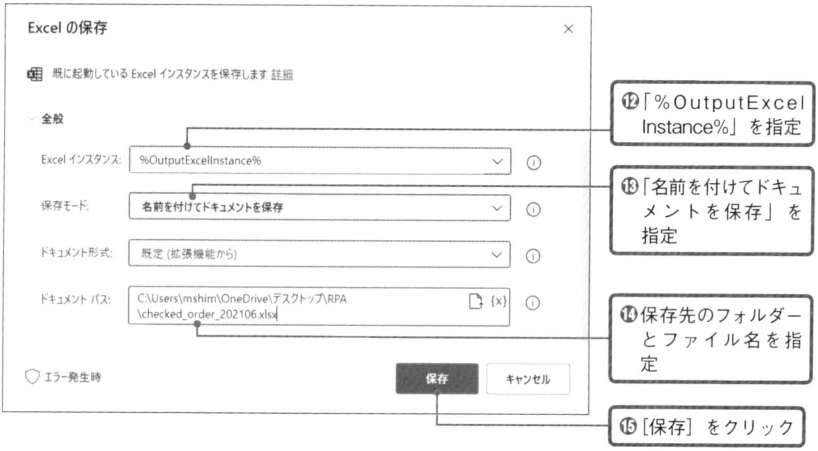

Excel の保存
既に起動している Excel インスタンスを保存します 詳細
全般
Excel インスタンス:
%OutputExcelInstance%
保存モード:
名前を付けてドキュメントを保存
ドキュメント形式:
既定 (拡張機能から)
ドキュメント パス:
C:\Users\mshim\OneDrive\デスクトップ\RPA\checked_order_202106.xlsx
エラー発生時
保存
キャンセル
⑫「%OutputExcelInstance%」を指定
⑬「名前を付けてドキュメントを保存」を指定
⑭保存先のフォルダーとファイル名を指定
⑮［保存］をクリック

2 動作チェック

実行をクリックして、**Excel ファイルが作成されることを確認**しましょう。なお、ここではデータを確認できるようにするために Excel が起動したままフローが終了します。Excel を終了したい場合は、［Excel を閉じる］アクションを追加しましょう。

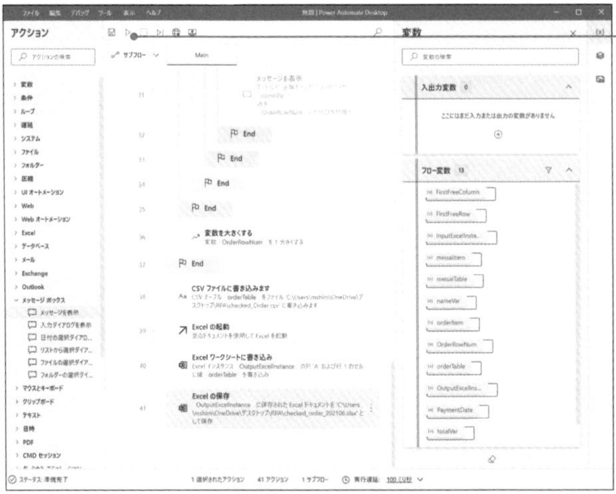

❶［実行］をクリック

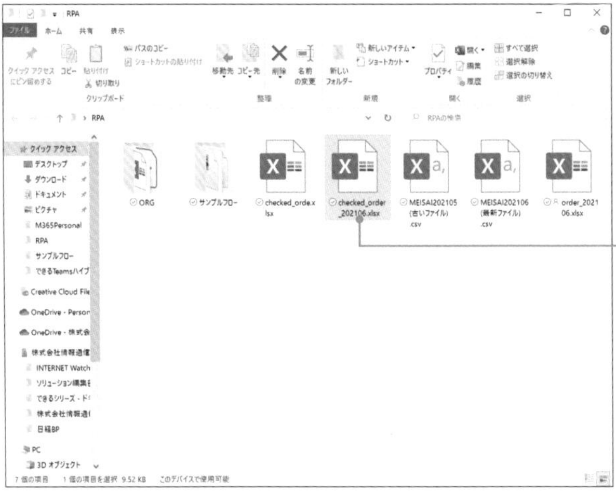

指定したフォルダーに「checked_Order_202106.xlsx」が作成される

checked_order_202106.xlsx

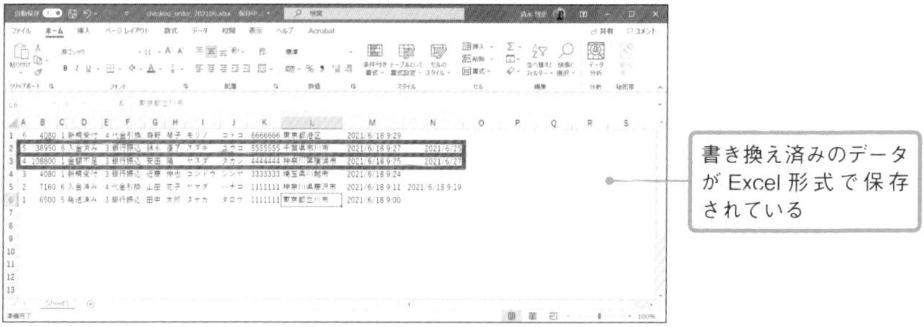
書き換え済みのデータがExcel形式で保存されている

Memo 「見出し」が必要な場合は

Excel形式でデータを保存する場合、[CSVファイルに書き込みます]アクションと違って、[列名を含めます]オプションを使って**見出しを自動的に追加することができません。**見出しが必要な場合は、見出しが含まれる元ファイルを[ファイルのコピー]でコピーしてから開き、[Excelワークシートに書き込み]で「2行目」を指定してデータテーブルを貼り付けます。

Step

12 他のパソコンでも動くようにする

せっかく作ったから、みんなに配って使ってもらおう！

そのままじゃ動かないよ。

え？　なんで？？

特別なフォルダー名の取得

作成したフローをほかのパソコンでも実行できるようにするには、**パソコンによって変わる環境の違い**を意識する必要があります。もっとも重要なのは**フォルダーのパスの違い**です。「デスクトップ」や「ドキュメント」など、パスが変わってもフローが正しく動作するように工夫しましょう。

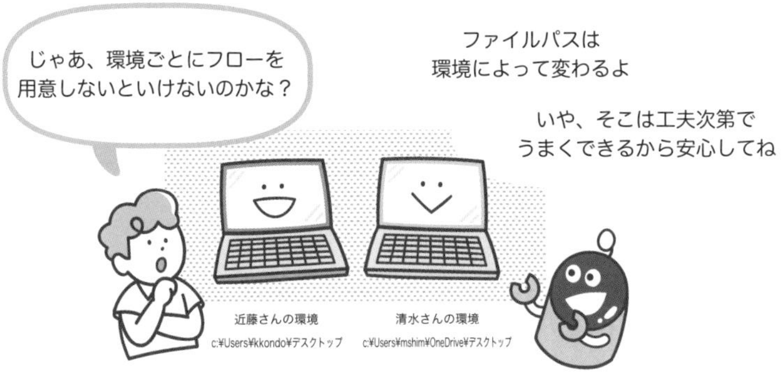

じゃあ、環境ごとにフローを用意しないといけないのかな？
ファイルパスは環境によって変わるよ
いや、そこは工夫次第でうまくできるから安心してね
近藤さんの環境
c:¥Users¥kkondo¥デスクトップ
清水さんの環境
c:¥Users¥mshim¥OneDrive¥デスクトップ

環境によってパスは異なる

1 デスクトップのフォルダー名は環境によって違う

ここではデスクトップに「RPA」フォルダーを作成し、そこにデータを配置して処理する方法を紹介しています。「デスクトップ」を示すパスは、ユーザー名やOneDrive使用の有無などの違いで変わるため、そのまま実行するとファイルが見つからずにエラーになります。

c:¥Users¥mshim¥OneDrive¥ デスクトップ

この部分が環境によって異なる

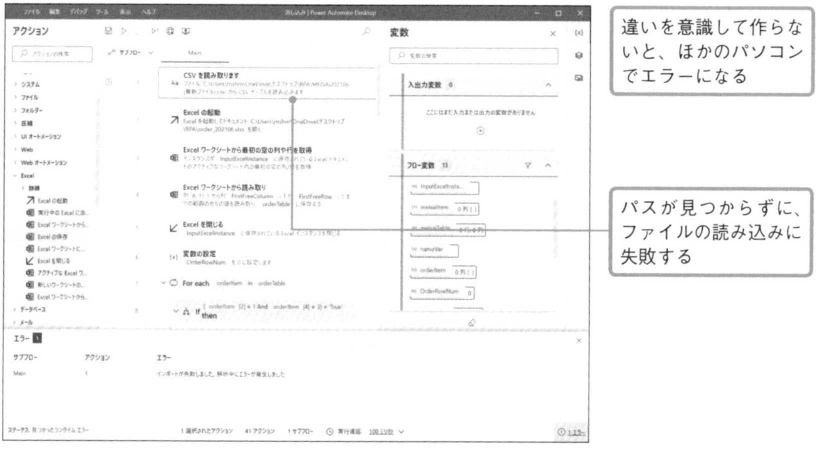

2 デスクトップのフォルダー名を取得する

環境によって変わるフォルダーのパスは、**［特別なフォルダーを取得］アクションを使って自動的に取得**できます。「デスクトップ」「ドキュメント」などのファイルのパスが指定した変数（%DesktopFolderPath%）に格納されます。

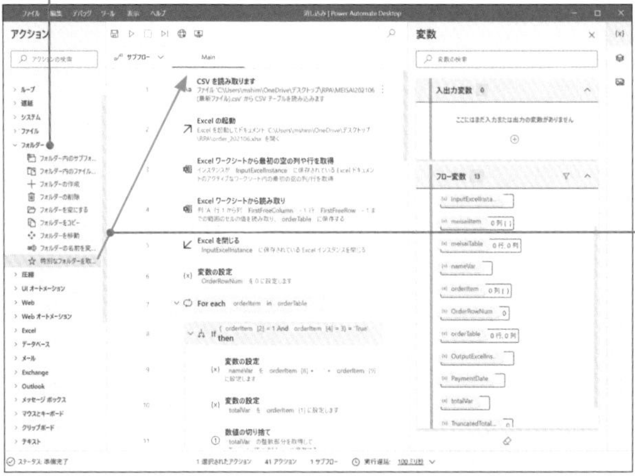

関連

Action 8 特別なフォルダーを取得➡ 108 ページ

3 CSVとExcelの読み込み先を変更する

フローの中で、ファイルの読み書きをしているアクションを探し、パスの先頭部分を「%DesktopFolderPath%」に置きかえましょう。

❶[CSVを読み取ります]をダブルクリック

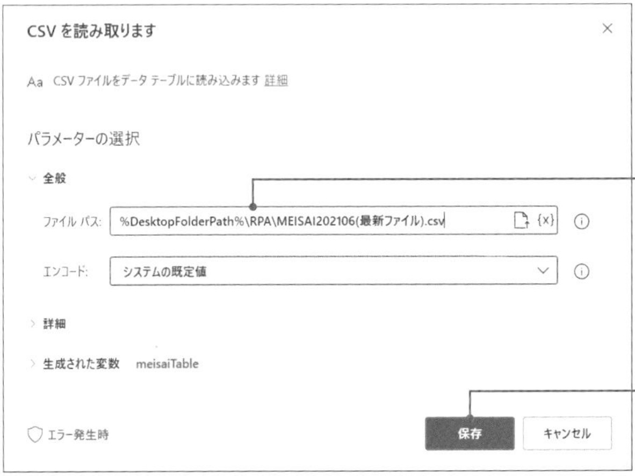

❷ファイルパスを以下に書き換える

❸[保存]をクリック

%DesktopFolderPath%¥RPA¥MEISAI202106(最新ファイル).csv

環境によって値が自動的に置き換わる

※入力時には ¥ キーを押しますが、画面上では「\」と表示されます。

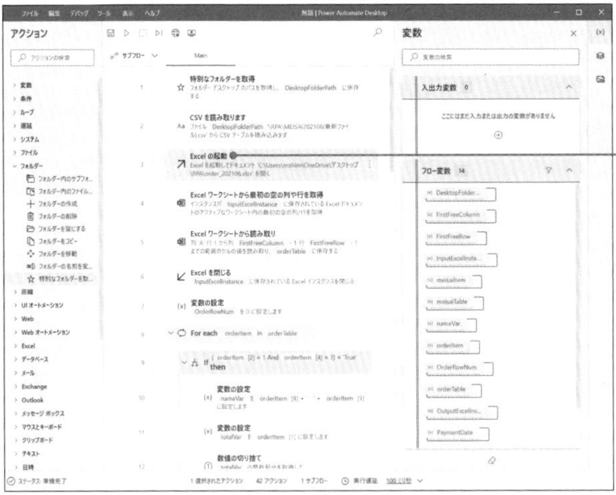

❹[Excelの起動] をダブルクリック

❺ファイルパスを以下に書き換える

❻[保存] をクリック

%DesktopFolderPath%¥RPA¥order_202106.xlsx

環境によって値が自動的に置き換わる

実行して問題なく動作することを確認しておく

※入力時には ¥ キーを押しますが、画面上では「\」と表示されます。

Step

13 元データが更新されても動くようにする

ところで、コレ実行する度に毎日ファイル名変えるの？

おお！　スルドイね。もちろん自動的にできちゃうよ。

おお、それはありがたい！！

ファイル一覧の取得

業務で扱うファイルの名前は、毎日同じとは限りません。たとえば、**昨日は「MEISAI202105（古いファイル）.csv」、今日は「MEISAI202106(最新ファイル).csv」というように扱うファイルが変わる**のが一般的です。フローの中でファイル名を固定してしまうと、毎回フローを書き換える必要があり、非効率的です。**特定のフォルダーの中にある最新のファイルを自動的に検出して処理**できるようにしてみましょう。

昨日はこのファイルだったけど、
今日はこのファイルで処理したい！
大丈夫！　最新のファイルを
判断して自動的に処理できるよ

扱うファイルを自動で変えられる

1 フォルダー内のファイル一覧の取得

［フォルダー内のファイル一覧の取得］アクションを使うと、**指定したフォルダーに含まれるファイルの名前を配列として格納**できます。デスクトップの「RPA」フォルダーにある「order」で始まり「.xlsx」で終わるファイルと、「MEISAI」で始まり「.csv」で終わるファイルの一覧を取得しましょう。

❶［フォルダー］を開く

❷［フォルダー内のファイルを取得］を［特別なフォルダーを取得］の下にドラッグ

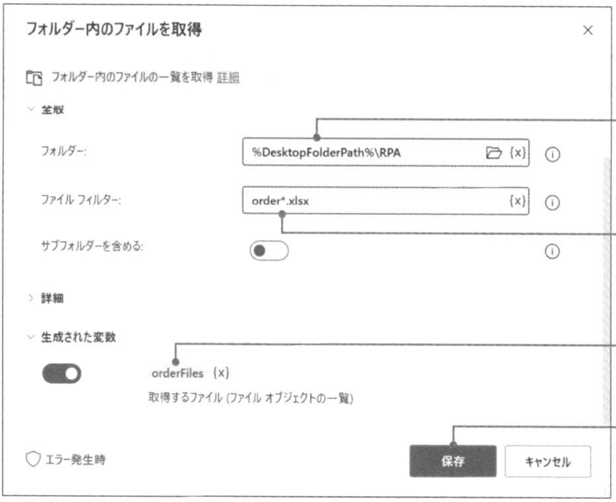

❸［フォルダー］に「%DesktopFolderPath%\RPA」を指定

❹［ファイルフィルター］に「order*.xlsx」と入力

❺「%orderFiles%」に変更

❻［保存］をクリック

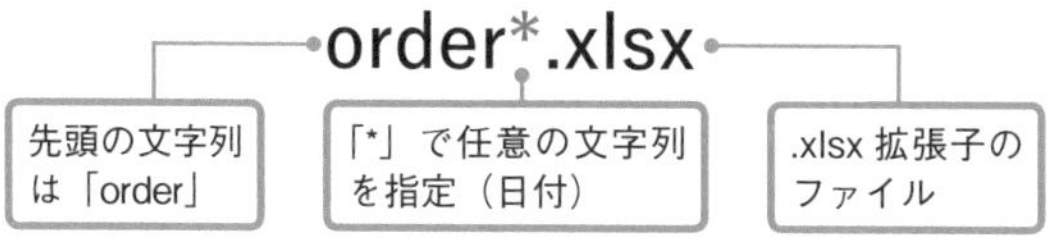

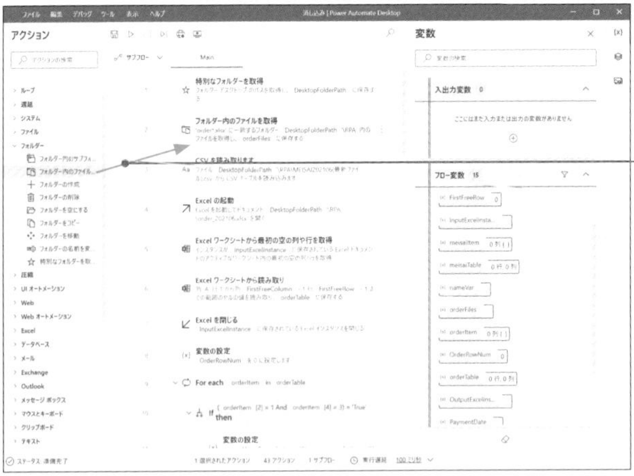

❼［フォルダー内のファイルを取得］をもう１つ下にドラッグ

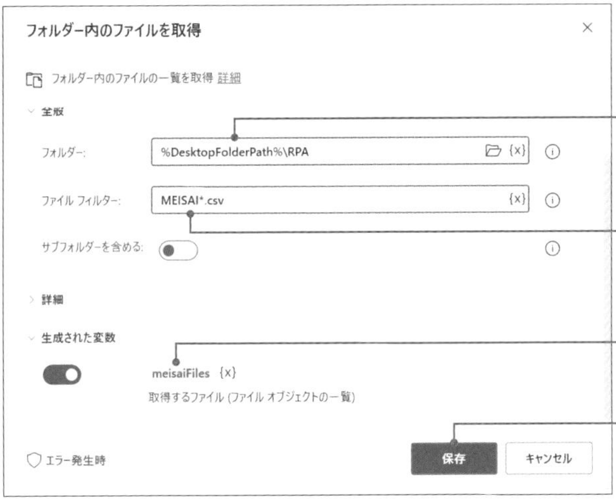

❽［フォルダー］に「%DesktopFolderPath%\RPA」を指定

❾［ファイルフィルター］に「MEISAI*.csv」と入力

❿「%meisaiFiles%」に変更

⓫［保存］をクリック

MEISAI*.csv

先頭の文字列が「MEISAI」で

後半は任意（日付）

.csv 拡張子のファイル

2 ファイル名が配列で格納される

取得されたファイルの一覧は、指定した変数（%meisaiFiles%）の中に配列として格納されます（ファイル名順）。また、「%meisaiFiles.Count%」と指定することで、配列に格納されたファイルの総数を確認できます。これを組み合わせると、「%meisaiFiles.Count-1%」で、**配列内の最後に格納されたファイル（つまり名前順で最新のファイル）の番号を指定できます。**

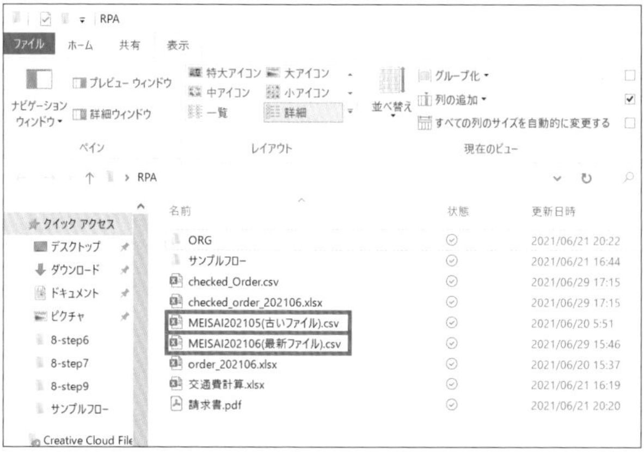

MEISAI*.csv で抽出

■ meisaiFiles 変数（1 次配列）に名前順に格納される

[MEISAI202105(古いファイル).csv, MEISAI202106(最新ファイル).csv]

‖ ‖

meisaiFiles[0] meisaiFiles[1]

meisaiFiles.Count
でフォルダー内のファイルの合計数＝2 を取得できる

meisaiFiles.Count-1
で最後に格納されたファイルの番号を指定できる

3 読み込むCSVとExcelの変更

フローの冒頭に記載されている**ファイルを読み込むためのアクションを変更**します。読み込むCSVを「%meisaiFiles[meisaiFiles.Count - 1]%」に、Excelのファイル名を「%orderFiles[orderFiles.Count - 1]%」に変更しましょう。

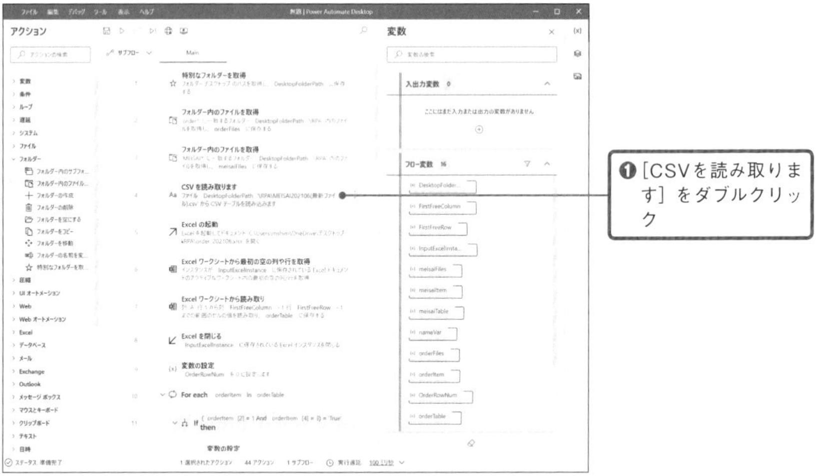

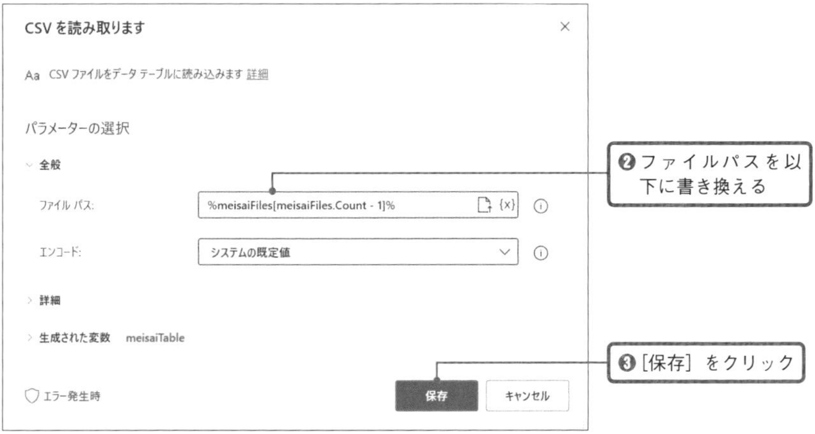

%meisaiFiles[meisaiFiles.Count - 1]%

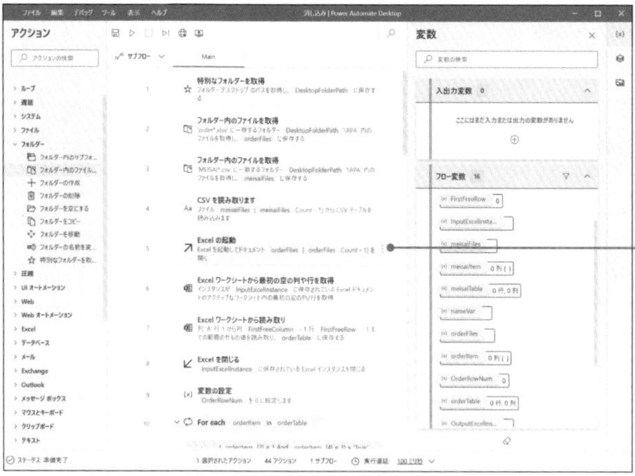

❹［Excel の起動］をダブルクリック

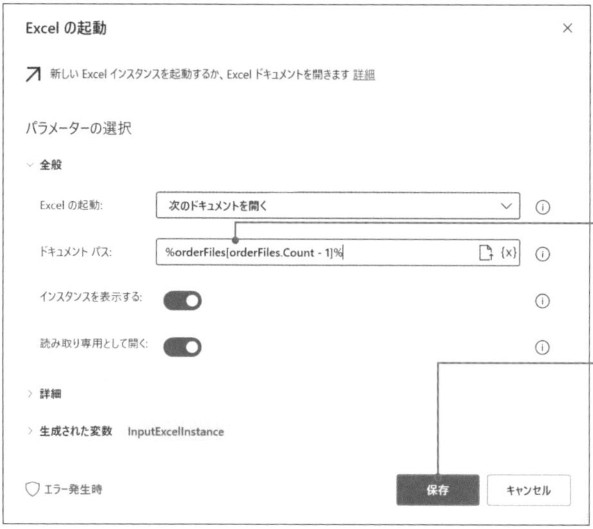

❺ファイルパスを以下に書き換える

❻［保存］をクリック

実行して問題なく動作することを確認しておく

%orderFiles[orderFiles.Count - 1]%

格納されているファイルの総数から-1 すれば、最後に格納されたファイル（最新ファイル）の番号になるから、これで最新のファイル名を指定できるんだったね

ただし、ファイル名に日付や連番がないファイルだと、この方法は使えないよ

Step

14 書き出すファイルの名前を自動的に付けよう

保存ファイルの名前も毎回一緒だけど……。

おお、鋭い！　それも自動でできちゃうよ。

やったね！

出力結果のファイル名を毎日変える

フロー実行後に出力されるファイルの名前も、**固定のままだと毎回上書きされてしまうため実用的ではありません**。チェック日などを追加した新しいファイルとして保存できるようにしてみましょう。

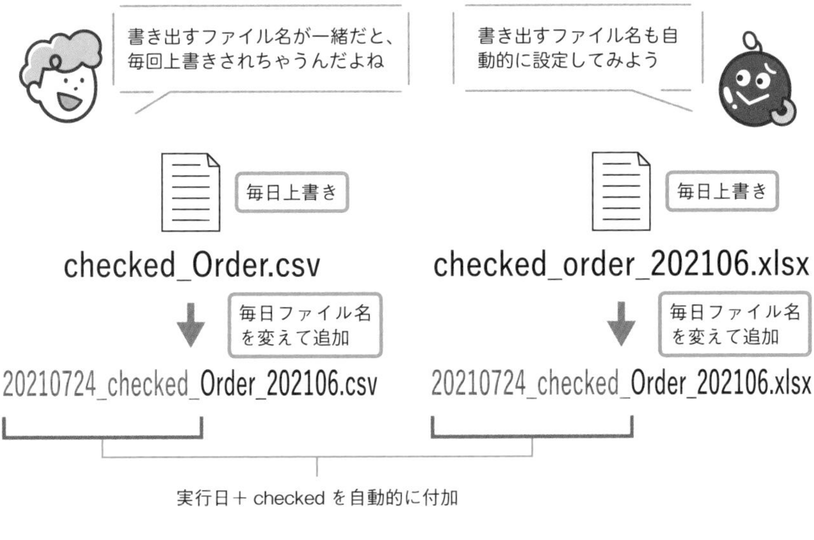

書き出すファイル名が一緒だと、
毎回上書きされちゃうんだよね
書き出すファイル名も自
動的に設定してみよう
毎日上書き
checked_Order.csv
毎日ファイル名
を変えて追加
20210724_checked_Order_202106.csv
毎日上書き
checked_order_202106.xlsx
毎日ファイル名
を変えて追加
20210724_checked_Order_202106.xlsx
実行日＋checkedを自動的に付加

1 ファイルのパス部分を取得する

出力するファイル名を加工するには、まず**元となるファイル名を取得**します。ファイル名は、フォルダーなどのパス部分、ファイル名、拡張子など、いろいろな要素の組み合わせでできているので、こうした要素を自動的に取得する［ファイルパス部分の取得］アクションを使います。

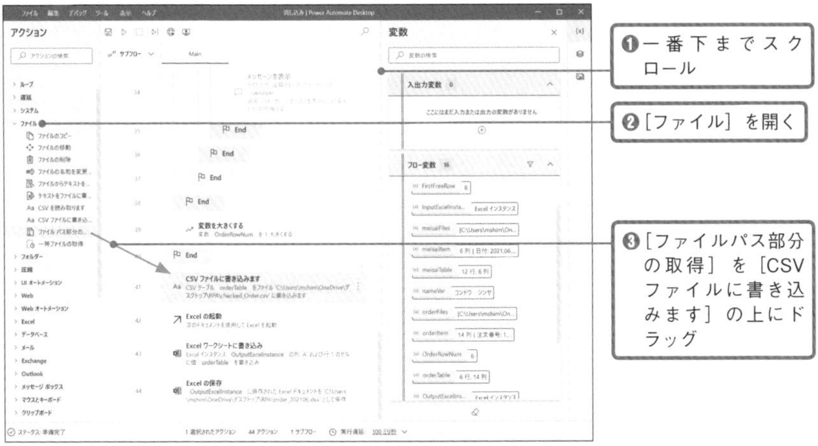

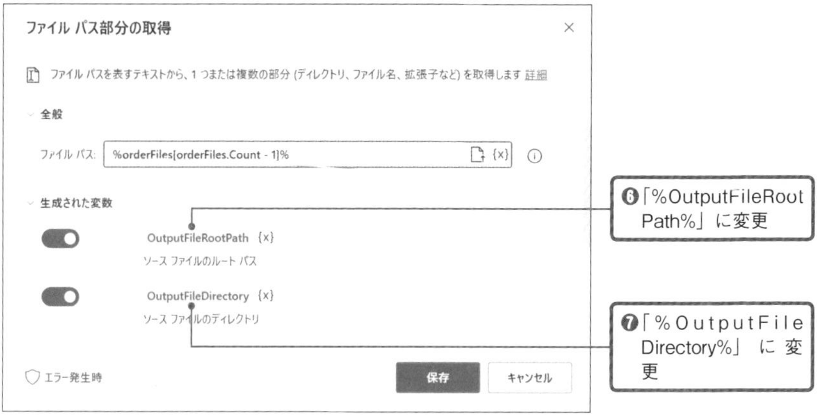

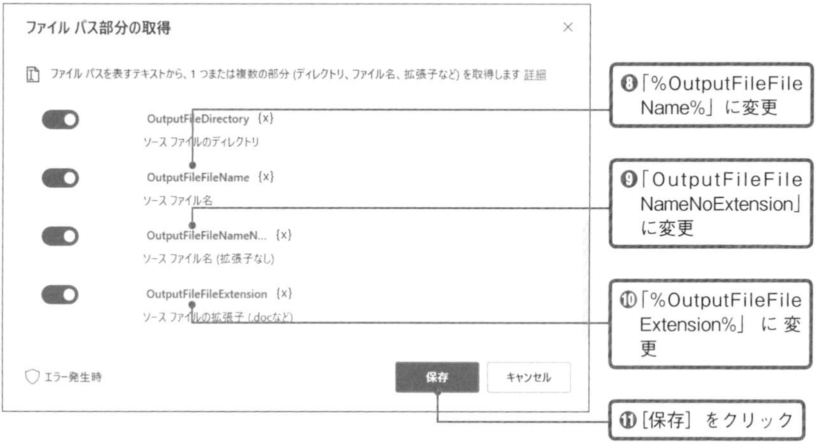

この変数名をファイル名を指定するときに使うよ。ここでは全部オンにしたけど、使わない場合はオフでいいよ

余計な変数が増えると混乱するもんねー

2 チェック日の取得

ファイルに実行日の日付を追加するには、[現在の日時を取得します] アクションを使って、現在の日時を取得します。[現在の日時を取得します] では、年、月、日、時など、**日付をパーツごとに個別に取り出せるので、これを組み合わせてファイル名用の文字列を生成**します。

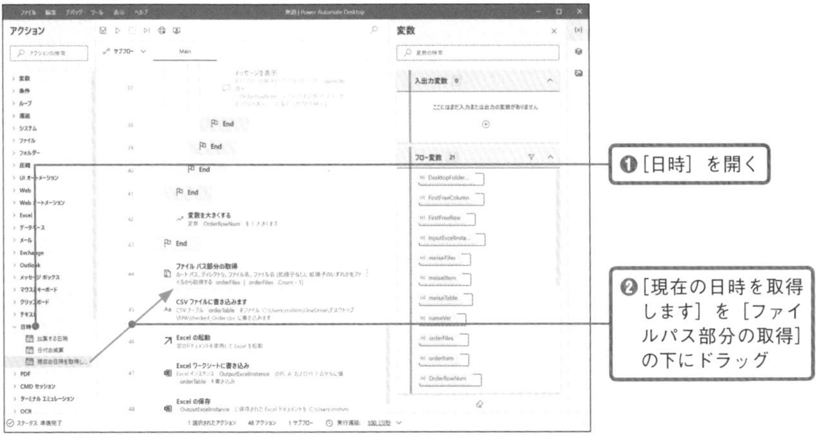

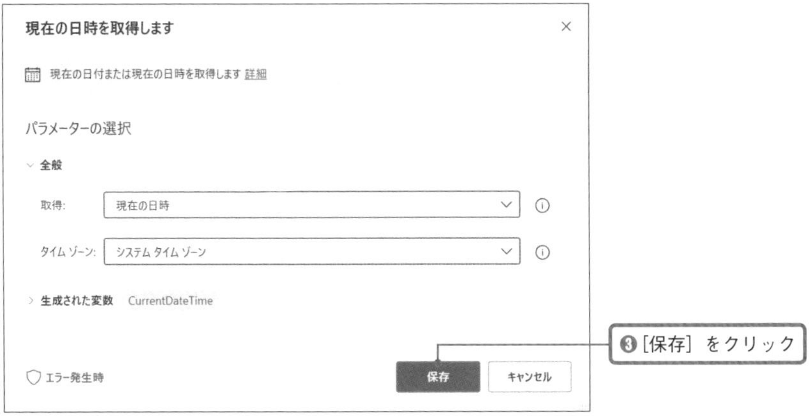

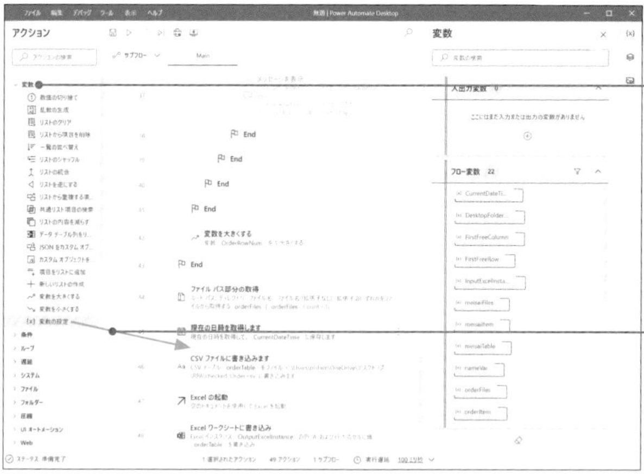

❹［変数］を開く

❺［変数の設定］を［現在の日時を取得します］の下にドラッグ

❻「%timeStamp%」に変更

❼［宛先］に次の値を入力する

「{x}」をクリックして3つの値を連続で選択してもいい

❽［保存］をクリック

%CurrentDateTime.Year%%CurrentDateTime.Month%%CurrentDateTime.Day%

現在の日付の年部分
2021

現在の日付の月部分
7

現在の日付の日部分
24

「2021724」という文字列になる

演算子を使うと日付の計算になってしまうので使わずに、個別に「%」で囲って並べる

3 書き出すCSVとExcelファイル名の変更

元のファイルから**取得したフォルダー名や生成した日付の文字列などを組み合わせて、保存するファイル名を指定**します。ここでは「2021724_checked_order_202106.csv」や「2021724_checked_order_202106.xlsx」というファイルで保存します。

❶［CSVファイルに書き込みます］をダブルクリック

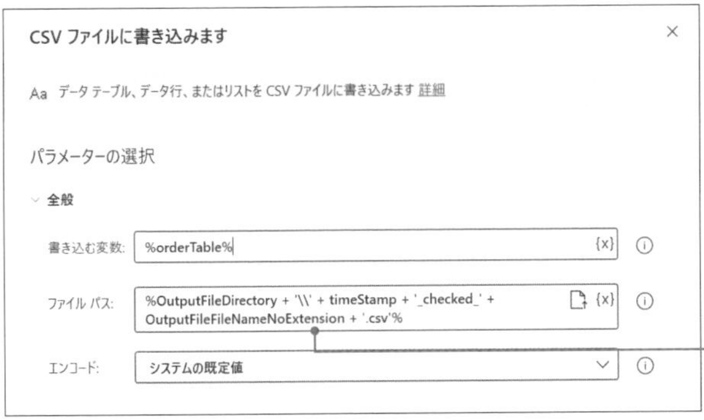

❷［ファイルパス］を以下に書き換える

%OutputFileDirectory + '¥¥' + timeStamp + '_checked_' +

- %OutputFileDirectory：元のファイルと同じフォルダー
- '¥¥'：特殊な記号は先頭に「¥」を付ける
- timeStamp：実行日
- '_checked_'：チェック済み

OutputFileFileNameNoExtension + '.csv'%

- OutputFileFileNameNoExtension：元のファイル名（拡張子なし）
- '.csv'：拡張子

※入力時には ¥ キーを押しますが、画面上では「\」と表示されます。

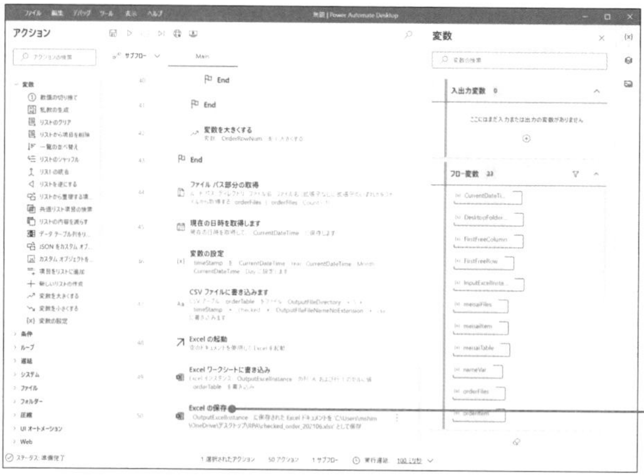

❸［Excel の保存］をダブルクリック

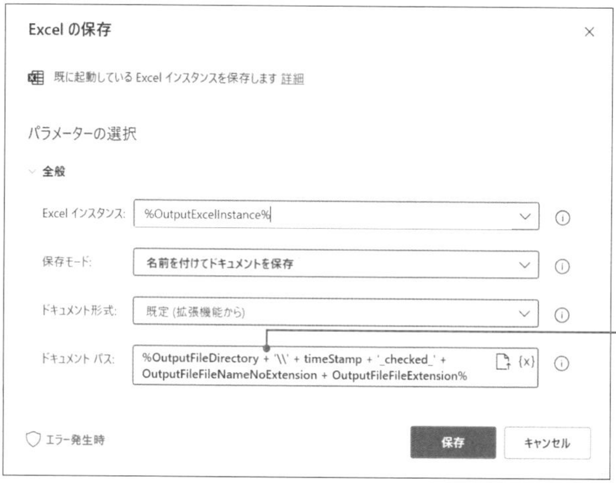

❹［ファイルパス］を以下に書き換える

%OutputFileDirectory + '¥¥' + timeStamp + '_checked_' +

- %OutputFileDirectory：元のファイルと同じフォルダー
- '¥¥'：特殊な記号は先頭に「¥」を付ける
- timeStamp：実行日
- '_checked_'：チェック済み

OutputFileFileNameNoExtension + OutputFileFileExtension%

- OutputFileFileNameNoExtension：元のファイル名（拡張子なし）
- OutputFileFileExtension%：元のファイルと同じ拡張子（xlsx）

4 動作チェック

実行すると、文字列や日付が追加された新しいファイル名で、CSV ファイルと Excel ファイルが出力されます。フォルダー名も自動的に判断されるので、別のパソコンで実行しても問題なく動作することを確認しておきましょう。

❶[実行] をクリック

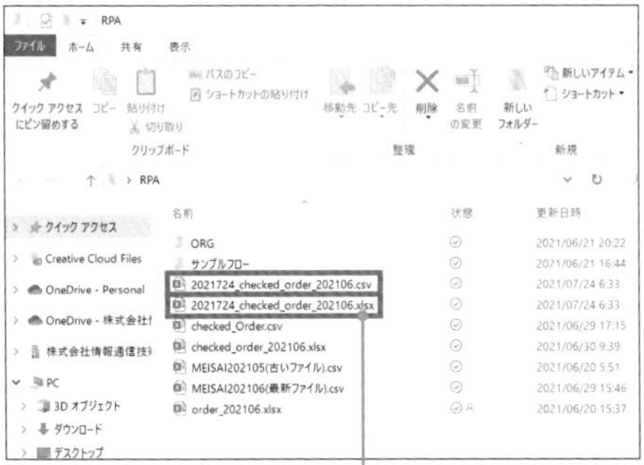
新しいファイル名でファイルが書き出される

Step

15 姓名の間にスペースがなくても動くようにする

大変、大変！

どうしたの？

チェック漏れがあるよ！　ほらこの人！

文字列を含むかどうかの判定

姓名のデータを利用するフローでありがちなトラブルとして、姓名の間のスペースの問題があります。**スペースのあるなしで、動作が変わったり、思い通りにフローが動かない**ことがあります。「セイ　メイ」という決め打ちで条件を指定するのではなく、「セイ」や「メイ」が含まれるかどうかで条件を指定するようにフローを変更しましょう。

「コンドウ　シンヤ」？
そんな名前見つからないぞ
「コンドウ　シンヤ」と
「コンドウシンヤ」は
ロボット的には
別の名前になっちゃうんだね
コンドウ シンヤ
コンドウ
コンドウ
コンドウ

ロボットはスペースの有無で別の文字列と見なす

1 振込時に姓名が続けて入力されると……

たとえば、銀行振込で**相手が姓名の間にスペースを入れるかどうかは不確定**です。振込時に「コンドウシンヤ」とスペースなしで入力されると、「コンドウ　シンヤ」との比較時にスペースの有無が原因で別のデータだと判断されてしまうことがあります。こうしたケースでは、**「コンドウシンヤ」という文字列の中に、「コンドウ」および「シンヤ」という文字列が含まれるかどうかで判断**するのが確実です。

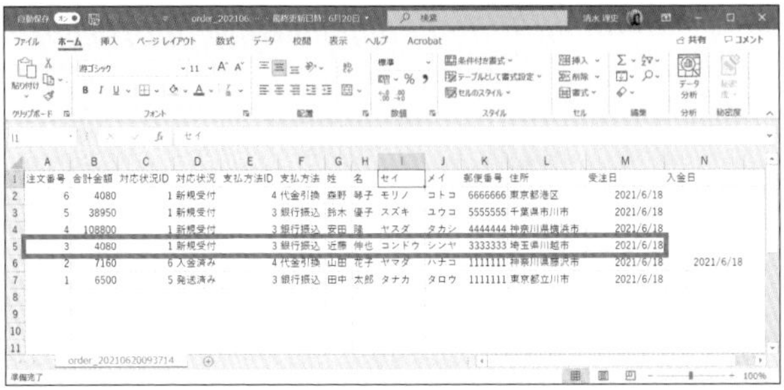

%orderItem[8] + '　' + orderItem[9]%
「コンドウ　シンヤ」で探すと以下が見つからない

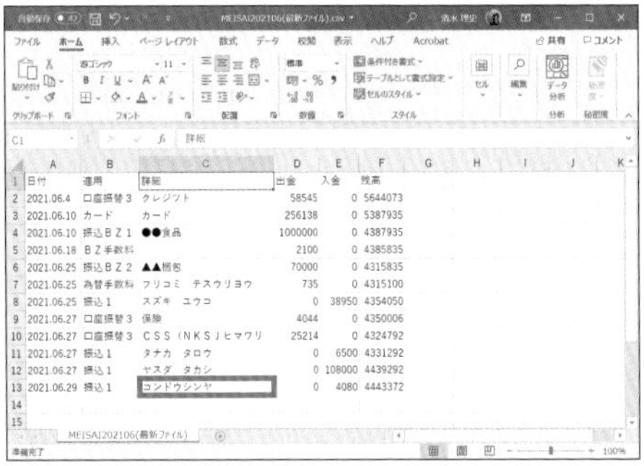

2 スペースを含む名前生成アクションの無効化

まずは、「%orderItem[8] + '　' + orderItem[9]%」として「セイ　メイ」で構成される**変数「%nameVar%」を設定しているアクションを無効化**します。他のアクションで参照されている「%nameVar%」変数が無効化されるので、一時的にエラーが表示されますが、次の操作で修正できるので、エラーを無視してそのまま操作を続行します。

最初の［For each］と［If］に続く［変数の設定］を変更する

「%nameVar%」を設定している［変数の設定］を無効にする

エラーが表示されちゃったよ！

ここでは変数を無効にしたから、他のアクションで参照している変数が見つからないんだ。次のページで直すとエラーも消えるよ

3 「次を含む」条件でセイをチェック

姓名を比較している［If］**アクションの内容を変更**します。「%meisaiItem[2]%」には「コンドウシンヤ」などの銀行口座明細の振込人の名前が格納されていますので、条件を［次を含む］に変更し、この値の中にオーダー明細の「%orderItem[8]%」（セイ）が含まれるかどうかをチェックします。

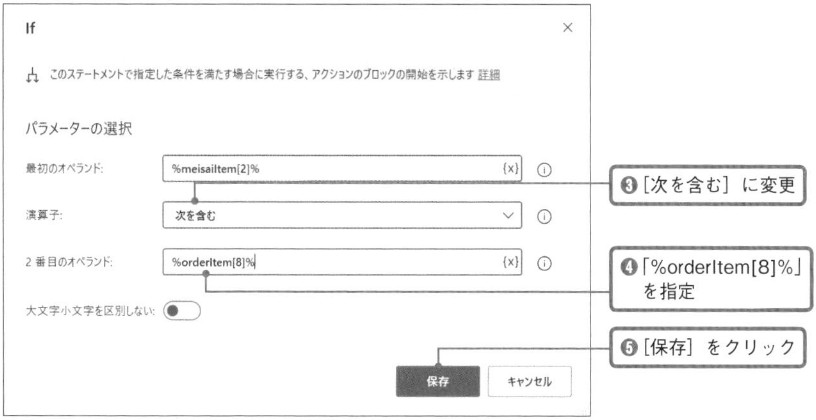

meisaiItem[2] ＝銀行口座明細の詳細欄（セイメイ）に
orderItem[8] ＝オーダー明細の「セイ」
が含まれるかをチェック

4 「次を含む」条件でメイをチェック

セイをチェックしたら**続けてメイをチェック**します。新しい［If］を追加して、「%meisaiItem[2]%」（「コンドウシンヤ」などの銀行口座明細の振込人の名前）にオーダー明細の「%orderItem[9]%」（メイ）が含まれるかどうかをチェックします。

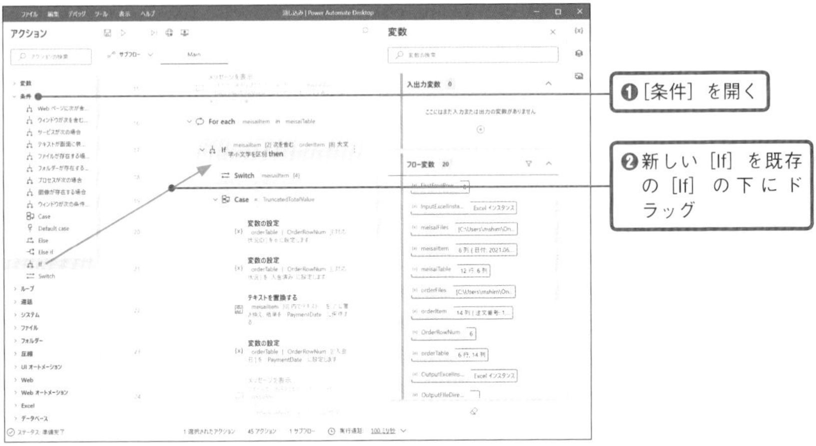

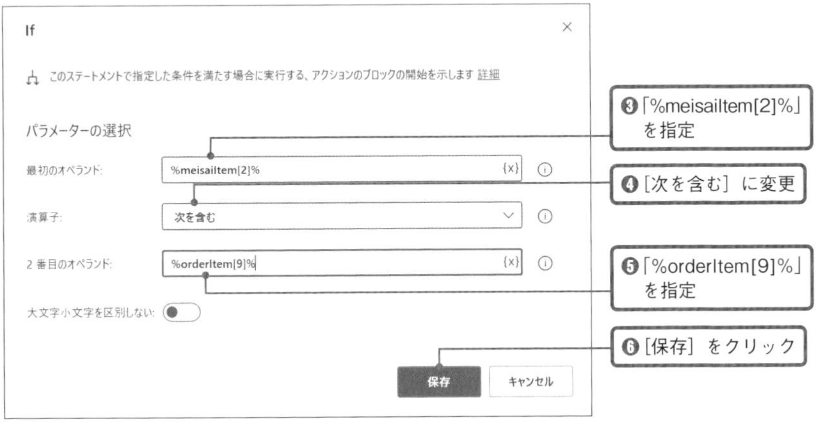

meisaiItem[2] ＝銀行口座明細の詳細欄（セイメイ）に orderItem[9] ＝オーダー明細の「メイ」が含まれるかをチェック

5 [If] の中に [Switch] [Case] を移動

[Switch] ～ [End] の間のアクション（3つの [Case]）は、金額のチェックですので、セイメイのチェックが一致した場合のみ実行されます。このため、**直前に追加した** [If] ～ [End] **の中に配置**する必要があります。 Shift キーを組み合わせて複数のアクションを範囲指定してコピーし、ドラッグで場所を移動しましょう。

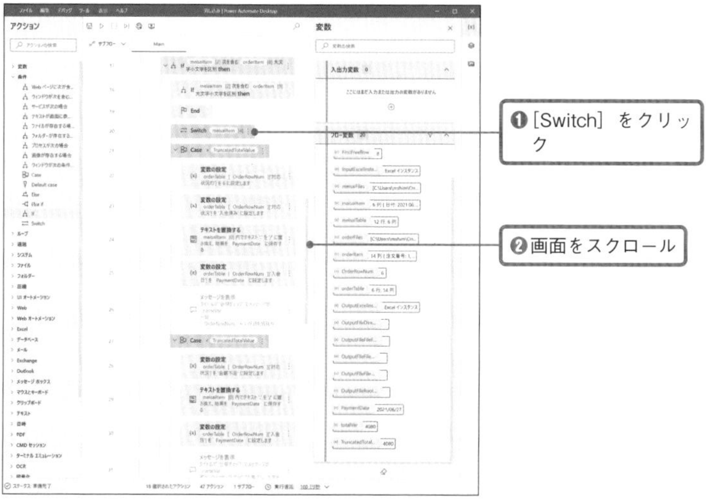
❶[Switch] をクリック
❷画面をスクロール

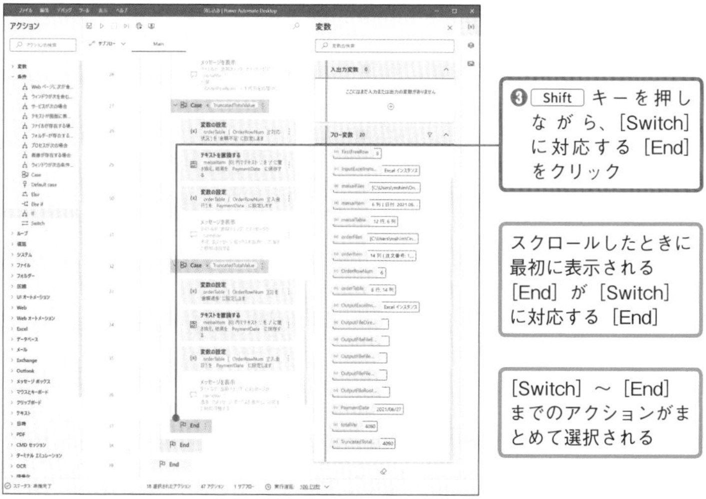
❸ Shift キーを押しながら、[Switch] に対応する [End] をクリック
スクロールしたときに最初に表示される [End] が [Switch] に対応する [End]
[Switch] ～ [End] までのアクションがまとめて選択される

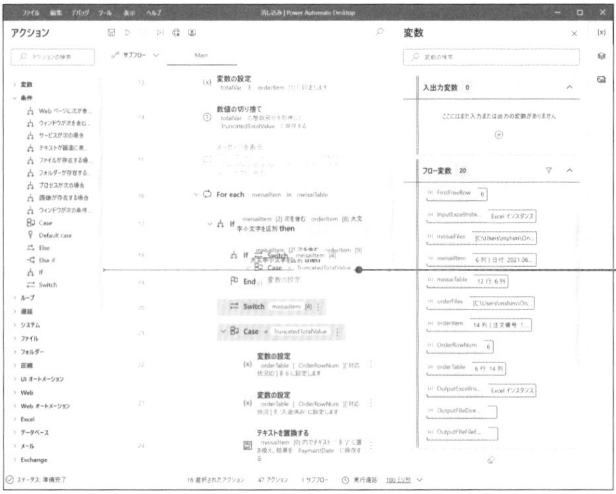

❹［Switch］～［End］までのアクションがまとめて選択された状態のままドラッグ

❺［追加した［If］～［End］の中にドラッグする

［Switch］～［End］までのアクションがまとめてIfの中に移動される

6 動作チェック

実行して動作を確認してみましょう。**「コンドウシンヤ」と間にスペースがない場合でも正しく入金チェックができる**ようになりました。

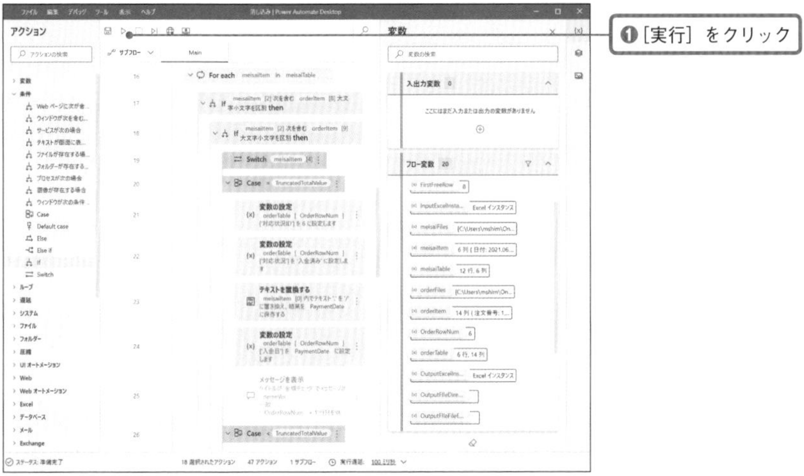
❶［実行］をクリック

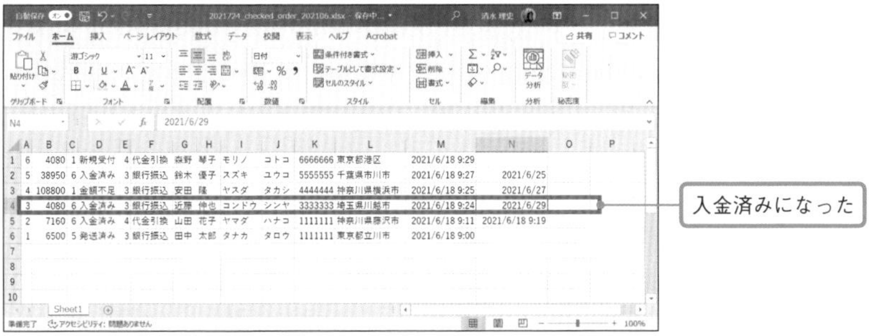
入金済みになった

Step

16 エラーが発生したときに対応できるようにしよう

エラーが発生すると、慌てちゃうなぁ。

そんなときのためにサブフローを用意しておくといいよ。

サブフロー？　そういうのもあるのか。

サブフローによるフローの分割

Power Automate for desktop では、**フローをいくつかに分割して、フローから別のフローを呼び出して使える**ようになっています。通常、フローデザイナーで作成するフローは「Main」というタブに配置されますので、新しいサブフローを使ってエラー発生時に呼び出せるようにしてみましょう。

[Main] フロー
サブフローで
メッセージを表示したり
エラー用の処理を書くんだね
エラーが発生したら
サブフローに処理を
移せるよ
エラー発生！
サブフロー

フローから別のフローを呼び出して、エラーなどに対応できる

1 エラー用サブフローの追加

サブフローは、いろいろな用途に使えますが、ここでは**エラー発生時に呼び出すサブフロー**を作ります。サブフロー用のタブを追加して、他のフローから呼び出すための名前を設定し、そこに新しいフローを記述しましょう。

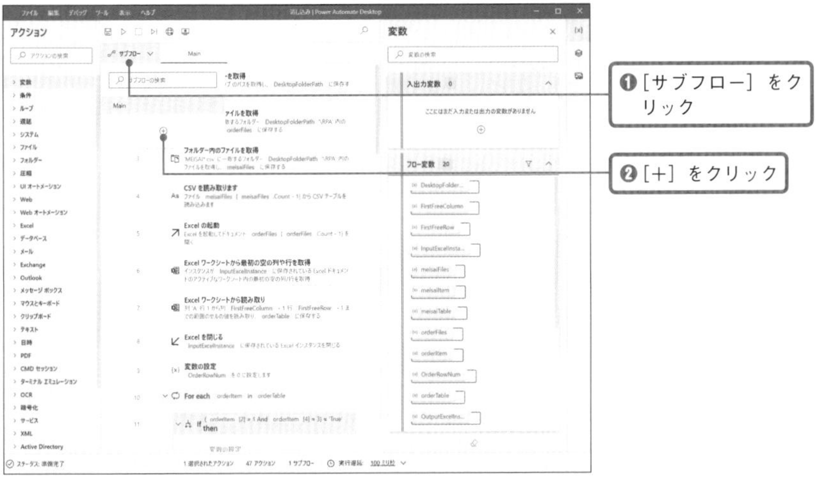

❶［サブフロー］をクリック
❷［+］をクリック

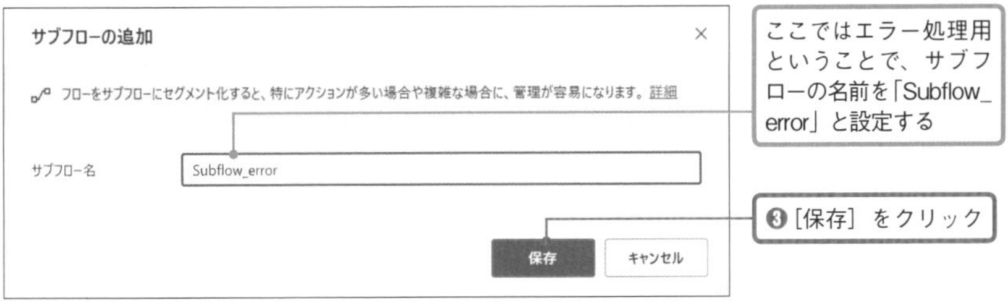

サブフローの追加
フローをサブフローにセグメント化すると、特にアクションが多い場合や複雑な場合に、管理が容易になります。詳細
サブフロー名
Subflow_error
保存
キャンセル
ここではエラー処理用ということで、サブフローの名前を「Subflow_error」と設定する
❸［保存］をクリック

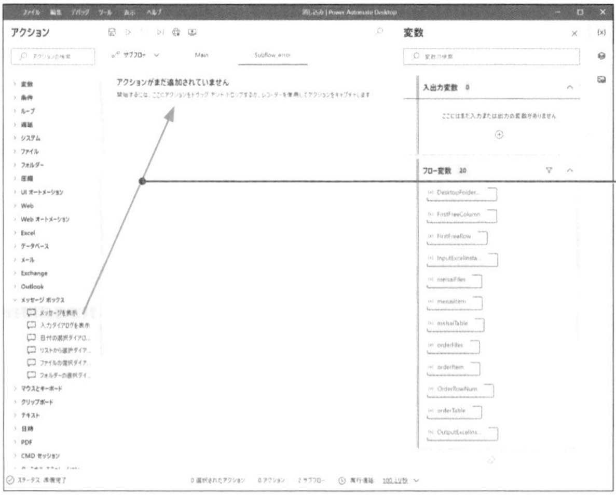

サブフローが表示される

❹［メッセージボックス］の［メッセージを表示］をドラッグ

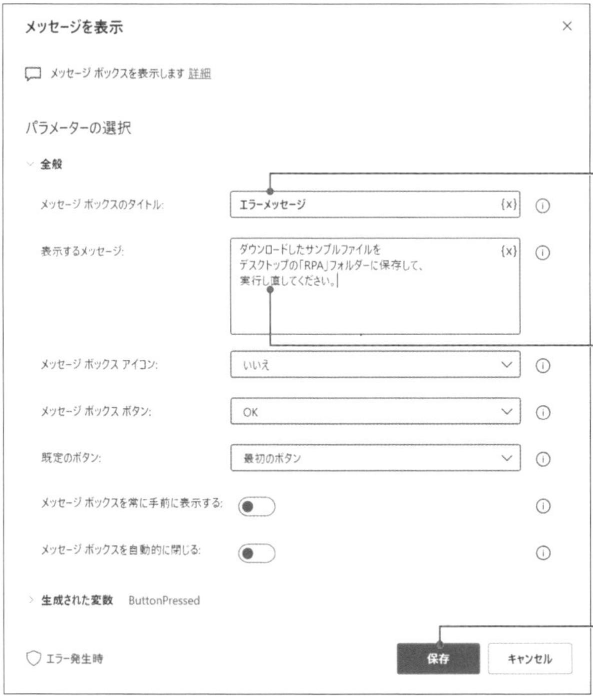

❺［メッセージボックスのタイトル］に「エラーメッセージ」と入力

❻エラー発生時を想定したメッセージを入力する

❼［保存］をクリック

サブフローができた
フローはタブで切り替えられる

Memo サブフローはエラー用だけじゃない

サブフローは、エラー用だけでなく、いろいろな使い方ができます。たとえば、本書で紹介した「特別なフォルダー名」を取得する処理などは、いろいろなフローで応用できる処理です。こうした**一部の処理を切り出して、サブフロー化**しておくことで、**コピー&ペーストして流用したり、社内で共有したり**できます。また、Main フローが長くなったり、ループや If の繰り返しが重なる場合などに、フロー全体を見やすくするために、**内部のループや If の処理をサブフローとして分割**することもあります。

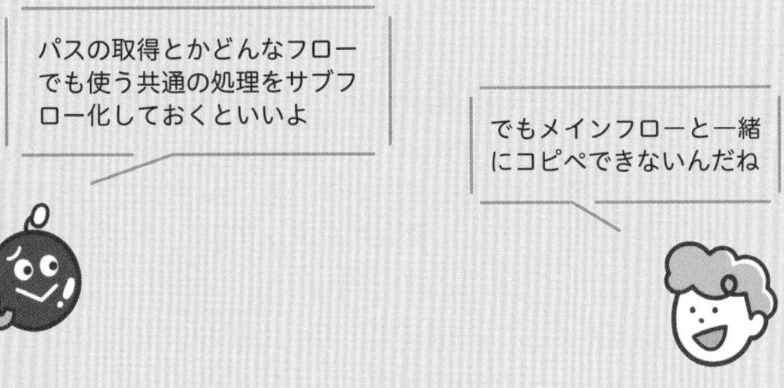
パスの取得とかどんなフローでも使う共通の処理をサブフロー化しておくといいよ
でもメインフローと一緒にコピペできないんだね

2 エラー発生時のサブフローの呼び出し

作成した**サブフローを［Main］のフローから呼び出し**てみましょう。ここでは、ファイルが見つからないときにメッセージを表示するサブフローなので、フローの最初にファイルを参照するアクションに対して、［スローエラー］でエラー発生時にサブフローを呼び出すようにします。

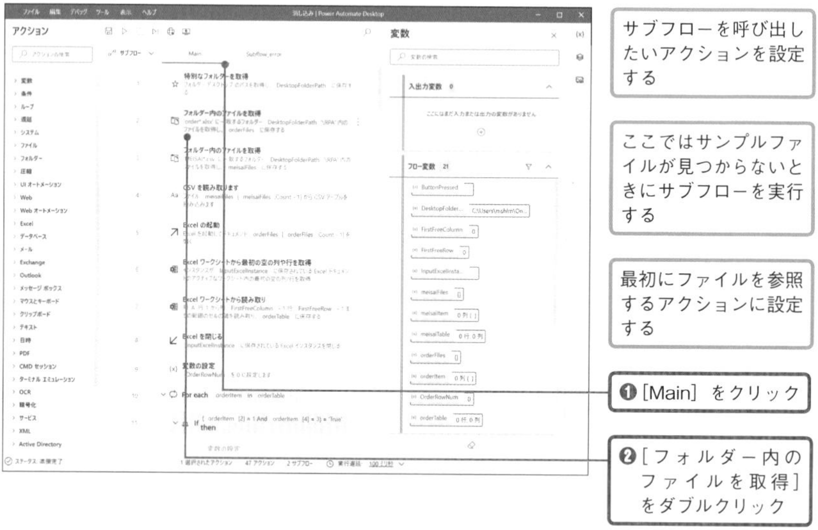

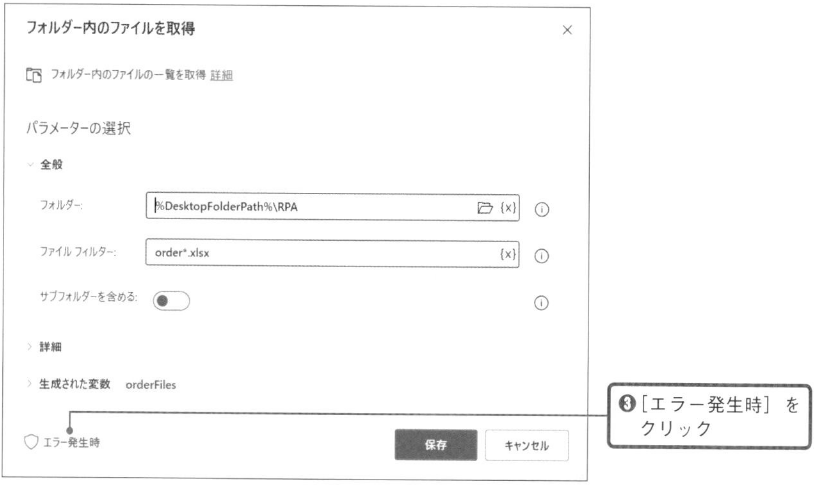

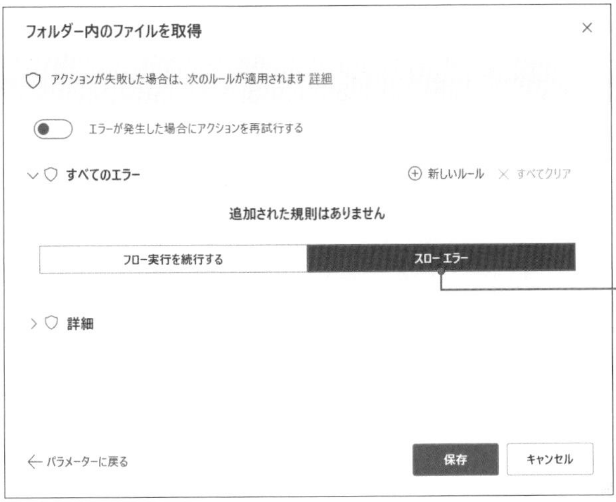

❹［スローエラー］を選択

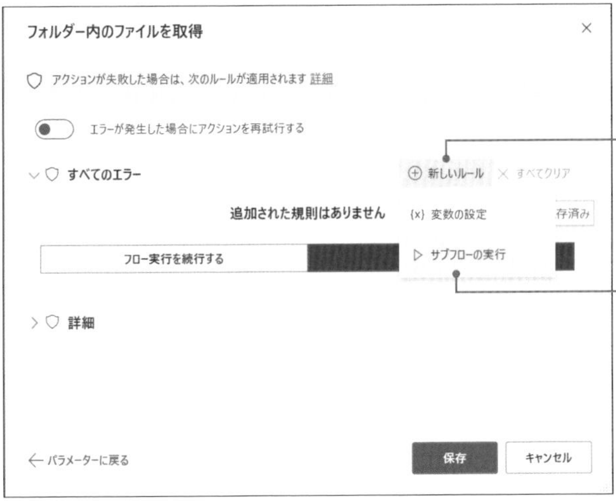

❺［新しいルール］をクリック

❻［サブフローの実行］をクリック

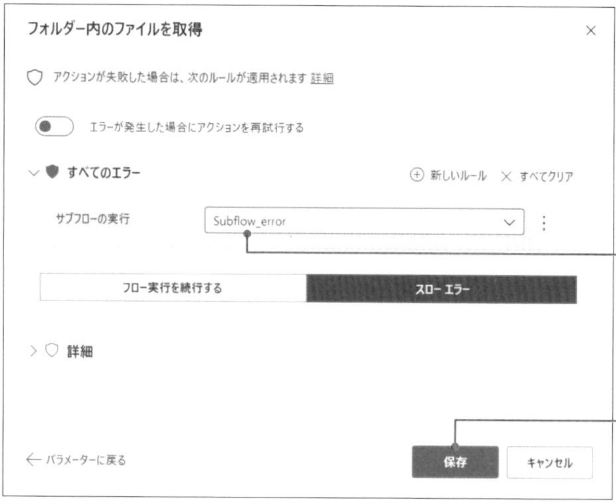

❼作成したサブフロー「Subflow_error」を指定

❽［保存］をクリック

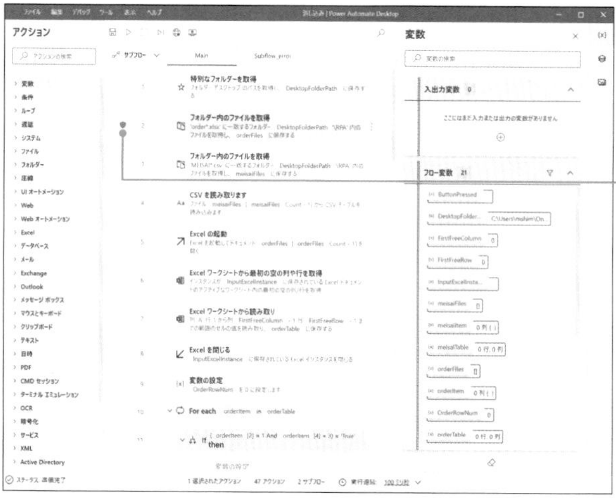

エラー処理を設定したアクションには、ここにアイコンが表示される

3 動作チェック

サブフローが正しく実行されるかを確認してみましょう。実行前に、デスクトップの「RPA」フォルダーの名前を**「RPA1」など別の名前に変更してわざとエラーになるように**しておきます。その上で、フローを実行すると、読み込み先のフォルダーが見つからないため、サブフローが実行されます。

アクション
変数
Main
Subflow_error

デスクトップの「RPA」フォルダーの名前を変更しておく

❶［実行］をクリック

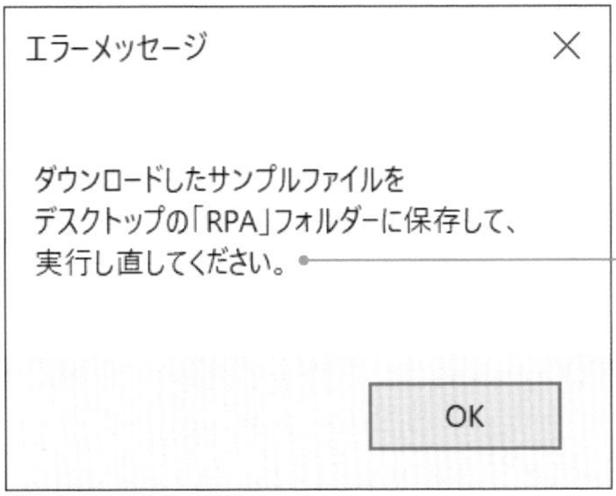
エラーメッセージ
ダウンロードしたサンプルファイルを
デスクトップの「RPA」フォルダーに保存して、
実行し直してください。
OK

サブフローに設定したエラーメッセージが表示された

Ending

いやあ、大作ができあがったね。

我ながら、よく頑張ったと褒めてあげたいよ。

やってみてどうだった？

最初はできないかと思ったけど、途中からは同じようなことの繰り返しだし、使うアクションも限られていたので、思ったより難しくなかったかな。

そうなんだ。RPA は、コツさえつかめば応用がしやすいんだよ。

おかげでひとつ仕事が減ったよ。さあ、次をやろうよ。

残念だけど、ここでお別れだ。そろそろ未来に帰らないといけないんだ……。

なんだよぴえ助、せっかく友達になれたのに……。

よしおくんなら、きっともう大丈夫だよ。最後に作例のアイデア集を用意しておいたから、参考にしてね。

……最後まで手厚く教えてくれてありがとう！　しっかり勉強して、RPA のスキルを高めていくよ。

―少し先の未来にて―

おかえり、ぴえ助。よしおはどうじゃった？

やる気もあるし、はじめのころとは見違えるように立派になりました！

そうか、それなら安心じゃ。この時代のよしおのピンチを救うことが、いずれこの国の経済成長にもつながるからな。ぴえ助、いい仕事をしてくれた！

そんな大層なことができたのかはわかりませんが、RPA の楽しさは知ってもらえたと思います。

千里の道も一歩からじゃよ。歩み始められたのなら、きっともう大丈夫じゃ……！

そうですね。頑張れ、よしおくん……。これからも陰ながら応援しているよ。

作例アイデア集

ここでは、ケーススタディーで解説した消し込み作業以外の自動化の作例を 3 点ほど解説していきます。日頃行っている業務を自動化するための参考にしてください。

作例 1：Word テンプレートから案内状を作る

この作例では、Word 操作の基本を学べます。Word に限らず、一般的なアプリを操作する場合は、メニューなどがカスタマイズされていたり、バージョンによってメニュー構成などが変わることがあるため、マウス操作よりも、**ショートカットキーを利用した方が確実**に操作できます。ただし、ショートカットキーは高速に入力されるため、画面表示とのズレが発生する可能性があります。**意図的に［Wait］アクションを使って待機時間を設け、ゆっくり確実に操作**できるようにすることが重要です。文字列を置換する場合は、ここで紹介したように「#mailaddr」などのような記号（プレースホルダ）を文書に埋め込んでおき、それを書き換えるようにすると置換ミスを防げます。

Point

❶ アプリ操作にはショートカットキーを使う
❷ Wait を活用する
❸ プレースホルダーを活用する

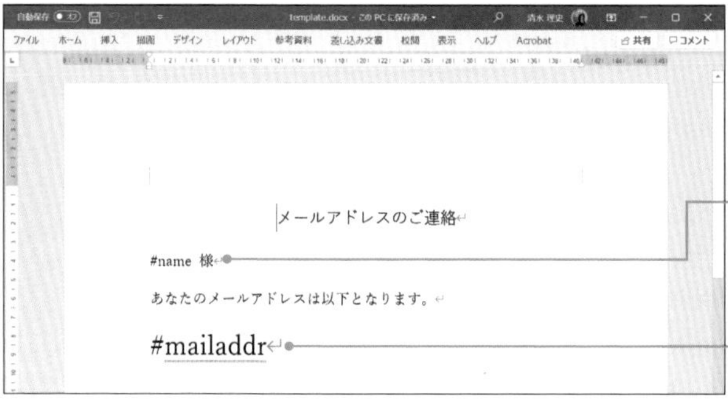
メールアドレスのご連絡
#name 様
あなたのメールアドレスは以下となります。
#mailaddr

「template.docx」をWordで開く

「#name」という文字列を指定した名前に書き換える

「#mailaddr」という文字列を指定したメールアドレスに書き換える

1 特別なフォルダーを取得
フォルダー デスクトップ のパスを取得し、 DesktopFolderPath に保存する
2 ファイルのコピー
ファイル DesktopFolderPath '\RPA\ORG\template.docx' を DesktopFolderPath '\デスクトップ\RPA' にコピーします
3 ファイルの名前を変更する
ファイル DesktopFolderPath '\RPA\template.docx' の名前を 'mail_shimizu' に変更します
4 アプリケーションの実行
アプリケーション DesktopFolderPath '\RPA\mail_shimizu.docx' を実行し、完了するまで待機する
5 キーの送信
アクティブ ウィンドウに次のキーストローク:'{LMenu}({HanjaMode})' を送信します
6 キーの送信
アクティブ ウィンドウに次のキーストローク:'{Control}({H})' を送信します
7 ウィンドウ内のテキスト フィールドに入力する
テキスト ボックス Edit 'RichEdit Control' に '#mailaddr' を入力する
8 ウィンドウ内のテキスト フィールドに入力する
テキスト ボックス Edit 'RichEdit Control' 2 に 'ownmailaddr@example.com' を入力する
9 ウィンドウ内のボタンを押す
ボタン Button 'すべて置換(A)' を押す
10 ウィンドウ内のボタンを押す
ボタン Button 'OK' を押す

元となるWordのテンプレートをデスクトップの「RPA」フォルダーにコピーする

テンプレートファイルの名前を変更してから開く

日本語入力モードをオフにする

ショートカットキーで置換ボックスを開く

#mailaddrを指定したメールアドレスに書き換える

11 ウィンドウ内のテキスト フィールドに入力する
テキスト ボックス Edit 'RichEdit Control' に '#name' を入力する
12 ウィンドウ内のテキスト フィールドに入力する
テキスト ボックス Edit 'RichEdit Control' 2 に '清水' を入力する
13 ウィンドウ内のボタンを押す
ボタン Button 'すべて置換(A)' を押す
14 ウィンドウ内のボタンを押す
ボタン Button 'OK' を押す
15 ウィンドウ内のボタンを押す
ボタン Button '閉じる' を押す
16 キーの送信
アクティブ ウィンドウに次のキーストローク:'{Control}({S})' を送信します
17 Wait 4 seconds
18 キーの送信
アクティブ ウィンドウに次のキーストローク:'{Alt}({F4})' を送信します
#name を指定した名前に書き換える
ショートカットキーを使ってファイルを保存して閉じる

Memo ショートカットキー操作の前に日本語入力モードをオフにする

ショートカットキーでアプリを操作する際、日本語入力モードがオンになっているとショートカットキーがアプリに認識されない場合があります。事前に「{LMenu}({HanjaMode})」を送信して**日本語入力モードをオフ**にしておきましょう。

Memo Excelからデータを読み込んで繰り返し処理してみよう

ここでは、置換する文字列をフローの中で固定で指定していますが、日常業務では**置換元のデータがExcelなどの表で用意されている**のが一般的です。Excelからのデータの読み込みや繰り返し処理の方法は、すでに本書で解説していますので、それを参考にExcelの表を元にWordを書き換えるフローの作成に挑戦してみましょう。

作例 2：運賃を調べて Excel の表に自動的に入力する

この作例では、交通費を計算するための Excel の表を完成させます。元となる Excel の表には、出発駅と到着駅のみが記載されていますので、このデータを読み取ってインターネット上の乗換案内サービスで運賃を検索し、Excel の表に記入します。Web ページからデータを読み取るには **［Web ページからデータを抽出する］アクションを利用するのがポイント**です。また、206 ページでも解説しましたが、データテーブル上の値を書き換える場合は行と列の指定が必要なので、**行を指定するためにカウンターを利用**しているのもポイントです。

Point

❶ Web ページ上の情報を［Web ページからデータを抽出する］で取得する

❷ 書き戻し先のセル番地は行列で指定する

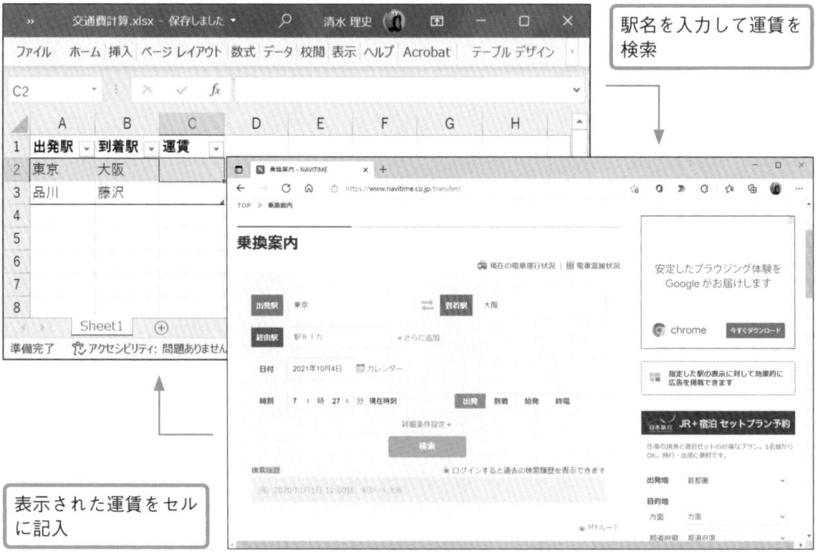

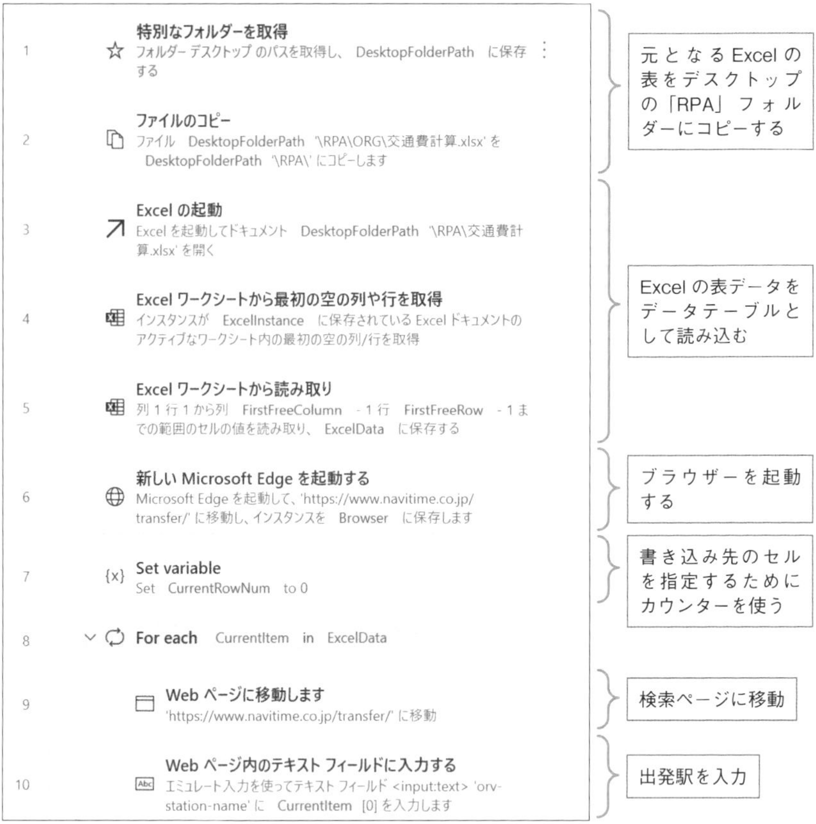

1 特別なフォルダーを取得
フォルダー デスクトップ のパスを取得し、 DesktopFolderPath に保存する
2 ファイルのコピー
ファイル DesktopFolderPath '\RPA\ORG\交通費計算.xlsx' を DesktopFolderPath '\RPA\' にコピーします
3 Excel の起動
Excel を起動してドキュメント DesktopFolderPath '\RPA\交通費計算.xlsx' を開く
4 Excel ワークシートから最初の空の列や行を取得
インスタンスが ExcelInstance に保存されている Excel ドキュメントのアクティブなワークシート内の最初の空の列/行を取得
5 Excel ワークシートから読み取り
列 1 行 1 から列 FirstFreeColumn - 1 行 FirstFreeRow - 1 までの範囲のセルの値を読み取り、 ExcelData に保存する
6 新しい Microsoft Edge を起動する
Microsoft Edge を起動して、'https://www.navitime.co.jp/transfer/' に移動し、インスタンスを Browser に保存します
7 Set variable
Set CurrentRowNum to 0
8 For each CurrentItem in ExcelData
9 Web ページに移動します
'https://www.navitime.co.jp/transfer/' に移動
10 Web ページ内のテキスト フィールドに入力する
エミュレート入力を使ってテキスト フィールド <input:text> 'orv-station-name' に CurrentItem [0] を入力します
元となるExcelの表をデスクトップの「RPA」フォルダーにコピーする
Excelの表データをデータテーブルとして読み込む
ブラウザーを起動する
書き込み先のセルを指定するためにカウンターを使う
検索ページに移動
出発駅を入力

Memo 乗換案内サービスによって動作が変わる

ここでは、乗換案内サービスとして「NAVITIME」を利用しています。別のサービスでも検索できますが、利用するサービスによって、クリックするボタンや取得できるデータが変わります。実際に利用するサービスの画面に合わせてフローを作成しましょう。

11	**Web ページ内のテキスト フィールドに入力する** エミュレート入力を使ってテキスト フィールド <input:text> 'dnv-station-name' に CurrentItem [1] を入力します	到着駅を入力
12	**Web ページのボタンを押します** Web ページのボタン <input:submit> '検索' を押します	検索実行
13	**Web ページからデータを抽出する** Web ページから単一の値を抽出し、それを DataFromWebPage に保存します	検索結果から料金を抽出する
14	**Set variable** Set ExcelData [CurrentRowNum][2] to DataFromWebPage [0][0]	取得した料金をデータテーブルに書き込む
15	メッセージを表示 通知ポップアップ ウィンドウにメッセージ ' DataFromWebPage [0][0]' ' CurrentItem [2]' ' ExcelData [CurrentRowNum][2] を表示する。	確認用（必要な場合のみオンにする）
16	**変数を大きくする** 変数 CurrentRowNum を 1 大きくする	カウンターを 1 つ増やす
17	**End**	
18	**Web ブラウザーを閉じる** Web ブラウザー Browser を閉じる	ブラウザーを閉じる
19	**Excel ワークシートに書き込み** Excel インスタンス ExcelInstance の列 1 および行 2 のセルに値 ExcelData を書き込み	データテーブルの値を Excel に書き込む

Excel に書き込むときはカウンターが便利だなぁ！

作例3：PDFの表を元にメールを自動的に送信する

この作例では、PDFに記載された氏名やメールアドレスなどの表を読み込んで、そのメールアドレスにGmailを使って自動的にメールを送信します。**顧客リストから案内メールなどを自動的に送信**する場合に活用できます。なお、リストの宛先は架空のものなので送信には失敗しますが、Gmail上で実際に送信操作が実行されます。**念のためテスト用のアカウントを用意して実行してください。**また、フロー内にGmailのアカウントを登録しないと実行できないので注意してください。

Point

❶ テスト用のアカウントで実行すること
❷ アカウントとパスワードを書き換えること
❸ PDFのデータを使う場合は整形が必要になる

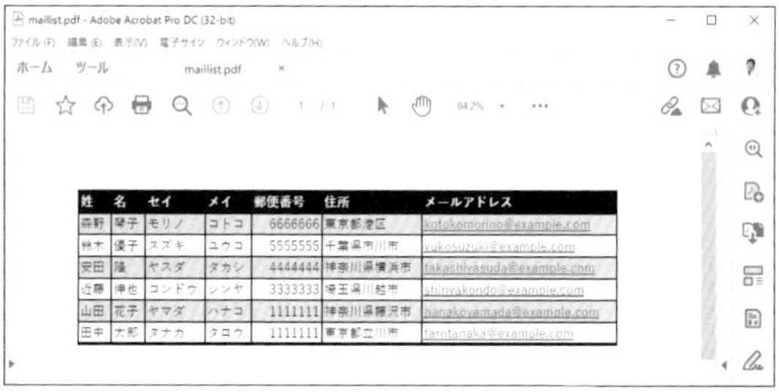

PDFから表を読み取る

表のメールアドレスや名前を自動的に入力してGmailからメールを送信する

1 メールから添付ファイルを取り出す

このフローは全体は短くなっていますが、内容が複雑なので3つのパートで説明します。まず、**未読メールをチェックして「RPAテスト」という件名のファイルがあった場合に添付ファイルを保存**します。実際に添付ファイルを保存したい場合は、事前に「RPAテスト」という件名のメールに添付ファイルを付けてテスト用のGmailアドレスに送信しておく必要があります。

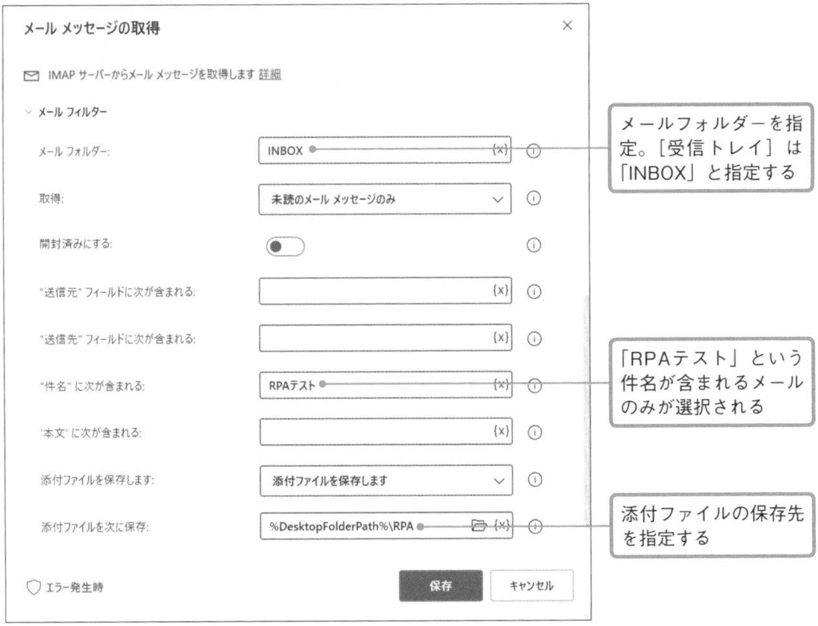

2 PDFを読み込んで整形する

PDF全体からテキストを抽出した場合、余計な情報が含まれていたり、データの形式が想定と異なるため、そのまま利用できない場合があります。このため、**ほとんどの場合、データの整形が必要**です。抽出したデータから不要なテキストを取り除いたり、表形式のデータをCSVとして扱えるように区切り文字を置き換えたりしましょう。

PDFからテキストデータを抽出する

データの区切りがスペースなのでカンマに置き換える

データをCSV形式で保存し、データテーブルとして読み込み直す

読み込んだPDFのテキストはスペース区切りのテキスト型のデータになっている

スペースをカンマに置きかえてから、さらにCSVファイルとして保存し、読み込み直すことでデータテーブルとして扱えるようになる

3 メールの送信

メールの送信は、いろいろな方法がありますが、ここではGmailを使います。Gmailでの送信には、事前に**セキュリティ設定の変更とIMAPの有効化の設定が必須**です。124ページのmemoを参考に事前に設定を済ませてから実行しましょう。[メールの送信]アクションで変数を使うことで、本文などに氏名などの情報を自動的に埋め込むことができます。

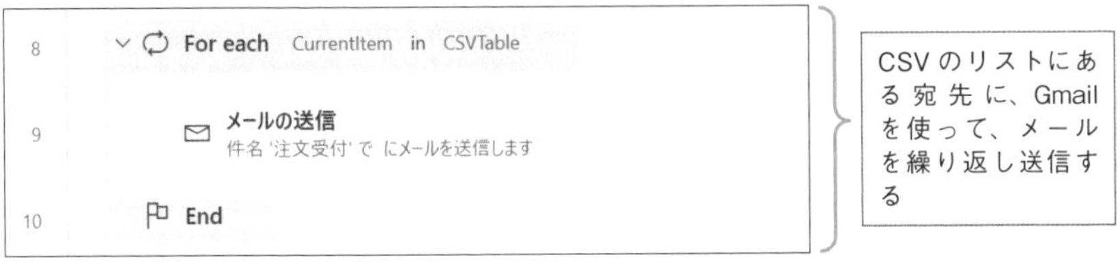

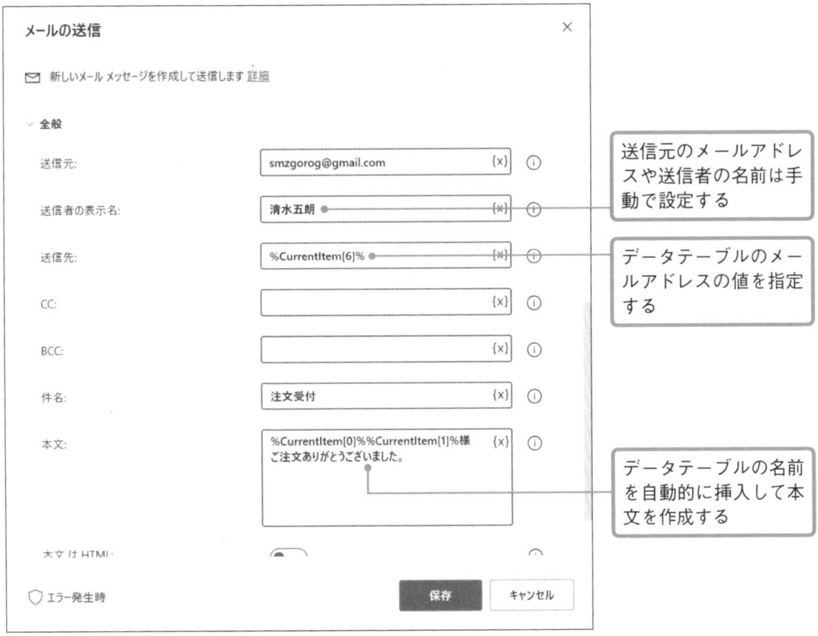

Index

記号・英字

ア

カ

サ

マ

ラ

ワ

清水理史（しみず　まさし）

1971年東京都出身のフリーランスライター。雑誌やWeb媒体を中心にOSやネットワーク、ブロードバンド関連の記事を数多く執筆。インプレスのネットメディア「INTERNETWatch」にて「イニシャルB」を連載中。

世界一やさしいPower Automate for desktop入門

2021年11月15日　第1版第1刷発行

著者	清水理史
発行者	村上広樹
編集	進藤 寛
発行	日経BP
発売	日経BPマーケティング 〒105-8308　東京都港区虎ノ門4-3-12
装丁	小口翔平＋三沢 稜（tobufune）
本文制作	クニメディア株式会社
イラスト	うてのての
印刷・製本	図書印刷株式会社

ISBN978-4-296-08010-6